L

MICHEL DE PRACONTAL

L'imposture scientifique en dix leçons

LA DÉCOUVERTE

A Josette

AVERTISSEMENT

Contrairement aux apparences, ce livre obéit à une progression logique rigoureuse. Les pages doivent être tournées de droite à gauche, et lues ligne par ligne de gauche à droite (pour l'édition arabe, c'est l'inverse). Les dix leçons peuvent être abordées dans n'importe quel ordre, y compris l'ordre public. L'auteur décline toute responsabilité en ce qui concerne les valeurs morales qui n'auraient pas été déposées à la caisse.

QUELQUES DÉFINITIONS

BALIVERNE : Propos futile et creux *(Petit Robert)*.

CHAMP : Espace ouvert et plat *(Petit Robert)*. S'emploie en général flanqué d'un adjectif ou d'un substantif : champ vital, champ morphogénétique, champ de conscience, champ moteur, champ électrostatique, champ opératoire, champ du possible. Principaux synonymes : bioplasma, aura, chréode, énergie, vibration, presse-purée.

IMPOSTURE SCIENTIFIQUE : 1° Tromperie qui consiste à faire passer pour scientifique un discours, une théorie, une thèse, une expérience, etc., qui ne l'est pas. 2° Contenu de cette tromperie. « L'imposture scientifique est à la science véritable ce que Canada dry est à l'alcool » (Gaston Bachelard).

PIPEAU : Flûte champêtre *(Petit Robert)*. « Comme il faisait une chaleur de trente-trois degrés, le champ de conscience de Pécuchet était bercé par le son du pipeau » (Gustave Flaubert).

INTRODUCTION

Ce manuel de base se voudrait un vademecum du pipeau et de la baliverne. A l'imposteur novice, il fournira tous les trucs nécessaires pour débuter. Le charlatan confirmé y découvrira des techniques sophistiquées qui lui permettront de se perfectionner. Il apprendra aussi à analyser les méthodes qu'il utilise parfois sans s'en rendre compte. Trop d'imposteurs exercent leur activité comme Monsieur Jourdain faisait de la prose. On rencontre même des imposteurs sincères qui croient vraiment à ce qu'ils racontent. Ils trouveront ici les fondements conceptuels d'une réflexion sur leur propre pratique. Ils apprendront également à démasquer les impostures des autres. Un imposteur averti en vaut deux.

Une question se pose immédiatement : ce livre est-il immoral ? Il y a du pour et du contre. En diffusant les recettes de l'imposture scientifique, on risque de contribuer à son développement. Sur le plan éthique, cela ne peut être considéré comme un bien. D'un autre côté, un public informé se laissera abuser moins facilement. Le résultat final est difficile à prévoir.

J'ajouterai que l'imposture scientifique, malgré la connotation péjorative du premier terme, présente de nombreux avantages. Notamment :

1° L'imposture scientifique coûte beaucoup moins cher que la vraie science. Avez-vous les moyens de vous offrir une navette spatiale ? En revanche, avec un peu de fil de

11

fer, vous pourrez vous confectionner une élégante coiffure pyramidale qui vous rendra beaucoup plus intelligent, si c'est possible.

2° L'imposture scientifique résout la crise énergétique : songez à l'essence que peut faire économiser un moteur à mouvement perpétuel.

3° L'imposture scientifique résout le problème du chômage. La cause directe de ce fléau réside dans le développement des ordinateurs et des robots, qui travaillent plus vite et mieux que l'homme, et suppriment donc des emplois. Les machines fabriquées par des imposteurs ne peuvent pas remplacer l'homme, car elles ne marchent pas.

4° D'une manière générale, l'imposture résout les Grands Problèmes de l'Humanité. Elle guérit le cancer en deux coups de cuiller à tisane, le SIDA par imposition des mains, prédit notre avenir, nous indique les numéros gagnants du loto, et nous éclaire sur le Secret de la Vie.

Malgré tous ces arguments, je crains bien que les intégristes de la Raison Positive ne soient pas convaincus. Pour ces irréductibles, l'idéal serait de tordre le cou, au moins verbalement, à tous les imposteurs de la Terre. Sur le principe, on ne peut leur donner tort. Mais ils manquent de psychologie. Leur attitude rigide évoque le puritanisme. Plus une société est puritaine, plus la pornographie y exerce sa fascination. Le puritanisme scientiste ne peut que renforcer le phénomène de l'imposture.

La plupart des imposteurs, sincères ou non, ont tendance à s'abriter derrière un mur de convictions si solide que les meilleurs arguments n'ont aucune prise sur eux. Les attaques de leurs adversaires ne font que les confirmer dans leurs certitudes. Ces réactions passionnelles s'observent même chez des scientifiques, supposés objectifs et impartiaux.

Devant de tels blocages, l'affrontement brutal est voué à l'échec. Il semble plus astucieux de recourir à une technique appelée « prescription du symptôme ». Dans Le Langage du changement[1], le psychologue Paul Watzlawick cite

1. P. Watzlawick, *Le Langage du changement*, Le Seuil, Paris, 1980.

le cas d'une patiente qui participe à une thérapie de groupe, et dont le symptôme est le suivant : elle est incapable de dire « non ». Le thérapeute lui prescrit son symptôme, en lui demandant de nier quelque chose à l'adresse de chaque membre du groupe. Réaction violente : « Non ! Il m'est impossible de dire "non" aux gens. » Si bien que la prescription de son symptôme conduit la patiente à dire « non » au thérapeute, et à se rendre compte qu'elle est parfaitement capable de refuser. Ce procédé paradoxal réussit parfois mieux que toute autre méthode.

Le plus intéressant n'est pas de combattre les imposteurs, mais de comprendre les raisons de leur succès. Il est tentant d'invoquer le manque de culture scientifique. Lors d'un sondage réalisé en 1982[1], plus d'un tiers des Français ont répondu oui à la question : « Le Soleil tourne-t-il autour de la Terre ? » Cependant, lorsqu'on détaille les résultats du sondage, on s'aperçoit que bon nombre des « pré-coperniciens » ont fait des études secondaires ou supérieures. Parmi ces derniers, plus de la moitié ont reçu une formation scientifique ou technique. Le niveau scientifique des imposteurs varie de l'autodidacte complet au chercheur de renommée internationale. Plus d'un prix Nobel s'est laissé charmer par la musique du pipeau.

A mon avis, le manque de connaissances n'est qu'un aspect relativement secondaire du phénomène. L'esprit critique n'est pas proportionnel à la quantité de savoir accumulée. Les mécanismes d'adhésion à l'imposture mettent en jeu notre rapport à la vérité et à l'erreur, à l'authentique et au simulacre, notre manière de départager le réel du fantasme, la raison de la folie. A leur manière, les imposteurs nous en disent long sur nos modes de pensée, nos croyances, nos présupposés, notre vision du monde.

Il y a là un écheveau passionnant à démêler, un thème de recherche d'une immense richesse. Pour ma part, je

---

1. Sondage IFOP réalisé avec le concours du CNRS, d'après une étude de J.N. Kapferer et B. Dubois. On trouvera un compte rendu de cette enquête dans un article de Michel Rouzé, « Les mythes ont la vie dure », *Science et Vie*, n° 776, mai 1982.

n'ai fait que tirer quelques fils. Mon enquête n'aurait pas été possible sans de nombreuses contributions, sous forme de transmissions de pensée, d'influences plus ou moins explicables, voire d'informations précises. Parmi les fées et les éons qui — parfois à leur insu — se sont penchés sur le berceau de ce livre, je voudrais remercier plus particulièrement Stella Baruk, Marcel Blanc, Gérard Chauvel, Marcel Froissart, Patrick Greussay, Jean Guénot, Douglas Hofstadter, Axel Kahn, Jean-Marc Lévy-Leblond, Jacques Malthête, Raoul Manta, Eric Mason, Jean-Claude Pecker, Philippe Roqueplo, Pierre Taguieff, Thomas Tursz, Harald Wertz.

Je salue également la rédaction de la revue Science et Vie, à laquelle j'ai appartenu de 1978 à 1983. Sans cet épisode de ma vie professionnelle, je n'aurais sans doute jamais eu l'idée de ce livre. Science et Vie effectue un travail d'information considérable sur les impostures scientifiques en tous genres, et je me suis largement appuyé, en particulier, sur les excellents articles de Michel Rouzé.

Jean-François Kahn, directeur de L'Événement du jeudi, a accepté avec sa bonhomie coutumière mon absence prolongée du journal pour cause d'écriture. Qu'il en soit remercié, ainsi que mes coéquipiers du journal dont le soutien amical m'a accompagné tout au long de ma tâche.

Enfin, je dédie ce livre à Jean-Paul Kauffmann et aux otages français du Liban, prisonniers de forces hélas ! plus réelles que celles du monde paranormal.

Pour conclure, je voudrais souligner que j'ai fait, avant tout, œuvre de journaliste. A ce titre, je ne prétends ni à l'exhaustivité, ni à une parfaite objectivité, deux valeurs qui dans mon métier relèvent de l'illusion et du vœu pieux. En revanche, je me suis efforcé de montrer en toute subjectivité ce qui me semblait important, sans trop chercher à séparer le bon grain de l'ivraie. Comme le dit Miss Marple, la vieille dame sagace d'Agatha Christie : « Les gens ne sont ni bons ni mauvais, ils sont simplement rusés. »

LEÇON 1

Les vraies questions, tu poseras

Message n° 1 :
Messieurs les Savants, pouvez-vous expliquer L'ORIGINE DE LA MATIÈRE ET DE L'ÉNERGIE ?
NOUS OUI.

Message n° 2 :
Messieurs les Savants, pouvez-vous expliquer L'ORIGINE DE LA GRAVITATION ?
NOUS OUI.

Message n° 3 :
Messieurs les Savants, pouvez-vous expliquer L'ORIGINE DE LA PENSÉE ?
NOUS OUI.

Message n° 4 :
LA THÉORIE DU « BIG BANG » est une impossibilité car l'ÉNERGIE ORIGINELLE est à la fois ATTRACTIVE et RÉPULSIVE, ce qui interdit la surgravitation.
Vous savez comment vérifier cette information.

Message n° 5 :

Messieurs les Théologiens, DIEU n'est pas le créateur de l'Univers mais il en est *LE BUT*.

Nous pouvons le prouver, depuis la découverte de l'origine de l'esprit.

Message n° 6 :
- La conscience est immortelle
  (son origine le démontre).
- Elle engendre des corps éphémères
  (nous savons pourquoi).
- Elle a besoin de ces corps pour atteindre le BUT que son origine suppose.

LA RÉINCARNATION EST DONC UNE CERTITUDE SCIENTIFIQUE.

Vous savez comment vérifier ces informations.

Message n° 7 :

LA NAISSANCE D'UNE NOUVELLE SCIENCE (l'égologie, science de l'esprit) EST UN GRAND ÉVÉNEMENT
VOUS ÊTES UN GRAND JOURNALISTE
RENCONTREZ-NOUS.

La cause ne peut être observée

Ces messages reproduisent le texte d'une correspondance authentique adressée à la rédaction de *L'Événement du jeudi*. Le suspense dura une semaine. Chaque matin, une feuille polycopiée atterrissait sur le bureau du chroniqueur scientifique, en l'occurrence votre serviteur. En tant que représentant du Savoir, je me sentais directement concerné par ces interpellations lapidaires. Même promu au rang de Grand Journaliste, je devais avouer une profonde perplexité. Elle ne fit que s'aggraver lorsque je connus l'origine des messages : ils avaient été envoyés par deux « chercheurs » français, Léon Raoul Hatem et son fils Frank, afin de présenter un livre intitulé *Quand la réincarnation devient une certitude scientifique*[1].

Personne n'a envie de mourir idiot, surtout s'il risque de se réincarner en topinambour. Vaillamment, j'entrepris la lecture de l'étonnant ouvrage. Il s'ouvrait sur un raisonnement d'une logique implacable : « Il est évident que les lois de la Physique ne sont pas applicables avant que l'univers physique n'existe. La science classique est totalement centrée sur la matière, sur ce qui est observable. C'est à partir de l'univers tel qu'il est, qu'elle a déduit des règles. Elle ne saurait expliquer la cause de ces règles, CAR LA CAUSE NE PEUT PAS ÊTRE OBSERVÉE. »

L'esprit le plus cartésien n'y trouvait rien à redire. Mais ces robustes prémisses entraînaient des conclusions déconcertantes. La mort, la matière, Dieu lui-même n'étaient que de vulgaires superstitions dont il convenait de guérir l'humanité. La gravitation newtonienne résultait de la « dégravitation » (« phénomène de libération magnétique qui se produit entre les pôles en éloignement de deux aimants tournant sur eux-mêmes à proximité l'un de l'autre »). Une « énergie dualiste unique, responsable à la fois de la rotation de la Terre et du bonheur amoureux de ses habitants », engendrait tous les phénomènes de l'univers.

Cette énergie n'était autre que le néant. « En effet, deux valeurs opposées, quelles qu'elles soient, cela fait toujours zéro. » Si bien que le néant était à la fois l'origine et le but de l'existence. En somme, partir de zéro ne menait pas à grand-chose. Ça ne vous rappelle rien ?

Qu'y avait-il avant le Big Bang ?

Partir de zéro est le moyen le plus direct d'aboutir à une vraie question. Attention : il ne faut pas confondre

[1]. Frank Hatem, *Quand la réincarnation devient une certitude scientifique*, Ganymède, Neuilly-sur-Marne, 1985.

« bonne question » et « vraie question ». A la une de *France-Soir* du 11 octobre 1979, on pouvait lire : « La reine d'Angleterre se lave les cheveux une fois par semaine. Est-ce suffisant ? » Exemple typique de bonne question. Dans la vie de tous les jours, nous en rencontrons à chaque instant. Le gouvernement est-il nul ? Quelle est cette douleur en fougère autour du plexus ? Pourquoi met-on une cuiller à café dans le goulot d'une bouteille de champagne ouverte ? Et ainsi de suite.

Les bonnes questions relèvent du domaine pratique, de la routine, du quotidien. Elles sont fort utiles, mais ce sont quand même de petites questions. Presque toujours, il y a une réponse simple. Quand vous ne savez pas, consultez, dans l'ordre : votre coiffeur, votre banquier, votre patron, la concierge, l'*Encyclopædia Universalis*, un prêtre, Rika Zaraï.

Les vraies questions ont une tout autre portée. Elles concernent le sens de la vie. Elles nous dépouillent de nos fragiles certitudes, de nos mesquines convictions, et nous confrontent au vertige de notre insondable ignorance. Quelle est l'origine de la matière et de l'énergie ? Grand ou petit, le journaliste n'en sait rien. Il se tourne vers l'homme de science et lui répercute la question. Monsieur le savant, pouvez-vous m'expliquer d'où vient l'univers ?

Oui et non, répond le savant, qui aime les réponses de Normand. L'astrophysique nous apprend que le monde est issu d'une formidable explosion originelle, le « Big Bang ». Instant zéro : toute la matière de l'univers se concentre en un œuf cosmique infiniment dense et infiniment chaud. Une minuscule fraction de seconde plus tard, l'œuf explose, donnant naissance à une gigantesque soupe de particules et de radiations. Galaxies, étoiles et planètes ne sont rien d'autre que les grumeaux de cette soupe, refroidie pendant quinze milliards d'années.

Mais d'où vient l'œuf ? Sûrement pas d'une poule. Question sans objet, dit le savant. Le temps lui-même commence avec le Big Bang. Il n'y a pas lieu de se demander ce qu'il y avait avant. Vous trouvez cette réponse trop expéditive ? Qu'à cela ne tienne. La science, bonne fille, vous propose deux variantes. Pour certains astrophysiciens, la soupe cosmique passe par une série infinie de cycles expansion-contraction-explosion. D'autres se représentent l'univers comme la partie émergée d'un iceberg perdu dans l'océan de l'éternité.

Aucune de ces solutions n'est vraiment satisfaisante. Elles ne font que reculer le problème. Si la soupe cosmique a toujours existé, qu'est-ce qui a causé son existence ? Si le monde est un iceberg, qu'est-ce qui l'empêche de fondre ? D'une manière ou d'une autre, la question de ce qu'il y avait avant le Big Bang reste un butoir logique sur la voie de la connaissance. Comme le remarque l'astrophysicien Hubert Reeves : « Ce n'est pas une question à laquelle la science peut répondre, mais vous voyez en même temps que c'est une question qu'elle suscite[1]. » Décevant. A quoi bon remonter quinze milliards d'années en arrière, si c'est pour buter sur la première difficulté sérieuse ?

Qu'est-ce que la Grande Pyramide a de si grand ?

L'exemple du Big Bang confirme ce que nous pressentions : dès qu'il s'agit de vraies questions, la science est à côté de la plaque. Pour tout dire, elle ne résoud même pas les bonnes questions. Essayez donc de trouver un spécialiste capable de vous expliquer pourquoi les actrices américaines montrent toujours les dents lorsqu'elles sourient, comme si elles s'apprêtaient à vous mordre le bas du dos. Bien sûr, les savants ont mieux à faire que s'occuper de nos petits problèmes. Personne ne conteste la valeur du génie génétique, de la relativité et de la physique quantique. Mais ces superbes constructions n'ont pas grand-chose à voir avec les préoccupations de l'homme de la rue.

1. Hubert Reeves, *in Sciences et Symboles*, Albin Michel/France-Culture, Paris, 1986.

On ne peut que souscrire au diagnostic irrévérencieux de l'écrivain John Sladek : « Le problème de la science contemporaine, c'est qu'elle fournit des réponses à toutes les mauvaises questions. Personne ne demande si le laser est oui ou non un faisceau d'énergie cohérente opérant dans les limites du spectre lumineux. Personne ne veut se faire préciser le champ de l'ontogenèse, ni savoir si E égale *vraiment* mc^2. Il est grand temps que les scientifiques sortent de leurs labos d'ivoire, cessent de jouer avec les microprocesseurs ou l'analyse transactionnelle et s'attaquent à quelques-uns des vrais mystères de notre époque[1]. »

Sévère, mais juste. Dans le même texte — une nouvelle de science-fiction intitulée « Sept grands mystères inexpliqués » — Sladek s'interroge sur le mystère de la Grande Pyramide — qu'a-t-elle donc de si grand ? —, sur les prédictions de Nostradamus, et sur l'authenticité du suaire de Naples — identique à celui de Turin, mais disponible en trois coloris. Aucune de ces énigmes n'a reçu la moindre solution scientifique.

Dans son *Histoire naturelle du surnaturel*[2], best-seller des années soixante-dix qu'on peut rapprocher du *Matin des magiciens* de Pauwels et Bergier, Lyall Watson relate d'intéressantes expériences. Watson construit une maquette en carton reproduisant exactement les proportions de la Grande Pyramide. Il place une lame de rasoir émoussée sous la maquette de telle manière que les tranchants soient orientés face à l'est et à l'ouest. Sans autre intervention, la lame redevient affilée au bout de quelques heures. « Jusqu'ici, mon record avec les lames Wilkinson Sword est de quatre mois d'usage quotidien continu », note Watson qui estime « que les fabricants ne vont pas du tout aimer ça ».

Ce phénomène est un défi à toutes les lois connues de la physique. L'auteur suppose que la pyramide édifie un

1. John Sladek, « Sept grands mystères inexpliqués », *Science Fiction*, n° 2, juin 1984.
2. Lyall Watson, *Histoire naturelle du surnaturel*, Albin Michel, Paris, 1974.

champ magnétique, du fait que sa forme ressemble beaucoup à celle d'un cristal de magnétite. Séduisant, mais peu convaincant : une poule en chocolat a la forme d'une vraie poule, et pourtant elle ne pond pas d'œufs.

Ce n'est pas le seul prodige qui se manifeste dans la « supernature » de Lyall Watson, comme le montre cette citation : « J'ai constaté que la vitesse de déshydratation des matières organiques dépend beaucoup de la substance en cause et des conditions météorologiques. A cela, on se serait attendu ; cependant j'ai tenté de garder les mêmes objets — œufs, romsteck, souris crevées — à la fois dans la pyramide et dans une boîte à chaussures ordinaire ; or ceux de la pyramide se conservèrent tout à fait bien tandis que ceux de la boîte à chaussures ne tardèrent pas à sentir et il fallut les jeter, cela m'oblige à conclure qu'une réplique de la pyramide de Chéops n'est pas qu'une disposition fortuite de papier, mais possède effectivement des propriétés particulières. »

Il est sans doute inutile de chercher à convaincre Watson du contraire. Je vous propose plutôt de suivre son conseil et d'essayer vous-même (voir exercices 2 et 3 à la fin de la leçon). Pour ma part, j'ai tenté d'améliorer mes performances d'écrivain en plaçant sur ma tête une coiffure pyramidale. A mon grand regret, mon style ne s'en est pas trouvé plus affûté. L'expérience a sans doute été perturbée par l'hilarité de mon entourage, peu ouvert à la nouveauté.

Arrêtons-nous un instant sur ce que Sladek considère comme l'Énigme Numéro 1 : les petits hommes verts existent-ils ? Depuis 1954, plus de mille atterrissages d'extra-terrestres ont été signalés en France et 7 p. 100 de nos compatriotes auraient vu des OVNI. Le pire n'est pas toujours sûr, mais Sladek se déclare convaincu que « des civilisations extra-terrestres s'efforcent d'entrer en contact avec la Terre, probablement pour emprunter de l'argent ».

Qu'en disent les savants ? L'astronome Drake a démontré que $N = E \times f_p \times f_B \times f_M \times f_d \times f_i \times f_c \times t_c$. N représente le nombre de civilisations extra-terrestres dans la Galaxie, E le nombre d'étoiles qui naissent chaque année, t_c la durée moyenne d'une civilisation. Les différents f correspondent aux probabilités qu'une étoile donnée ait au moins une planète, que celle-ci ait la bonne masse et soit à la bonne distance, etc. La formule de Drake permet de calculer que, sans compter la Terre, il y a entre zéro et dix milliards de planètes abritant une vie intelligente. Merci pour la précision. Quant au problème de savoir si la Terre elle-même abrite une vie intelligente, il reste entier.

Tout cela paraît assez frustrant. Le lecteur pensera peut-être que j'ai choisi exprès les questions les plus difficiles, rien que pour embêter les scientifiques. C'est tout à fait faux. Simplement, la science a horreur de ce qui la dépasse, comme la nature a horreur du vide. La science ne s'occupe que du réel, à la rigueur du possible. Heureusement, pour cultiver les fleurs de l'impossible, il nous reste les infinies ressources de l'imposture scientifique.

Les cinq sens de l'imposteur

Comme la chance, une vraie question se saisit aux cheveux. Pour la poser comme pour y répondre, point de méthode ni de recette infaillible. Souplesse, réceptivité, *feeling* sont de règle. L'imposteur débutant devra libérer son esprit pataud de la gangue cartésienne. Il s'attachera à éveiller certaines facultés oubliées qui amplifient et dépassent les cinq sens habituels.

Le sens du rapprochement fulgurant

Prenez deux énigmes, apparemment sans rapport : la disparition des dinosaures et les pierres gravées de la ville d'Ica, au Pérou. Considérées séparément, elles sont également insolubles. Un rapprochement fulgurant permet non seulement de les résoudre toutes les deux, mais de faire surgir une vraie question. En effet :

1° Les pierres d'Ica sont vieilles, très vieilles, certainement antérieures à l'apparition de l'homme. Leurs dessins mystérieux ont été gravés par des Êtres d'Autres Mondes, afin de nous instruire, misérables vermisseaux que nous sommes.

2° Sur l'une des pierres, on remarque très clairement des cosmonautes pratiquant une intervention chirurgicale pour diminuer la taille des dinosaures. « Une intervention indispensable pour concilier la vie de l'homme et la suprématie titanesque des énormes bêtes très voraces et menaçantes », précise un tract signé Eugenio Siragusa, qui se définit lui-même comme « un ami de l'homme ».

3° Par conséquent, *les dinosaures n'ont pas disparu, ils sont seulement devenus tout petits*. Sans la bienveillance des Jardiniers du Cosmos, ils seraient restés énormes et nous auraient bouffés tout crus.

On peut ergoter sur le point de savoir si les gravures d'Ica sont *vraiment* si vieilles que ça. D'après Henri Broch, elles seraient l'œuvre « d'anciens élèves de l'École des beaux-arts de Lima[1] », dont la création est nettement postérieure au crétacé. Ce détail ne doit pas nous détourner de la vraie question : sommes-nous prêts à recevoir le message de l'Intelligence Suprême Omnicréatrice ?

Le sens des Causes Cachées

Pourquoi avons-nous peur des tremblements de terre ? Sûrement pas parce que l'immeuble d'en face risque de nous tomber sur le coin de la gueule. Les lapins aussi ont la trouille, bien qu'ils habitent rarement dans des gratte-ciel.

Sans aucun doute, cette panique irraisonnée est due à une Cause Cachée. La découvrir n'est pas aussi difficile qu'on pourrait le croire, car il n'existe que trois Causes Cachées : l'électricité, le magnétisme et les basses fréquences. Réfléchissons : une secousse sismique produit des infrasons, autrement dit des vibrations acoustiques qui ont une fréquence trop basse pour être perçues comme des sons. Si les Japonais utilisent depuis toujours des poissons rouges comme système d'alarme antisis-

1. Henri Broch, *Le Paranormal*, Le Seuil, Paris, 1985.

mique, c'est justement parce qu'ils détectent les infrasons. Quand les poissons commencent à s'agiter frénétiquement dans leur bocal, on peut être sûr que la secousse ne va pas tarder.

Les infrasons sont évidemment notre suspect numéro 1 comme Cause Cachée de la peur des tremblements de terre. Les basses fréquences ont une mystérieuse action psycho-physiologique. A l'appui de cette thèse, Lyall Watson cite le cas de l'ingénieur marseillais Gavraud, qui était pris de violentes nausées chaque fois qu'il s'installait à son bureau. Gavraud s'aperçut que la pièce vibrait en résonance avec une installation de conditionnement d'air située de l'autre côté de la rue, au rythme de sept cycles par seconde. Afin de tirer la chose au clair, l'ingénieur construisit un sifflet à roulette de deux mètres de long, actionné à l'air comprimé. Le technicien qui fit le premier essai tomba mort sur-le-champ. « L'autopsie révéla que tous ses organes internes avaient été broyés en une gelée amorphe par les vibrations », raconte Watson.

Je n'ai pu trouver de confirmation de ce récit, mais si l'on en croit l'*Encyclopædia Universalis*, « un bruit de très haute intensité (160 dB soit 1 W/cm², 170 dB soit 10 W/cm²) et davantage encore un ultrason proche mettent en œuvre une quantité d'énergie suffisante pour provoquer l'échauffement corporel et la mort rapide de l'animal exposé ». On remarquera qu'il n'est nullement question de basses fréquences : le danger vient surtout des ultrasons, donc des hautes fréquences. Logique : ce qui compte, c'est l'énergie de la vibration, qui est d'autant plus grande que la fréquence est élevée.

Mais la supernature se gausse des lois de l'acoustique : « Le fait que les fréquences (des ondes sismiques) coïncident avec celles qui agitent et rendent malade expliquerait la frayeur sauvage, irraisonnée, qui accompagne un tremblement de terre », conclut Watson. Élémentaire, mais pourquoi diable les basses fréquences nous font-elles perdre la boule ?

Le sens des indices subtils

Nous avons vu plus haut que la science était incapable de nous dire si, oui ou non, il existait des civilisations extra-terrestres. Fort heureusement, un astucieux « ufologue » — de l'anglais UFO, *unidentified flying object*, équivalent d'OVNI — a réussi, grâce à un indice subtil, à découvrir la preuve irréfutable qui nous manquait : l'isocélie.

De quoi s'agit-il ? L'idée ingénieuse de J.-Ch. Fumoux — tel est son nom — consiste à pointer sur une carte les lieux où ont été signalés des atterrissages de soucoupes volantes. L'auteur a répertorié soixante-seize points d'atterrissages survenus entre le 26 septembre et le 18 octobre 1954. Suivons son raisonnement : les extra-terrestres sont intelligents ; ils n'atterrissent pas n'importe où ; donc leurs points d'atterrissage tracent sur la carte des figures particulières. Quelles figures ? Des triangles isocèles, expression transparente et irréfragable d'un esprit élevé.

Fumoux commença par relier les soixante-seize points dans l'ordre chronologique, en supposant qu'il s'agissait des points successifs d'un plan de vol. Problème : cette manière de procéder ne donnait pas de triangles isocèles. Fallait-il abandonner l'hypothèse ? Pas du tout. Cela voulait dire simplement que les rusés visiteurs avaient cherché à dissimuler leurs plans de vol. « Il ne restait plus qu'à déjouer leur stratagème en cherchant tous les triangles isocèles réalisables avec une combinaison de trois points d'atterrissage, sans se soucier de leur ordre dans le temps », explique Michel Rouzé dans un article de *Science et Vie*[1].

Ainsi fut fait. Un calcul à la main, confirmé par une étude sur ordinateur, aboutit au résultat crucial : on obtenait 1 877 triangles isocèles. Une répartition de points aléatoires n'en aurait donné, en moyenne, que 1 625,5. L'écart de 251,5 n'avait pas une chance sur mille d'être dû au seul hasard. Cet écart constituait donc l'indice

1. Michel Rouzé, « Les OVNI sont-ils pilotés par des extra-terrestres ? », *Science et Vie*, nº 770, novembre 1981.

subtil que la science orthodoxe n'avait pas su découvrir. E.T. existe, Fumoux l'a dessiné !

Si l'on en croit l'article de Michel Rouzé, la preuve par l'isocélie ne serait pas si solide que ça. Pour tout dire, l'excès de triangles isocèles s'explique aisément par une erreur de calcul. Cela ne change rien à mon opinion sur l'isocélie : même si ce n'est pas vrai, c'est bien trouvé.

Le sens de l'imprécision

Philippe Taquet, paléontologue au Muséum d'histoire naturelle de Paris, a recensé plus de soixante explications de la fin des dinosaures. Hormis l'ingestion immodérée de vin autrichien, tout a été envisagé : inadaptation crasse, glaciation, pluie de poussières volcaniques, épidémies, chute d'un astéroïde, explosion d'une supernova, etc. J'ignore si Taquet a inclus dans sa liste la « vraie » explication, celle de la pierre d'Ica. Qu'il l'ait fait ou non n'a plus guère d'importance, maintenant que nous connaissons la réponse. Mais réfléchissez à ceci : sans le mystère des dinosaures, nous n'aurions pas cherché à déchiffrer la pierre, et nous n'aurions pas découvert le message de l'Intelligence Suprême.

Le mystère des dinosaures est donc, en soi, une donnée essentielle. Or, il réside entièrement dans l'imprécision de sa formulation. Le cliché habituel veut que les grosses bêtes, après avoir dominé le monde pendant cent cinquante millions d'années, aient disparu du jour au lendemain. Catastrophe zoologique difficilement explicable. En y regardant de près, il y a peu de chances que les choses se soient déroulées ainsi. Les dinosaures formaient un groupe aussi varié, sinon davantage, que les mammifères d'aujourd'hui. Si le diplodocus mesurait trente mètres du bout du nez à l'extrémité de la queue, si le brachiosaurus pesait jusqu'à cent tonnes, certains spécimens ne dépassaient pas la taille d'un dindon. Il y avait des herbivores qui mangeaient des fougères et des carnivores qui mangeaient des herbivores. Il y avait des dinosaures stupides et d'autres malins. Bref, une multitude d'espèces qui ont dû connaître des destins très divers.

Certaines auraient même des descendants actuels ! Contrairement à un autre cliché, les dinosaures n'étaient pas forcément des reptiles au sens où nous l'entendons aujourd'hui. De bons arguments plaident en faveur de dinosaures à sang chaud, comme les vaches et les poulets. Dans cette hypothèse les oiseaux descendent peut-être du petit cœlurosaure !

En somme, la « catastrophe dinosaurienne » relève plus de la mythologie que de l'histoire zoologique. Seul le sens de l'imprécision permet de mettre tous nos prédécesseurs dans le même sac et de voir dans leur fin « un hermétique arcane que les nuées de la Nature au mutisme de sphynx voilent d'un suaire opaque », comme l'écrivait Sladek à propos d'autre chose. Je suis prêt à parier une caisse de bon champagne que les dinosaures ont disparu graduellement, espèce par espèce, comme tout le monde. Mais si telle était la vérité, qui aurait envie d'y croire ?

Le sens de l'immodestie

Sans doute le plus important de tous. Comment oser s'attaquer à des questions aussi considérables que l'origine de la matière et de la pensée, si l'on doute de son propre génie ? Un bon imposteur balaie d'un revers de main les mesquines barrières de la science traditionnelle, embrasse l'univers entier d'un coup d'œil. Rien ne l'arrête, car il sait, au fond de lui-même, qu'il peut faire mieux que Newton, Einstein et Darwin réunis.

« Pratiquons toujours cette ascèse mentale si difficile qui consiste à regarder l'univers en faisant abstraction de tout ce qu'on a dit sur lui », écrit Rémy Chauvin dans sa *Biologie de l'esprit*[1]. Chauvin, qui n'a rien d'un ignare, réussit très bien à se débarrasser de son savoir. Quelque 220 pages d'une « hésitante méditation » — selon ses propres termes — lui suffisent pour jeter aux orties le darwinisme, grâce à des considérations variées sur le

1. Rémy Chauvin, *La Biologie de l'esprit*, Rocher, Monaco, 1985.

langage des singes, le cerveau des dauphins, la parapsychologie et la communication entre plantes.

Quant à Frank Hatem, le jeûne intellectuel n'a pas dû lui coûter trop d'efforts, si l'on en juge par l'aisance avec laquelle il exerce le non-savoir méthodique : « Conscience et amour sont indissociables. Ce sont les deux aspects contraires de l'énergie magnétique (Yin et Yang) qui suffit à expliquer tous les phénomènes physiques. En particulier, ils contiennent en eux-mêmes la cause de l'espace et du temps, et de la gravitation qui engendrera la constitution de particules atomiques et d'astres. »

Les milliers de physiciens dans le monde qui se cassent la nénette pour essayer de trouver une théorie unifiant l'électromagnétisme et la gravitation sont des masochistes dépourvus d'esprit civique. A coups de milliards payés par les contribuables, ils construisent d'énormes accélérateurs de particules, alors qu'il leur suffirait de débourser 88 francs pour s'offrir *Quand la réincarnation devient une certitude scientifique.*

Dans *Le Nouvel Esprit scientifique*, Gaston Bachelard envisageait ainsi les rapports entre métaphysique et science : « Pourquoi partir toujours de la confrontation entre la Nature vague et l'Esprit fruste et confondre sans discussion la pédagogie de l'initiation avec la psychologie de la culture ? Par quelle audace, sortant du moi, va-t-on recréer le Monde en une heure ? »

Élémentaire, mon cher Gaston : par l'audace de celui qui n'hésite pas à partir de zéro. La science est incapable de recréer le monde en une heure, parce qu'elle ne se fait pas en une heure. Comment le savant pusillanime oserait-il faire face à cette vraie question que l'imposteur se pose à tout instant : pourquoi le monde entier ne reconnaît-il pas mon génie ?

Pourquoi la science ne répond-elle pas aux vraies questions?

Récapitulons. Des cinq sens de l'imposteur, les scientifiques n'en utilisent que deux. Lorsque Louis de Broglie avança que, si les ondes lumineuses avaient un aspect corpusculaire, les particules de matière devaient avoir un aspect ondulatoire, c'était un rapprochement fulgurant. On peut aussi accorder aux savants le sens des Causes Cachées, bien qu'ils s'en servent de manière indisciplinée. Ils jonglent avec un tas de Causes Cachées comme l'interaction faible, la gravitation ou les trous noirs, ce qui ne fait que rendre les choses confuses. Mais, enfin, on peut admettre qu'un scientifique sait à quoi ressemble une Cause Cachée.

Pour les trois autres sens, c'est vraiment la Bérézina. Les indices subtils? Les scientifiques s'en méfient comme de la peste. Ils prétendent que les coïncidences numériques peuvent être dues au hasard, parfois même masquer la réalité d'un phénomène. Vous ne trouverez pas un scientifique sérieux pour admettre que les proportions de la Grande Pyramide ont une signification physique particulière. L'imprécision? Mieux vaut ne pas en parler. Le physicien Jean-Marc Lévy-Leblond compare la précision des concepts scientifiques à la finesse d'un scalpel. En physique, justement, on n'effectue jamais une mesure sans évaluer son degré d'imprécision grâce à des calculs d'erreurs.

Mais surtout, le scientifique moyen manque totalement d'immodestie. On ne le répétera jamais assez : la science est incapable de faire table rase, de repartir de zéro. La théorie du Big Bang, pour ne citer qu'elle, représente l'aboutissement provisoire d'une histoire vieille de quatre millénaires. Deux mille ans avant notre ère, les Babyloniens imaginaient une Terre plate entourée d'un océan circulaire. Deux questions restaient en suspens : quelle était la nature du Soleil et des astres? que se passait-il quand on arrivait au bord extérieur de l'océan?

Thalès de Milet — 640 à 562 avant J.-C. — répondit à

la première en supposant que les astres étaient des godets remplis de feu, fixés sur la voûte céleste, et capables de s'ouvrir ou de se fermer. Pythagore, un siècle plus tard, affirma que la Terre était sphérique, car seule cette forme parfaite convenait à notre planète. Ptolémée — 90 à 168 de notre ère — élabora un système qui prévalut pendant mille cinq cents ans. Notre globe était au centre du monde. Le Soleil tournait autour. Les autres planètes parcouraient un cercle appelé épicycle dont le centre immatériel tournait lui-même autour de la Terre.

Le système de Ptolémée rendait compte *grosso modo* du mouvement apparent des planètes. Malheureusement, Ptolémée avait triché : comme les observations ne collaient pas très bien avec la théorie des épicycles, il avait truqué les chiffres pour les faire entrer de force dans le système. Ptolémée était l'un des plus fieffés imposteurs de l'histoire des sciences, comme l'a démontré l'astronome américain Robert R. Newton, au nom prédestiné (on trouvera un excellent compte rendu des travaux de Robert Newton dans *Science et Vie*[1]).

Quant aux épicycles, leur calcul tenait du cauchemar. Il fallait en superposer une quarantaine, rien que pour justifier le vieux dogme géocentrique. Finalement, le système de Ptolémée sombra sous les assauts conjugués de Tycho Brahé, Galilée, Copernic et Kepler. Après quinze siècles d'errements, on réhabilita le modèle héliocentrique proposé par Aristarque de Samos vers 250 avant notre ère. Newton (Isaac, pas Robert) établit la loi de la gravitation universelle qui expliquait le mouvement elliptique des planètes mis en évidence par Kepler.

Au XVIIe siècle, Herschel découvrit les galaxies, sans pouvoir les situer correctement. Dans les années 1920-1930, les astronomes réalisèrent que notre système solaire était une infime poussière dans l'univers. Hubble montra que l'espace était peuplé de galaxies qui s'éloignaient les unes des autres. L'univers était donc en expansion. Mais

1. Charles-Noël Martin, « Ptolémée a triché ! », *Science et Vie*, n° 730, juillet 1978.

cela n'impliquait-il pas que l'univers avait d'abord été beaucoup plus petit ? Si l'on remontait dans le temps, le monde n'avait-il pas commencé sous la forme d'un grain de matière fantastiquement concentré, un « atome primitif », comme le formula pour la première fois en 1927 l'abbé Lemaître, un astronome de Louvain.

L'hypothèse ne fut pas trop prise au sérieux jusqu'en 1965. Cette année-là, Penzias et Wilson détectèrent un rayonnement qui emplissait l'univers avec une égale densité dans tous les sens. Pour les astrophysiciens, cette découverte constitua une preuve décisive de la théorie de l'atome primitif : le rayonnement de Penzias et Wilson était un résidu de la grande explosion, un fossile du Big Bang.

Ainsi, la science a suivi un long cheminement depuis la Terre plate jusqu'à la cosmologie moderne. Les godets de Thalès nous font sourire aujourd'hui, mais chaque représentation a eu sa pertinence à un moment donné. Loin de ressembler à une marche triomphale sur la route du progrès, l'avance de la science se compare plutôt à celle d'une voie de chemin de fer en construction dans une région accidentée. Il faut zigzaguer, creuser des tunnels, jeter des ponts. Et ce n'est jamais fini. A tout moment, un butoir marque le terme provisoire de la ligne : l'océan circulaire, ou les épicycles, ou la mécanique de Newton, ou la théorie du Big Bang.

De temps en temps, on fait sauter le butoir. Mais on le remplace aussitôt par un nouveau. La science ne fournit que des réponses partielles, des vérités à responsabilité limitée (VARL). Pour obtenir les réponses absolues et définitives qu'appellent les vraies questions, il n'existe pas d'autre moyen que de supprimer le butoir, et la voie avec. Mais comment fait-on avancer un train qui a déraillé ?

Comment faire avancer le schmilblic

Ce qu'aucun conducteur de la SNCF ne ferait, l'imposteur le réussit aisément. Ses trains fantômes roulent allégrement dans le désert du n'importe quoi et du presque tout. « Si nous refusons d'aller de l'avant, la seule alternative[1] consiste à retourner au point de départ[1] », écrit Rupert Sheldrake, qui sait de quoi il parle (il est l'auteur d'une très intéressante théorie que nous étudierons dans une leçon ultérieure). Poser les vraies questions est une bonne chose. Y répondre, c'est mieux. A défaut d'une méthode générale, le débutant s'inspirera utilement de quelques règles empiriques.

— Règle n° 1 : « Une cause, beaucoup d'effets ». Également appelée « principe du tout-est-dans-tout », elle permet d'opérer d'immenses synthèses. Avec un seul phénomène physique, la résonance, Lyall Watson réussit des prodiges. Bien sûr, la résonance de Watson n'est pas tout à fait celle des physiciens. La résonance normale se produit lorsqu'un système capable de vibrer est excité par une vibration accordée sur sa fréquence propre. Exemples : le verre de cristal brisé par une cantatrice qui chante une note aiguë ; ou le pont qui s'écroule sous le pas cadencé d'un régiment en marche, parce que la cadence correspond exactement à une fréquence propre du pont. Il existe aussi des résonances électriques, magnétiques, etc.

Dans la nature ordinaire, la résonance ne se produit que si l'onde excitatrice est de même nature que la vibration du corps excité. On ne fait pas osciller un circuit électrique en jouant de la trompette. La supernature de Lyall Watson ignore cette stupide contrainte. N'importe quoi peut faire résonner n'importe quoi. Cette super-résonance permet d'expliquer, entre autres : l'effet des rayons gamma sur les vers planaires ; la peur des tremblements de terre ; l'influence de la pleine lune sur le saignement en général et sur les pyromanes en particulier ; l'action de la forme pyramidale sur le fil d'un rasoir ; le fait qu'une plante verte réagisse violemment quand on jette une crevette vivante dans l'eau bouillante ; la télépathie ; la psychokinèse ; etc.

1. Rupert Sheldrake, *Une nouvelle science de la vie*, Rocher, Monaco, 1985.

— Règle nº 2 : « Un effet, beaucoup de causes ». Symétrique de la précédente, elle la complète. En l'appliquant judicieusement, vous pourrez dévoiler toute la richesse contenue dans le fait le plus banal. Par exemple, les propriétés multiples du champ vital montrent que l'assassinat de Sharon Tate était dû, dans l'ordre : 1º à une violente éruption solaire ; 2º à un malencontreux alignement des planètes ; 3º à une concentration d'ions négatifs provoquée par la pleine Lune ; 4º à une secousse sismique de magnitude 5 sur l'échelle de Richter ; 5º à des signaux de faible énergie produits par les rayons cosmiques ; 6º à une consommation abusive de pop-corn.

— Règle nº 3 : « La forme influence les fonctions ». Lyall Watson en donne une brillante démonstration : « Une firme française a fait breveter un récipient destiné à la fabrication du yaourt, parce que sa forme particulière renforçait l'action du micro-organisme impliqué dans le processus. Les brasseurs d'une bière tchécoslovaque essayèrent de substituer à leurs tonneaux ronds des tonneaux angulaires, mais constatèrent (...) une détérioration dans la qualité de leur bière. Un chercheur allemand a montré que les souris atteintes de blessures identiques guérissent plus rapidement, si elles sont gardées dans des cages sphériques. Des architectes canadiens signalent une amélioration soudaine chez des schizophrènes soignés dans des services hospitaliers trapézoïdaux. »

Conclusion : « La forme a une influence sur les fonctions qui s'exercent au sein de cette forme. »

— Règle nº 4 : « Le saute-mouton ». Elle permet de justifier un point douteux par une donnée incontestable. *A priori*, l'idée qu'une pyramide en carton puisse aiguiser une lame de rasoir nous laisse sceptiques. Grâce à un triple saute-mouton, Watson tourne la difficulté. Premier saut : un champ magnétique agit sur le fil de la lame. Au lieu de se demander comment, Watson enchaîne immédiatement le deuxième saut : la pyramide possède un champ magnétique.

Pourquoi ? Troisième saut : la forme pyramidale confère

au carton les propriétés d'un cristal de magnétite. Ne savons-nous pas — règle précédente — que la forme a une influence sur les fonctions ? Grâce à cette gymnastique, nous voici maintenant devant un fait incontournable : la pyramide a la forme d'une pyramide.

— Règle n° 5 : « Les ronds de fumée ». Elle procède d'un usage immodéré du sens des indices subtils. Ainsi, l'ufologue Fumoux voit dans un excès de triangles isocèles la preuve irréfutable de l'existence des extra-terrestres. Peu importe que dans le cas précis l'excès d'isocélie résulte d'une erreur. La plupart des gens ne remarqueraient dans ces triangles rien de plus que des figures géométriques. Fumoux y déchiffre la signature extra-terrestre. Le gros bon sens affirme : ce n'est pas parce que je crois discerner la forme d'un lapin dans des ronds de fumée qu'il y a réellement un lapin. Mais qui sait lire les indices subtils ne laisse rien au hasard. Si vous le désirez vraiment, l'observation la plus anecdotique deviendra signe, trace, symptôme, présage.

— La règle du champ magnétique. Véritable gri-gri, elle permet de se sortir de bien des situations délicates. Chaque fois que vous vous trouvez dans l'embarras, répétez trois fois « CHAMP MAGNÉTIQUE ». Pensez à articuler. Vous pouvez remplacer « champ magnétique » par « champ vital », « onde », « résonance », « vibration », « basse fréquence », « énergie », etc. « Champ morphogénétique » est un peu précieux, mais très efficace. Évitez le désuet « Abracadabra ». N'utilisez « hémorroïdes » qu'en dernière extrémité. Cela fait vulgaire.

Fausse science et science fausse

Le lecteur perspicace — y en a-t-il d'autres ? — aura remarqué que toutes ces règles sont de nature sémantique. Elles ne concernent pas la manipulation des faits, mais des mots. Presque toutes les impostures étudiées dans cette leçon procèdent essentiellement de la rhétorique. Discours sans prise sur le réel, elles ne trouvent leur cohérence que dans le champ du langage. Une situation incompatible avec la démarche scientifique qui exige que la théorie se confronte en permanence à l'observation. « La vérité scientifique est une prédiction, mieux, une prédication », écrit Bachelard. « Nous appelons les esprits à la convergence en annonçant la nouvelle scientifique, en transmettant du même coup une pensée et une expérience, liant la pensée à l'expérience dans une vérification : *le monde scientifique est donc notre vérification* » (souligné par l'auteur).

Quelle expérience permettrait de vérifier que l'amour est une attraction magnétique ? Les lois du magnétisme sont des lois physiques. On peut les tester expérimentalement. Elles ne se transposent pas au domaine humain. D'ailleurs, l'amour n'a jamais connu de lois...

Il ne suffit pas d'accoler les mots « réincarnation » et « scientifique » pour faire de la science. En l'occurrence, « scientifique » n'est là que pour signifier « vrai ». Les « théories » telles que celle de Frank Hatem ne décrivent pas des effets physiques, elles produisent des effets de sens. Les termes qui les définissent le mieux sont ceux de pseudoscience, de science fictive, ou encore de fausse science.

Il existe un autre type d'imposture scientifique. La tricherie de Ptolémée est une manipulation des faits, et pas seulement du langage. On voit tout de suite la différence : la théorie des épicycles peut être vérifiée par l'expérience. La vérification conclut à l'erreur. La théorie a donc échoué. L'imposture de Ptolémée consiste à truquer les données pour transformer l'échec de la théorie en échec de la vérification. Nous qualifierons ce genre d'imposture de science trafiquée, ou de science truquée, ou encore de science fausse.

A première vue, il n'y a pas de commune mesure entre la fausse science et la science fausse. La première n'est qu'un simulacre, alors que la seconde implique bel et bien une démarche scientifique, encore que pervertie. Si l'on compare la science au jeu d'échecs, le fraudeur est un joueur malhonnête qui déplace une pièce à l'insu de son adversaire, pour améliorer sa position. Il connaît la règle du jeu, même s'il ne la respecte pas. L'arbitre ou des témoins peuvent constater et dénoncer la triche. L'imposteur de la science fictive se comporte, lui, comme s'il ignorait tout des règles. Il peut déplacer un cavalier comme si c'était un fou, ou remplacer le roi par une balle de golf. Dans ce type d'imposture, il n'y a aucun jeu possible.

Malgré cette opposition, les deux catégories partagent un trait commun : le refus de la réalité, que ce soit par la fuite dans le langage ou par le trucage des faits. Tous les imposteurs nourrissent plus ou moins l'illusion que le réel peut se tordre comme les cuillers d'Uri Geller. Ils désirent de toutes leurs forces que « ça marche », que le monde se plie à leurs fantasmes. On peut juger ce comportement infantile. Mais ne sommes-nous pas tous de grands enfants ?

Exercices

1. Répondez aux vraies questions suivantes :
— Quelle est la différence entre un chameau ?
— Quelle est la couleur du cheval ?
— Qui a écrit : « ... » ?
— Quoi ?

Réponse page.

2. Découpez quatre morceaux de carton fort en triangles isocèles ayant la proportion base-côtés de 15,7 à 14,94. Collez-les ensemble au ruban adhésif. La pyramide doit avoir une hauteur exactement égale à 10,0 des mêmes unités. Orientez-la de telle sorte que les lignes de base soient face aux nord-sud et est-ouest magnétiques. Faites un support haut de 3,33 unités. Placez-le juste sous le sommet de la pyramide pour soutenir vos objets (lames émoussées, souris crevées, œufs pourris, romsteck, etc.).

Maintenez le tout loin des appareils électriques (exercice offert par Lyall Watson).

3. Même exercice que le précédent, mais en coupant la pointe de la pyramide (on voit très bien sur les cartes postales que l'usure du temps a émoussé la Grande Pyramide). Observez-vous les mêmes effets ?

4. Recouvrez la Grande Pyramide d'un emballage en carton ayant exactement la même forme. Retrouve-t-elle son apparence initiale (les billets d'avion pour Gizeh sont en vente dans toutes les bonnes agences) ?

LEÇON 2

Ton créneau, avec soin tu choisiras

Affranchi de la gravité, vous planez. Silence. Obscurité. Sérénité. Les muscles totalement relâchés, vous baignez dans l'antimatière. L'état d'apesanteur libère votre énergie cosmique. Votre cerveau se détache de l'illusoire réalité. Vos ondes alpha s'intensifient. Audacieux voyageur de la cinquième dimension, vous flottez dans une zone léthale, à des milliards d'années-lumière de toute région habitée. Les yeux tournés vers le Dedans, vous feuilletez *Le Livre des Morts tibétain*. Dans la tiédeur liquide et saumâtre de votre caisson d'isolation sensorielle, vous revivez vos existences antérieures. Vous fusionnez avec le Grand Tout. Le flash. L'illumination. La pierre philosophale. Le secret de la pyramide. L'alpha et l'oméga. 37° 2 pour l'éternité.

Pour les béotiens, rappelons que le premier caisson fut édifié par les forces telluriques. Une fracture de l'écorce terrestre donna naissance à la mer Morte, creuset mystique où l'Eau, fluide de la vie, s'unit au Sel, substance de l'esprit. Pour des raisons de commodité, on remplaça la mer Morte par la baignoire, moins encombrante et mieux adaptée aux nécessités de la vie citadine. Vers 250 avant

Jésus-Christ, Archimède découvre par hasard l'effet merveilleux du *tranquillity bath*. Fou de bonheur, le grand savant s'élance dans la rue, nu comme un ver, hurlant des onomatopées et brandissant une couronne en carton doré.

Résultat : un beau scandale, qui fait encore jaser dans les milieux sélects de Syracuse. Pour éviter que de tels incidents ne se reproduisent, le neurophysiologiste et psychiatre américain John Lilly, spécialiste du *brainstorming* avec les dauphins, introduira dans les années cinquante le caisson fermé, en forme de sarcophage égyptien. Grâce à ce perfectionnement ingénieux, et à des commerçants astucieux, il est désormais possible, pour moins cher qu'une séance d'analyse, de s'offrir l'expérience suprême du *samadhi* (fermé le dimanche et le lundi).

Le secret de la baignoire à couvercle

Ce bref survol donne un aperçu des élucubrations mystico-psychédéliques suscitées par la « baignoire à couvercle », selon l'expression de *Science et Vie*[1]. Les Français ont découvert le caisson en 1984, grâce à une puissante campagne médiatique. A en croire ses thuriféraires, l'invention de John Lilly serait à la conscience humaine ce que la roue fut à la locomotion. Après tout, pourquoi pas ? Chacun est libre de ses fantasmes. N'empêche que le succès du caisson a peu de rapports avec la réalité objective de l'objet. Il y a une mode du caisson d'isolation sensorielle, il n'y aurait jamais eu de mode de la baignoire à couvercle. L'alchimie qui transmute un bac de marinade en arche de Noé psychique relève essentiellement d'un phénomène de communication.

Le caisson fonctionne comme message. Bien reçu, bien vendu. Loin de se réduire à une trouvaille de *marketing*,

1. Michel Rouzé, « La baignoire à couvercle », *Science et Vie*, n° 805, octobre 1984.

le caisson se donne pour une véritable invention, comme l'illustre ce passage extrait d'une plaquette publicitaire : « L'inventeur du *tank* s'appelle John Lilly, et tous ceux qui s'intéressent de près aux dauphins connaissent son nom. Mais sa spécialité de médecin neurobiologiste, c'est le "cerveau-esprit" de l'homme... »

Cette *couverture scientifique* représente le degré zéro de l'imposture : le fil à couper le beurre promu, par la magie du discours, au rang de découverte du siècle. Cela prend parce qu'un certain public se reconnaît dans l'univers imaginaire du caisson. Le message doit son impact à l'exploitation ingénieuse de quatre thèmes :

1° L'*homo delphinus*. Lilly, un chercheur comme les autres ? Non point. Il se présente comme l'homme qui parle aux dauphins. L'histoire remonte aux années cinquante : enregistrant les signaux émis par les dauphins, Lilly croit remarquer que les animaux reproduisent les paroles échangées entre les expérimentateurs. A l'époque, la découverte de Lilly a vivement intéressé les neurophysiologistes. Les militaires aussi, tout excités à l'idée qu'un dauphin astucieux pourrait remplacer un détachement d'hommes grenouilles !

Passé l'enthousiasme initial, l'affaire s'est tassée, si l'on peut dire. Malgré tous ses efforts, Lilly n'a pas établi que les signaux delphiniens s'apparentaient plus au langage humain que le bourdonnement d'une abeille. Mais laissons le grand homme prendre ses désirs pour des réalités. Son histoire est trop belle pour être fausse.

Le thème de l'homme-dauphin renvoie au thème général des vraies questions. En l'occurrence, la question des origines. Dans la tiède saumure du caisson, nous retrouvons, plus que la douceur du ventre maternel, le sein de la mer, utérus cosmique d'où toute vie est issue.

2° Le thème de la *découverte sensationnelle*. « Une des théories couramment admises dans les milieux scientifiques était que, privé d'informations venant de l'extérieur, le cerveau "s'endormait". Pour vérifier cette hypothèse, John Lilly, fana de l'auto-expérimentation, s'isola dans un des caissons utilisés pendant la dernière guerre pour tester les scaphandres. Il s'aperçut que, loin de s'assoupir, son système nerveux semblait au contraire se réveiller complètement... » (extrait de la plaquette publicitaire déjà citée).

Retirons les termes pédants et le côté spectaculaire de l'auto-expérimentation. Que reste-t-il de la grande découverte ? Ceci : dans le noir, on ne dort pas toujours. Tous les enfants qui éprouvent des terreurs nocturnes vous le confirmeront. Dans un autre registre, on se souvient de la torture infligée aux membres de la bande à Baader, condamnés à n'avoir d'autres interlocuteurs que leurs viscères. Mais ne dramatisons pas : le caisson ne procure qu'une isolation sensorielle homéopathique. D'ailleurs, rien ne vous empêche d'installer la télé dans votre *tank*. Ou d'y inviter l'objet de votre désir (les bonnes maisons fournissent des caissons à deux places pour un prix très avantageux).

3° Le thème de la *machine merveilleuse*, version moderne de la lampe d'Aladin. Dans les films de science-fiction, le héros trône aux commandes d'un vaisseau lancé à vingt fois la vitesse de la lumière. Avec une dépense énergétique considérablement plus faible, le caisson vous ouvre l'accès aux dimensions inconnues de l'univers. Tout est possible : rencontrer un ancêtre velu, vêtu de peaux de bêtes, remonter le cours du temps jusqu'au Big Bang, vagabonder dans le vide intersidéral, visiter le futur, voire le futur antérieur. Attention, quand même, à ne pas tomber dans un trou noir !

4° Le thème du *voyage intérieur*. Contrairement à la machine de science-fiction, le caisson n'exige pas un déplacement physique dans l'espace-temps. C'est de votre « espace-nerfs » que vous devenez le cosmonaute. A l'écoute des seuls stimuli produits par votre corps, « nu jusqu'au fond de l'âme », vous vous trouvez face à votre moi véritable. Comme dans un *trip*, chacun ne trouvera que ce qu'il a apporté. « Rien ne se passe que vous ne permettez pas », dit la publicité. Tous les avantages du LSD, sans les risques. Le rapprochement n'est pas fortuit : avant de dialoguer avec les dauphins, Lilly fut l'un des premiers chercheurs à utiliser des psychotropes pour explorer les profondeurs de la conscience.

Le voyage intérieur est un *jeu de société*, c'est-à-dire la projection ludique d'un mouvement social. Le jeu du *trip* a sans doute existé dans les plus anciennes civilisations. Sous sa forme contemporaine, il est surtout une invention de poètes : surréalistes en Europe, *Beat Generation* aux États-Unis, avec des auteurs comme Kerouac, Ginsberg, Burroughs. Ces « clochards célestes » — titre français d'un livre de Kerouac — faisaient la route dans leur tête. Solitaires, ils incarnaient le moment d'une prise de conscience, d'un refus radical de l'*American Way of Life*.

La vague psychédélique des années soixante et soixante-dix, — expériences LSD de Timothy Leary, anthropologie-fiction de Carlos Castañeda — récupère le *trip* des poètes pour en faire une mode. Le voyage se normalise en jeu de société, exprimant le « style de vie » d'un groupe social parmi d'autres. L'imposture s'empare de ce jeu fossilisé pour y bâtir ses créneaux.

Le message-caisson s'articule donc sur quatre thèmes : la vraie question (l'homme est-il un dauphin qui s'ignore ?), la découverte sensationnelle (privation sensorielle), la machine merveilleuse (vaisseau cosmique), le jeu de société *(trip)*. Ce cocktail détonant confère à un discours banal l'efficacité d'une flèche lancée au cœur de la cible. Un bon créneau transforme un lieu commun en position stratégique.

Tous les créneaux d'imposture scientifique sont des variations sur l'un des quatre thèmes, ou sur une combinaison de ces thèmes. La structure la plus fruste est celle que nous avons explorée dans la leçon 1 : un discours « hénaurme » tissé autour d'une vraie question. Technique sommaire, tout juste bonne à produire de la pseudo-science grossière. Pour dépasser ce stade rudimentaire, il nous faut maintenant apprendre à construire des créneaux plus sophistiqués. Notre démarche s'appuiera sur des exemples concrets, représentatifs des principales stratégies.

Les fluctuations de l'effet Mars

Tout le monde le sait : l'horoscope, même calculé sur ordinateur, ça n'est pas très sérieux. D'après son thème astrologique, Jack l'Éventreur aurait dû être un bon père de famille. Landru, un moine chaste. Le bon vieux zodiaque de papa ne tient pas le coup. Cette maudite précession des équinoxes a tout fichu en l'air. Explication : la Terre, sphère imparfaite, est aplatie aux pôles. Elle tourne un peu comme une toupie, en se dandinant sur son axe. Ce dernier décrit tous les 26 000 ans un cône d'angle au sommet légèrement supérieur à 23°. Résultat : la carte du ciel s'est décalée depuis l'Antiquité. L'astrologie n'a plus les constellations en face des signes. Les Vierge d'hier sont devenus des Lion, les Lion des Cancer, les Bélier des Poissons, et ainsi de suite.

Cela ne nous empêche pas de nous précipiter sur les dernières pages de *Elle*. Mais surtout pour savoir si l'opposition de Saturne risque de contrarier la conjonction du Bélier et du triangle de Vénus. Époque dévoyée, qui fait de l'astrologie un jeu de société, voire une succursale du planning familial ! Depuis trente ans, un homme, Michel Gauquelin, lutte contre cet état de choses lamentable (l'exposé qui suit est fondé sur un article de Michel Rouzé paru dans *Science et Vie*[1]).

Pour mettre le zodiaque à l'heure de la science moderne, Gauquelin n'y va pas par quatre chemins. Il bazarde les signes désuets, remplace les « maisons » lézardées par douze « secteurs ». Percée épistémologique décisive, il introduit la méthode statistique dans une discipline jusqu'ici purement qualitative. Il constitue un fichier de 27 000 individus originaires de cinq pays européens. Après avoir recherché la profession, la date, l'heure et le lieu de la naissance de chacun, il calcule le secteur où se trouvaient le Soleil, la Lune et les planètes à ce moment précis.

1. Michel Rouzé, « Effet Mars : la néo-astrologie en échec », *Science et Vie*, n° 762, mars 1981.

Vers 1960, ce travail de fourmi produit son premier fruit juteux : l'effet Mars. Sur un échantillon de 1 553 champions sportifs, Gauquelin en a relevé 332 nés avec Mars dans les secteurs 1 ou 4 (lorsque la planète rouge monte à l'horizon ou lorsqu'elle culmine au méridien). Le hasard seul n'en aurait donné qu'environ 130 par secteur (1 553 divisé par 12), soit 260 pour les deux secteurs.

Gauquelin décèle dans ce résultat l'indice subtil qu'il cherchait depuis le départ. Pas de doute, l'écart ne s'explique que par une influence de la planète rouge sur les futurs champions. L'effet Mars devient le cheval d'une interminable bataille d'experts. Consulté, le « Comité Para » — organisme belge spécialisé dans l'enquête sur les phénomènes paranormaux — ne conteste pas les calculs. En 1967, une nouvelle liste de 535 champions belges et français confirme l'effet Mars. Regroupant les deux listes, Gauquelin comptabilise 452 « martiens » sur 2 088 champions. Le hasard en donnerait 348. Probabilité d'une telle déviation : 1 chance sur 5 millions.

L'affaire traverse l'Atlantique. L'équivalent américain du Comité Para, le CSICOP — Committee for the Scientific Investigation of Claims of the Paranormal — se penche sur l'effet Mars. En juillet 1977, les Américains établissent un nouvel échantillon de 128 champions. Résultat : 19,5 p. 100 de naissances martiennes au lieu de 16,7 p. 100 attendus. Vu la taille de l'échantillon, ce n'est pas significatif. On étend la liste à 408 sportifs, recueillis dans des annuaires spécialisés. Cette fois, l'effet Mars est battu en brèche : seulement 55 martiens, quand le hasard en donnerait 68.

Gauquelin ne conteste pas les calculs, mais la liste. L'effet Mars dépendrait de la notoriété et de la valeur des sportifs. Il faudrait des « champions au moral de fer ». Seuls les 128 premiers répondraient à ce critère. Et encore : Gauquelin déplore que l'échantillon inclue des basketteurs, peu sensibles à l'effet Mars. De plus, pour les naissances postérieures à 1950, l'habitude de déclencher l'accouchement avant le terme naturel perturbe l'influence planétaire. En bricolant l'échantillon, Gauquelin finit par retomber sur ses pattes. Mais un tel bricolage *a posteriori* est contraire à toutes les règles de la méthodologie statistique.

Dernier acte (?) : l'astronome Dennis Rawlins, membre du CSICOP, effectue un petit calcul très simple. L'échantillon américain comprend 408 naissances. En l'absence de tout effet, on devrait trouver 68 naissances avec Mars en secteur 1 ou 4 (408 divisé par 6). La marge d'erreur autorise un chiffre réel compris entre 60 et 75. Or, par une malice du hasard, il n'est que de 55. Un effet Mars réel réduirait la probabilité d'une telle déviation à 1 chance sur 10 000.

Exit l'effet Mars, du moins jusqu'au prochain épisode. Le plus cocasse, c'est que personne n'a prouvé quoi que ce soit. Pour une raison très simple : il n'y a rien à prouver. Imaginez que l'IFOP fasse un sondage d'opinion en posant la question suivante : « Pensez-vous que les petits hommes verts qui habitent la planète rouge ont le cœur à gauche ou à droite ? » Supposez que 53 p. 100 des sondés penchent pour la droite, 45 p. 100 pour la gauche, 2 p. 100 ne se prononçant pas. Que faudrait-il en conclure ? Pas grand-chose, sinon qu'il y a 98 p. 100 de gens prêts à répondre à une question inepte.

La polémique Gauquelin-CSICOP n'aborde jamais le seul problème qui ait une signification scientifique : comment diable l'effet Mars pourrait-il bien agir ? Pendant vingt ans, des experts ont ergoté sur une statistique destinée à étayer une hypothèse fantôme : avec la meilleure volonté du monde, on ne peut pas intégrer l'influence planétaire dans un système de lois physiques.

L'astrophysicien Jean-Claude Pecker le démontre avec brio : « Quelle que soit la "nature" physique de l'influence des planètes, il faut admettre qu'elle dépend peu ou prou de la distance, ou qu'elle n'en dépend pas. Si l'influence des planètes décroît selon (la distance)..., alors l'influence d'autres masses proches devrait être prise en considération[1]. »

D'après Pecker, ou la distance joue, et les tours de La Défense devraient avoir beaucoup plus d'influence que Mars sur un Parisien de l'île Saint-Louis. Ou elle ne joue pas, et l'on bute sur un autre paradoxe : « En quoi Mars diffère-t-elle essentiellement des pierres et du béton dont est faite La Défense ? » Et pourquoi Mars plutôt que des astéroïdes relativement proches de nous tels que Cérès ou Pallas ?

Gauquelin a tout de même prouvé une chose : il suffit d'habiller un discours magique de quelques statistiques pour que des scientifiques se penchent dessus en hochant la tête avec gravité. On peut même se demander si, dans leur for intérieur, les membres du CSICOP ne croient pas un peu à l'effet Mars. Sinon, pourquoi se donneraient-ils autant de mal pour réfuter une hypothèse aussi farfelue ?

Le divorce entre astrologie et science n'est pas très vieux. Tycho Brahé et Kepler trouvaient tout naturel de tirer des horoscopes. Si l'astrologie nous apparaît aujourd'hui comme une pensée magique, elle a constitué autrefois une réaction nécessaire contre une pensée encore plus magique. Lorsque nos ancêtres s'aperçurent qu'il ne suffisait pas d'implorer les dieux pour que la récolte soit bonne, ils comprirent que l'ordre inflexible du cosmos ne dépendait pas de leurs prières. « Le cours des astres était immuable, la justice divine rigoureuse », écrit Pecker. « Certes, cette justice divine, localisée dans le mouvement régulier des astres, avait des effets sur Terre. Déjà, on connaissait les marées, les saisons. Pourquoi le cours des astres n'aurait-il pas réglé aussi la destinée des États ? »

Cette pensée ne manquait pas de logique. L'irrationnel est une notion relative à la vision du monde de chaque culture. Et les anciens systèmes de pensée ont souvent la vie dure. En matière de pseudo-science, c'est dans les vieilles marmites qu'on fait les meilleurs ragoûts. Ne sciez

1. Jean-Claude Pecker, « L'astrologie et la science », *La Recherche*, n° 140, janvier 1983.

pas la branche morte du mythe, vous êtes assis dessus. Laissez la nouveauté aux maniaques du progrès. Arpentez les sentiers battus. Ne cherchez jamais à faire avancer la science, il y a des gens payés pour ça.

Joseph Rhine et la parapsychologie scientifique

L'histoire des sciences occultes se divise en deux ères incommensurables : avant Joseph Banks Rhine et après. Avant, les spirites ne jurent que par les fantômes, les ectoplasmes, les médiums, les tables tournantes et les tasses remuantes. Rhine remplace ce folklore désuet par un corps de disciplines crédibles : facultés « psi », perception extra-sensorielle (PES), psychokinèse (PK), parapsychologie. Il impose la rigueur du laboratoire dans ce domaine réfractaire à la vérification : « Les activités des esprits frappeurs cessent fréquemment sitôt qu'un enquêteur arrive pour les observer », comme il l'admet lui-même.

Rude tâche, donc. Mais Joseph Banks Rhine n'est pas de ceux qui reculent devant la difficulté. Homme de grande foi, il a voulu se faire pasteur, avant de passer un doctorat en physiologie végétale. Il n'enseignera cette discipline que deux ans. Sa véritable vocation, il la découvre lors d'une conférence sur le spiritisme donnée par sir Arthur Conan Doyle soi-même. « La personnalité de Rhine combine ces deux facteurs : d'une part la méticulosité de l'homme de laboratoire, rompu aux contre-épreuves et aux vérifications expérimentales ; d'autre part une certitude absolue, hors du rationnel, de la réalité du psi[1] », écrit Michel Rouzé.

D'une naïveté à toute contre-épreuve, Rhine se fait rouler dans la farine par des collaborateurs sans scrupule. Margery, l'un de ses premiers sujets d'étude, vomit des ectoplasmes achetés à la triperie voisine. L'anecdote de

1. Michel Rouzé, « La véridique histoire du "père" de la parapsychologie », *Science et Vie*, n° 755, août 1980.

Lady Wonder, la pouliche télépathe, est encore plus révélatrice de ce que Rouzé appelle « l'étrange inhibition de l'esprit critique qu'entraîne l'attitude du vouloir croire ».

Lady Wonder « devinait » un chiffre que Rhine avait inscrit sur un bloc-notes. En fait de télépathie, il s'agissait d'un classique tour de cirque. Le don de Lady Wonder était surtout affaire de dressage. La pouliche réagissait à un signe discret de Mrs. Fonda, sa maîtresse, qui lisait le chiffre en suivant les mouvements du crayon. Rhine avait bien constaté que Lady Wonder perdait ses pouvoirs lorsque Mrs. Fonda ne se tenait pas à proximité, ou lorsque lui-même se tenait derrière Mrs. Fonda. Il n'en publia pas moins une « Enquête sur un cheval lecteur de pensée ».

Pendant près de quarante ans — de 1927 à 1965 — Rhine a mené des expériences de divination des cartes dans son laboratoire de l'université Duke, en Caroline du Nord. Ses résultats sont encore considérés comme la pierre de touche de la « parapsychologie scientifique ». Rhine se servait du jeu de cartes de Zener, composé de cinq fois cinq cartes identiques. Sur chaque carte est dessinée une figure géométrique simple : un cercle, une croix, un rectangle, etc.

Le but du jeu est de deviner quelle figure porte une carte. Sans regarder, bien sûr ! En s'en remettant au hasard, on a une chance sur cinq de tomber juste. Soit en moyenne cinq bonnes réponses par paquet. Bien entendu, sur un tirage donné, on peut deviner sept cartes, ou seulement trois. Mais pour une longue série de tirages, la probabilité que la moyenne s'écarte de cinq est très faible. Le meilleur sujet de Rhin, Hubert Pearce, réussit vers 1930 la moyenne prodigieuse de huit bonnes réponses sur 690 paquets. La probabilité d'un tel score était de 1 divisé par un nombre que je n'ai pas la place d'écrire sur cette page !

Rhine tenait la preuve de son « effet psi ». Il publia son premier rapport sur la PES en 1934. Plusieurs chercheurs américains s'intéressèrent à ses expériences et tentèrent de reproduire ses résultats. En tout, 298 814 tirages des cartes de Zener furent effectués dans cinq universités américaines, dont la prestigieuse université de Princeton. Aucun des sujets testés ne fit mieux que le hasard. De mauvaises langues susurrèrent que Pearce trichait. On ne put le prouver, mais l'expérience de Rhine comportait un biais.

Pearce devinait les cartes cinq par cinq, les regardait avec l'expérimentateur, puis les remettait dans le jeu. On battait le jeu, et on recommençait. Quiconque connaît les tours de cartes vous dira que Pearce accroissait ainsi ses chances de réussite : les cartes remises dans le jeu se retrouvent le plus souvent vers le haut ou vers le bas du tas. Or, ces cartes, Pearce les avait vues. Il faut ajouter que c'est Pearce lui-même qui avait choisi cette manière de procéder...

Dans une autre expérience, Pearce se trouvait à 90 mètres de l'expérimentateur. Les scores furent encore remarquables. Cette fois, il n'y avait pas de triche possible. Du moins, on le crut jusqu'à ce qu'un enquêteur opiniâtre, Hansel, s'aperçût que Pearce pouvait observer l'expérimentateur à son insu, à travers des portes vitrées.

Rhine prit sa retraite en 1965. Son successeur, Walter Levy, se spécialisa dans la parapsychologie des animaux. Il obtint des résultats spectaculaires qui ne laissaient aucun doute sur le pouvoir psi des rats. Malheureusement, les assistants de Levy le surprirent en flagrant délit de fraude, alors qu'il trafiquait un dispositif enregistreur. Rhine le renvoya immédiatement, sans toutefois mettre en cause les résultats antérieurs de Levy.

Que conclure de tout cela ? Même si les scores de Pearce n'ont pas été truqués, ils appartiennent à la catégorie parascientifique des résultats impossibles à reproduire. Au fond, Rhine s'enferme dans la même impasse logique que Gauquelin, en voulant à tout prix concilier pensée rationnelle et pensée magique. Tout le monde croit plus ou moins aux fantômes et à l'astrologie. Mais chez la plupart des gens, ces croyances ont pris la forme de jeux de société anodins : horoscope, tables tournantes, marc de café...

Rhine et Gauquelin ne savent pas jouer. Il leur faut à tout prix du surnaturel scientifiquement prouvé. Effet Mars ou effet psi, la contradiction est la même : le phénomène doit échapper à toutes les lois physiques connues tout en reposant sur une base expérimentale. C'est ce qui s'appelle vouloir le beurre et l'argent du beurre. Du moins peut-on faire crédit à Rhine et à Gauquelin de leur sincérité. Je n'en dirais pas autant de Cyril Burt, l'un des plus grands menteurs de l'histoire des sciences.

Cyril Burt et le jeu du QI

L'intelligence est-elle héréditaire ? Peut-on la mesurer ? Voilà bien l'exemple typique de la vraie question insoluble. Il faudrait déjà se mettre d'accord sur ce qu'est exactement l'intelligence. Je vous défie de trouver deux personnes qui en donnent la même définition. Quant à mesurer une variable aussi floue, cela me rappelle une blague soviétique qui décrit ainsi la prospective : l'art de chercher un chat noir dans une pièce noire alors qu'il n'y a pas de chat noir, et de dire qu'on l'a trouvé.

Comme toutes les vraies questions, celle de l'intelligence a donné naissance à un jeu de société : le quotient intellectuel — QI —, inventé par Alfred Binet au début du siècle. Beaucoup de psychologues reconnaissent que le QI ne mesure qu'un aspect très restrictif de l'intelligence. Dans le meilleur des cas, il indique assez bien comment des enfants vont réussir à l'école. C'est d'ailleurs à cette fin que Binet l'avait conçu. Binet se proposait de dépister les enfants menacés par l'échec scolaire, afin de les aider.

Lewontin, Rose et Kamin ont montré dans *Nous ne sommes pas programmés*[1], un livre superbe qui fera grimper votre QI de 20 points, comment le projet initial de

1. Richard C. Lewontin, Steven Rose, Leon J. Kamin, *Nous ne sommes pas programmés*, La Découverte, Paris, 1985.

Binet a été subverti par les conservateurs eugénistes anglo-saxons. Ce courant remonte à la fin du XIXe siècle. On peut en attribuer la paternité à Francis Galton, l'un des premiers à avoir affirmé que le talent et les qualités intellectuelles étaient transmis par l'hérédité. Aux États-Unis, des galtoniens comme Terman et Goddard introduisirent les tests de QI, mais dans une optique totalement opposée à celle de Binet. Pour eux, les aptitudes étaient fixées une fois pour toutes à la naissance. Le jeu du QI devenait un instrument de sélection sociale, l'échelle de mesure d'un classement hiérarchique du monde.

« L'introduction en Angleterre du test de Binet fut principalement l'œuvre de Cyril Burt, un psychologue dont les liens avec l'eugénisme étaient encore plus forts que ceux de ses collègues d'outre-Atlantique », racontent Lewontin, Rose et Kamin. « Le père de Burt était médecin et fut amené à soigner Galton ; ce dernier fit beaucoup par ses recommandations pour aider Burt à être nommé le premier psychologue scolaire du monde de langue anglaise. »

Burt se représentait l'intelligence comme un récipient dont la capacité avait été fixée une fois pour toutes : « Il est impossible qu'un pot d'une pinte puisse contenir plus d'une pinte de lait ; et il est de même impossible que le niveau d'instruction d'un enfant puisse dépasser ce qui lui est permis par sa capacité à s'instruire. »

Pour démontrer l'hérédité de l'intelligence, Burt étudiait des paires de vrais jumeaux qui avaient été élevés dans des familles différentes. De tels jumeaux ont exactement les mêmes gènes. Ils partent donc à égalité. Si leurs QI restaient proches, pensait Burt, cela signifiait que leurs éducations différentes n'avaient pas eu d'influence. L'intelligence ne dépendait donc pas du milieu, mais seulement de l'hérédité.

De 1943 à 1966, Burt publia des statistiques successives portant sur 15, 21, 30 et enfin 53 paires de jumeaux. A chaque fois, il trouvait une forte corrélation entre les QI des jumeaux. Cette découverte sensationnelle lui valut une notoriété considérable. A sa mort en 1971, Burt, élevé à la dignité de *sir*, était considéré comme un grand maître de la psychologie britannique. Hans Eysenck, autre représentant éminent du courant galtonien, écrivit qu'il s'appuyait « très fortement » sur le travail de Burt et souligna « la qualité supérieure de ses études en ce qui concerne leur conception et le traitement statistique des données ».

N'importe quel statisticien sérieux aurait pu démontrer le contraire. Les calculs de Burt contenaient une bizarrerie. Dans tous ses articles, le coefficient de corrélation entre les QI restait le même à trois décimales près, alors que le nombre de paires augmentait. Vu la taille de l'échantillon, c'était une coïncidence hautement improbable.

En 1976, un journaliste curieux, Gillie, fit une découverte encore plus étrange. Les vrais jumeaux séparés sont une denrée rare. Burt ne pouvait se rendre personnellement dans les différents pays où il en avait repéré. Il avait donc embauché deux collaboratrices, Miss Conway et Miss Howard, pour faire les enquêtes à sa place. Gillie s'aperçut que ces demoiselles étaient inconnues à l'université de Londres et que personne ne les avait jamais rencontrées. Conway et Howard n'existaient que sur le papier. C'étaient, au sens propre, des créatures de Burt...

La preuve définitive de la fraude fut apportée par le propre biographe de Burt, Leslie Hernshaw. Fervent admirateur de sir Cyril, Hernshaw avait été chargé d'écrire la vie du grand homme par la sœur de Burt. Elle lui remit un journal intime qui contenait l'aveu écrit de la tricherie. Burt racontait comment il avait passé une semaine de janvier 1969 à « calculer » les données originales sur les 53 paires de jumeaux, que lui avait demandées un psychologue de Harvard, Christopher Jencks. Ces données étaient censées avoir servi de base à l'article que Burt avait publié trois ans plus tôt... Sir Cyril les avait inventées de toutes pièces ! En fait, seules les 15 premières paires de jumeaux existaient réellement.

Pourquoi Burt a-t-il triché, au mépris non seulement des règles scientifiques mais de la simple honnêteté ? « Un premier élément de réponse est que certainement il était *intimement* convaincu que son hypothèse... était exacte », écrivent Blanc, Chapouthier et Danchin dans *La Recherche*[1]. « Or, selon beaucoup de témoins, il était de nature quelque peu paranoïaque. C'est sans doute ce trait pathologique qui l'a amené à faire passer sa conviction personnelle avant l'objectivité scientifique... Au bout du compte, les fraudes de Burt s'expliquent parce qu'il avait sans doute préféré tricher plutôt que de voir ses adversaires triompher. »

Ce dernier point est crucial : il ne s'agit pas seulement du fonctionnement paranoïaque de Burt, mais de son engagement idéologique. Pourquoi n'a-t-on osé toucher aux travaux de Burt que longtemps après sa mort ? On pouvait remarquer l'anomalie des coefficients de corrélation dès 1966, et même avant. Seulement voilà : les jumeaux imaginaires fournissaient la preuve la plus solide de l'héritabilité du QI.

Le créneau imprenable de Burt résidait dans cet enjeu décisif pour les eugénistes galtoniens. La thèse de l'intelligence innée constitue la clef de voûte du sophisme majeur de la philosophie libérale conservatrice : 1° Les riches doivent leur fortune à leur talent ; 2° Les enfants des riches n'héritent pas seulement de la fortune, mais aussi de l'intelligence ; 3° Ces enfants doués réussissent forcément mieux que les pauvres débiles. Conclusion : les riches restent riches, les pauvres restent pauvres, et tout va pour le mieux dans le meilleur des mondes.

Toutes proportions gardées, il y a une certaine analogie entre l'imposture de Burt et celle de Ptolémée : dans les deux cas, le mensonge se perpétue parce qu'il est utile au maintien d'un ordre social. Les Inquisiteurs n'ont pas jeté Galilée en prison parce qu'ils croyaient réellement que le Soleil tournait autour de la Terre. Ils l'ont condamné parce que remettre en cause le géocentrisme, c'était reconnaître qu'il pouvait exister une autre explication du

1. Marcel Blanc, Georges Chapouthier et Antoine Danchin, « Les fraudes scientifiques », *La Recherche*, n° 113, juillet-août 1980.

monde que celle de l'Église catholique. Le mythe de l'intelligence héréditaire a survécu, et survit encore, parce qu'il conforte tous ceux dont la pensée politique se résume en un lieu commun : mieux vaut naître riche et intelligent que pauvre et débile.

Les découvertes sensationnelles de Gauquelin, Burt et Rhine ont un point commun : elles entérinent des schémas anciens et des idées reçues. Ces créneaux traditionnels n'apportent rien de neuf. Dans l'exemple suivant, nous allons voir comment une approche originale peut au contraire nous ouvrir les portes de l'inconnu.

La musique des particules élémentaires

Tel un Petit Poucet cosmique, Mère Nature dispose un peu partout des signes ténus qui indiquent la voie de la Connaissance. Les scientifiques, empêtrés dans leurs raisonnements balourds, savent rarement les déchiffrer. Pour la physique orthodoxe, les masses des particules élémentaires forment une série de nombres sans queue ni tête. Seul un esprit non conformiste pouvait remarquer la cohérence secrète qui unit les 938,259 MeV du proton aux 139,58 MeV du pion chargé et aux 1674 MeV de l'oméga-moins (le MeV, ou méga-électron-volt, est une unité qui mesure la masse d'une particule en équivalent énergie, d'après la relation d'Einstein $E = mc^2$).

Cet homme hors du commun s'appelle Joël Sternheimer. Il est plus connu sous son nom de scène d'Évariste, choisi en hommage à Évariste Galois, le grand mathématicien mort à vingt ans dans un duel. Début 1967, Sternheimer faisait de la recherche en physique à l'université de Princeton tout en composant des chansons à ses heures perdues. Il eut son heure de gloire avec *Connais-tu l'animal qui inventa le calcul intégral ?* une chanson qui racontait une dispute imaginaire entre Newton et Leibniz.

Revenu à la physique, Évariste a fait une découverte sensationnelle : les masses des particules stables se répartissent comme les notes de la gamme chromatique tempérée occidentale. Si l'on ajoute les particules instables, l'ensemble forme une gamme plus fine, synthèse des gammes occidentales et orientales.

La musique des particules ne craint pas l'éclectisme : « La plupart des particules laissant une trace visible dans une chambre à bulles (vivant au moins 10^{-12} seconde) procèdent d'une tonalité en la mineur, dont oméga-moins est la dominante. Si ces particules suivent la gamme qu'introduisit Bach, la musique qu'elles jouent (centrée sur la dominante) est plus proche de Mozart, quelque peu mâtinée de Satie (et n'hésitant pas, si l'on inclut les particules instables, à employer des intervalles propres aux musiques orientales)[1]. »

La découverte d'Évariste illustre la puissance heuristique des indices subtils. Une simple coïncidence numérique — les masses des particules ont une répartition qui rappelle les intervalles musicaux — nous ouvre les portes d'un monde nouveau. L'univers est une immense symphonie, le temps un pianiste cosmique qui joue sur le clavier des particules élémentaires.

Suivant sa logique jusqu'au bout, Joël Sternheimer a déposé un brevet d'invention (demande n° 83-02122) dans lequel il propose de construire des instruments acoustiques et électroniques permettant de jouer la musique des particules. J'ai personnellement eu le privilège d'écouter la désintégration du baryon oméga-moins jouée sur une guitare spéciale. Incontestablement, le chant des particules ouvre une voie nouvelle à la création artistique.

Je suis beaucoup plus perplexe quant au second volet du brevet : l'application des propriétés musicales de la matière à la fusion nucléaire industrielle. Si j'ai bien compris, Sternheimer croit que les particules fusionnent lorsque leurs notes forment un accord harmonieux.

A mon avis, il pousse la métaphore un peu loin. Une petite explication scientifique s'impose ici. La fusion est

---

1. Joël Sternheimer, « Musique des particules élémentaires », communication au Séminaire de physique mathématique du Collège de France, janvier 1984.

le phénomène inverse de la fission utilisée dans les centrales nucléaires. La fission consiste à casser un atome lourd en deux atomes plus légers, ce qui produit de l'énergie. Dans la fusion, des atomes légers s'unissent pour former un nouvel atome plus lourd. La réaction libère une énergie fantastique, bien plus importante que celle de fission. La lumière du Soleil et des étoiles n'est rien d'autre que de l'énergie de fusion. La bombe H repose sur le même principe : c'est un Soleil miniature.

Une réaction de fusion ne peut se produire que dans des conditions extrêmes de pression et de température. C'est pour cela que la centrale nucléaire à fusion contrôlée relève encore de la futurologie. On ne sait pas reproduire à petite échelle les conditions extrêmes du Soleil ou d'une bombe H. Le problème n'a donc rien à voir avec des gammes musicales. Le raisonnement de Sternheimer revient à dire qu'on peut assembler les étages d'une fusée avec de la colle à papier, pourvu que leurs couleurs soient bien assorties.

La musique des particules illustre parfaitement la différence entre une découverte sensationnelle et une découverte scientifique. Une coïncidence entre deux séries de nombres n'a aucune signification physique, si l'on ne sait pas pourquoi les séries se ressemblent. « En physique, il arrive souvent que l'on découvre des règles numérologiques », dit Marcel Froissart, professeur au Collège de France. « Mais une règle numérologique n'a jamais expliqué quoi que ce soit. Elle donne seulement une description. Par exemple, on s'était aperçu au début du siècle que les raies du spectre de l'hydrogène pouvaient être calculées à partir de la suite des nombres entiers. La règle collait parfaitement. N'empêche qu'il a fallu attendre vingt ans pour que Schrödinger écrive l'équation qui expliquait cette répartition. Les masses des particules posent un problème analogue : jusqu'ici, on n'a trouvé aucun fil conducteur. Une règle numérologique comme celle de Sternheimer ne fait qu'occulter le phénomène réel. »

En somme, l'explication de Joël Sternheimer n'explique rien. Des découvertes sensationnelles comme le chant des particules fournissent de charmantes anecdotes. La découverte scientifique consiste justement à dégager le fait significatif du détail anecdotique. Évariste croit faire de la physique. Il ne fait que de la musique. Mais quel talent !

La machine à guérir le cancer d'Antoine Priore

Connaissez-vous l'*anémélectroreculpédalicoupeventombrosoparacloucycle* ? Inventée par le savant Cosinus, cette espèce de bicyclette utilisait « toutes les forces propulsives connues et même inconnues ». Imaginez un instant que le savant Cosinus soit un personnage réel et non une création de Christophe, et qu'il prétende avoir roulé sur la Lune à bord de son étrange machine. Le croiriez-vous ? Non, bien sûr. Mais supposez que l'homme ait réussi à convaincre des professeurs, des académiciens, des prix Nobel. Ne serait-ce pas un beau tour de force ?

Antoine Priore, héros controversé d'une aventure tortueuse qui évoque une version médicale des avions renifleurs, a réalisé cet exploit. Pendant deux décennies, une pléiade d'éminents savants a été éblouie par les lueurs obscures de la lampe merveilleuse de Priore, qui ne brillait pourtant que de l'éclat de son génie ombrageux, autodidacte et méconnu. Le plus étrange, c'est que l'inventeur lui-même ne savait sans doute pas comment marchait sa « machine à guérir le cancer ». Mais n'anticipons pas...

Deux livres entiers ont été consacrés aux méandres de cette affaire complexe : *Le Cas Priore : prix Nobel ou imposture*[1] ?, de Jean-Pierre Bader, et *Dossier Priore : une nouvelle affaire Pasteur*[2] ?, de Jean-Michel Graille. Je me bornerai ici à un récit succinct, fondé principalement sur un rapport établi en 1982 par une commission d'experts de l'Académie des sciences, à la demande du ministère

1. Jean-Pierre Bader, *Le Cas Priore : prix Nobel ou imposture ?*, Jean-Claude Lattès, Paris, 1984.
2. Jean-Michel Graille, *Dossier Priore : une nouvelle affaire Pasteur ?*, Denoël, Paris, 1984.

de la Recherche et de la Technologie. Le Pr Raymond Latarjet, rédacteur du rapport, a bien voulu me communiquer ce texte, sans doute la source d'informations la plus fiable sur l'affaire Priore. Je me suis également servi du livre de Jean-Pierre Bader.

Par souci de clarté, j'ai découpé l'histoire en sept chants, correspondant aux principales étapes chronologiques.

Ier Chant : Où Priore dépose un brevet d'invention et découvre la Cause Cachée du cancer

Priore construisit sa première machine en 1957, dans un laboratoire de fortune installé à Bordeaux. Il déposa un brevet d'invention le 1er juin 1962, délivré l'année suivante sous le n° 1342772. Priore y exposait une nouvelle théorie du cancer : « En état d'équilibre physico-électrique normal, le noyau cellulaire est en charge positive, mais peut devenir à surcharge négative par suite de phénomènes analogues à une polarisation... L'invention permet notamment aux organes atteints de cette inversion de leur potentiel électrique, en particulier dans le cas de surcharges négatives pathologiques des noyaux cancéreux, de retrouver leur équilibre initial. »

Ainsi, la Cause Cachée du cancer était un excès d'ions négatifs. La machine de Priore devait corriger ce déséquilibre par un bombardement d'ions positifs véhiculés sur une onde porteuse à haute fréquence, renforcés par un système cyclotron. Le tout accordé sur les pulsations cardiaques du malade : « On prévoit des moyens pour moduler au rythme du cœur du sujet traité l'émission des rayonnements, les champs magnétiques et électriques accélérateurs, ainsi qu'éventuellement le système déflecteur rotatif. »

Afin d'éviter que sa machine fût utilisée à de mauvaises fins, l'inventeur prit soin de la décrire en des termes incompréhensibles pour les profanes comme pour les savants. Selon le rapport de l'Académie des sciences, « il est impossible de se faire une représentation claire et non équivoque de la machine ». Un peu plus loin, les experts observent : « L'ensemble du texte comporte environ 600 lignes où foisonnent des détails qui semblent précis, mais qui n'ont pas permis depuis lors à quiconque de reproduire cette machine sans l'intervention de son auteur. En particulier, le brevet ne précise pas les caractéristiques des rayonnements, ni qualitatives, ni quantitatives. »

IIe Chant : Où l'on magnétise des rats, dans des conditions mystérieuses

N'importe quel biologiste ayant lu le brevet Priore aurait pu supposer que la machine n'était qu'un piège à ions... Le cancer résulte d'une prolifération anarchique de cellules dont certains gènes se sont déréglés. Imaginer, à l'instar de Priore, que des champs électromagnétiques pouvaient guérir le cancer, c'était à peu près comme si l'on avait dit que regarder la télévision empêchait les enfants de grandir.

Pourtant, dès 1960, deux enseignants de la faculté de médecine de Bordeaux, le Pr Biraben et son assistant Delmon, s'intéressèrent à la merveilleuse machine. Les médecins firent venir de Paris des rats auxquels on avait greffé un « cancer expérimental », la tumeur T8 de Guérin. Biraben et Delmon obtinrent des résultats spectaculaires : les tumeurs des rats traités aux rayons Priore régressaient et finissaient par disparaître. Les rats témoins, qui n'avaient pas bénéficié de la lampe merveilleuse, mouraient de cancer généralisé en quelques semaines. Aucune récidive n'apparaissait chez les miraculés.

Les professeurs Rivière et Guérin — deux chercheurs bien connus de l'Institut de recherche sur le cancer de Villejuif — s'associèrent aux travaux (il s'agit du même Guérin qui a donné son nom à la tumeur T8). Les expériences se poursuivirent, toujours couronnées de succès. Le 21 décembre 1964, Robert Courrier, secrétaire perpétuel de l'Académie des sciences, présenta une note cosignée par Priore, Rivière et Guérin et intitulée « Action des champs électromagnétiques sur les greffes de la tumeur T8 chez le rat ». Elle fut suivie de deux autres notes confirmant le premier résultat, mais avec une autre tumeur greffée, le lymphosarcome lymphoblastique 347.

Cela devenait spectaculaire. Avait-on ouvert un nouveau champ pour le traitement des cancers ? Le 1er mars 1965, une discussion animée eut lieu à l'Académie des sciences. Le Pr Lacassagne fit remarquer que le rejet d'une tumeur greffée n'était pas un phénomène comparable à la disparition thérapeutique d'une tumeur « naturelle », et qu'il était trop tôt pour extrapoler le résultat présent à la thérapeutique des cancers humains.

Ce point appelle une explication : les tumeurs greffées, comme celle de Guérin, sont des cancers provoqués artificiellement sur des lignées spéciales d'animaux sélectionnés à cette fin. Un rat pris au hasard rejettera la tumeur de Guérin, et cela peut même arriver chez un rat sélectionné. La situation est donc très différente de celle d'un cancer naturel.

Le succès des expériences Priore était-il significatif, ou reflétait-il simplement une grande sensibilité des cancers greffés à toutes sortes de radiations ? Une question plus grave se profilait : les résultats étaient-ils authentiques ? Avait-on pris toutes les garanties expérimentales ? Les animaux traités avaient-ils bien été marqués ?

Courrier répondit à ces objections en soulignant la confiance que l'on devait à des chercheurs comme Guérin et Rivière. Mais Guérin ne s'était pas rendu personnellement à Bordeaux, il avait envoyé une technicienne en qui il avait confiance. En somme, chacun faisait confiance à son prochain, et le doute s'insinuait. Courrier avança qu'il était facile de vérifier les expériences. En fait, ce n'était pas si facile que ça. Il n'y avait qu'une machine, installée à Floirac, un faubourg de Bordeaux. Priore et ses assistants, jaloux de leurs « secrets », paraissaient peu disposés à faciliter la venue de chercheurs extérieurs.

IIIᵉ Chant : Dans lequel des souris britanniques s'interrogent sur leur identité

En 1966, des scientifiques anglais réussirent pourtant à effectuer une expérimentation à Floirac. Les notes de l'Académie des sciences avaient suscité un vif intérêt, et leurs échos avaient retenti à l'étranger. Le Pr Alexander Haddow, directeur du Chester Beatty Research Institute (CBRI) de Grande-Bretagne, envoya à Bordeaux son collaborateur le Dr Ambrose, avec pour mission de passer sous la machine des souris cancéreuses qu'il avait apportées avec lui et qu'il remporterait ensuite en Angleterre.

Au retour d'Ambrose, voici ce qu'écrivit le Dr Koller, chef de service au CBRI : « De Bordeaux, toutes les souris nous revinrent sans tumeur. Elles nous parurent bizarres. » Nous leur fîmes des greffes de peau en provenance de souris de leur lignée d'origine. Toutes les greffes furent rejetées. De cela nous avons conclu que ces souris n'étaient pas celles que nous avions envoyées à Bordeaux... Je n'ai personnellement rien à voir dans tout ça, mais je commence à me faire du souci pour la réputation de notre institut. »

Assurément, le moyen le plus rapide de guérir une souris malade est de la remplacer par une souris saine. Pour les Anglais, la substitution — délibérée ou accidentelle — ne faisait pas de doute. Une autre explication fut avancée : le rayonnement Priore aurait modifié le système immunitaire des souris si profondément qu'elles ne reconnaissaient plus les greffons de leur propre lignée. En somme, les souris n'étaient plus tout à fait elles-mêmes, immunologiquement parlant.

Cette hypothèse, que le rapport de l'Académie qualifie de « très inattendue », bute sur une contradiction. Tout le fonctionnement du système immunitaire est fondé sur la « reconnaissance du soi ». Le système accepte ce qu'il identifie comme du « soi » et rejette le « non-soi ». Si les souris britanniques rejetaient des greffons de leur lignée, cela implique qu'elles avaient perdu leur identité immunologique, qu'elles ne reconnaissaient plus leur « soi ».

Mais alors, elles auraient dû réagir contre leurs propres tissus. Comment expliquer qu'elles n'aient pas succombé à des réactions auto-immunes ?

Finalement, Haddow décida de se retirer, bien qu'il fût au départ plutôt favorable. Le 22 septembre 1966, il écrivit à Priore : « J'ai été quelque peu déçu par le déroulement des expériences de Bordeaux, et je me demande s'il est vraiment nécessaire que le CBRI continue d'y participer. J'ai cru comprendre que la question va être étudiée dans son ensemble à l'initiative du gouvernement français... et je considère que pour l'instant le CBRI ne devrait pas y participer plus longtemps. »

IVe Chant : Où des experts cherchent à expertiser, et finissent par renoncer

La situation devenait si controversée que la DGRST — Direction générale de la recherche scientifique et technique — décida d'intervenir. Elle réunit une commission comprenant notamment Jean Bernard, Robert Courrier, Alfred Kastler (le prix Nobel de physique), Raymond Latarjet. Il apparut à tous indispensable que des scientifiques étrangers à l'expérience bordelaise fassent des expériences à Floirac.

La commission mit au point un protocole prévoyant toutes les garanties scientifiques quant à la signification et à la sécurité des expériences. En clair : aucune fraude n'était possible. Deux précautions valant mieux qu'une, Latarjet suggéra que Priore signât, avant le début des expériences, un certificat attestant que la machine fonctionnerait correctement. Ceci pour que l'inventeur ne puisse, en cas d'échec, invoquer une mauvaise utilisation de l'appareil.

Priore refusa de signer. Le 5 août 1966, Seligmann, membre de la commission, lui rendit visite. L'inventeur déclara que les deux machines — une seconde avait été construite — étaient en panne. En février 1967, la DGRST attendait toujours. Pourtant, on savait par des témoins dignes de foi que la machine fonctionnait dans d'autres buts. A la fin de l'été 1967, la DGRST, après plus d'un an d'attente, renonça à son projet.

Ve Chant : Où l'on lutte contre le sommeil, et où la politique s'en mêle

Après l'expérience anglaise, Priore avait renoncé à soigner le cancer, du moins chez les souris. Dès le début, il avait fait passer des malades humains sous sa machine. Il magnétisa des patients jusqu'à la fin de sa carrière, sans qu'aucune guérison de cancer humain ne fût jamais signalée. Nous avons vu ce qu'il en était des rongeurs. En revanche, il semble que la machine ait eu un effet, réel celui-là, sur certaines réactions immunitaires.

A partir de 1966, Raymond Pautrizel, professeur d'immunologie à la faculté de médecine de Bordeaux, entreprit avec Priore des expériences sur des souris suisses infectées par le parasite de la maladie du sommeil. On avait injecté aux malheureuses bêtes 20 000 trypanosomes par voie intrapéritonéale. Au cinquième jour, toutes les souris témoins étaient mortes. Celles qui avaient été soumises au rayonnement de la machine résistèrent vaillamment, et les parasites disparurent de leur sang.

En 1969, le Pr André Lwoff, prix Nobel de biologie, vint sur place examiner cette expérimentation et lui donna sa caution. Lwoff avait pourtant écrit quelques années plus tôt que le brevet Priore était « un tissu d'âneries »...

Parallèlement, deux physiciens, Berteaud et Bottreau, se penchèrent sur la machine afin de déterminer les caractéristiques du rayonnement. On se rappelle en effet que le brevet ne les précisait pas. Les deux chercheurs conclurent que la lampe Priore émettait un cocktail formé d'une onde courte (17 MHz), d'une micro-onde (9 400 MHz) et d'une basse fréquence, le tout assaisonné d'un champ solénoïdal pulsé.

Berteaud et Bottreau observèrent une nette corrélation entre le signal micro-onde et l'évolution de la maladie du sommeil chez la souris. En dessous d'un certain niveau, toutes les souris mouraient, alors qu'au-dessus elles survivaient. Les deux physiciens réalisèrent une version simplifiée de la machine, mais n'obtinrent aucun effet biologique positif.

L'affaire s'enlisait... Elle fut relancée par des personnalités politiques de haut niveau, en particulier Edgar Faure et surtout Jacques Chaban-Delmas, qui avait assisté à la présentation de la première expérience. La DGRST fut saisie, et forma une nouvelle commission. Citons ici le rapport de l'Académie : « Malgré les opinions nettement défavorables exprimées au sein de cette commission, malgré l'hostilité dont le Pr Bricaud, doyen de la faculté de médecine de Bordeaux, a fait part, malgré le scepticisme de M. Aigrain (Délégué général de la DGRST), mais grâce à de fortes pressions politiques favorables (notamment de M. Chaban-Delmas, maire de Bordeaux et président du Conseil des ministres), la DGRST dégage en 1972 une subvention de 3,5 millions de francs pour permettre à M. Priore de faire construire une nouvelle machine plus puissante par les Établissements Leroy-Somer. MM. Courrier et Lwoff soutiennent le projet d'une machine identique qui serait mise à la disposition de chercheurs étrangers à l'équipe bordelaise. »

VIᵉ Chant : Dans lequel l'eau de Lourdes tourne en eau de boudin, et Priore se retire définitivement

La nouvelle machine — nom de code M 600 — ne fut jamais construite. Très vite, la réalisation souffrit de retards et d'incidents. A la fin de février 1977, la première phase du contrat n'était toujours pas terminée par suite de « difficultés de mises au point technologiques ». Les dépenses engagées dans l'opération s'élevaient, fin 1976, à près de 13 millions de francs, dont 2,5 millions fournis par la DGRST.

La société Leroy-Somer décida alors, en accord avec Priore, de se rabattre sur un projet plus modeste, directement dérivé de l'ancien appareil. Mais ce nouveau projet n'aboutit pas davantage. Priore entra dans une phase mégalomane. Il exigea de revenir à la machine M 600, ce que refusa la direction de Leroy-Somer.

Le secrétariat d'État à la Recherche s'inquiéta de ces atermoiements. En 1982, une ultime commission fut chargée d'établir le rapport dont j'ai cité plusieurs passages. Ce rapport dressait un sombre bilan de la période 1972-1980 :

1º Échec du projet M 600.

2º Abandon des expériences de cancérologie depuis 1966, bien qu'on ait continué à traiter des malades sur la vieille machine.

3º Stagnation des expériences d'immunologie. « Pourtant, c'est dans ce domaine immunologique que la vraisemblance des résultats soulève le moins d'objections », précise le rapport. Le Pr Avrameas — de l'Institut Pasteur — a accepté en 1979 de présider un comité scientifique chargé de contrôler les travaux. Il a pu faire une expérience confirmant que les rayons Priore stimulent la synthèse d'anticorps, mais n'a pu disposer à nouveau de l'appareil pour reproduire l'expérience. En conséquence, il ne l'a pas publiée.

Le rapport estime que les effets immunologiques de la machine sont exacts. Ils pourraient être dus à une faible composante d'ondes de basse fréquence dans l'ensemble des signaux qui sortent de l'appareil : « Les effets immunologiques des basses fréquences (16 Hz) sont bien étudiés actuellement dans le monde... En revanche le champ magnétique semble sans effet. »

4º La commission déplore « qu'au cours des dix dernières années aucun chercheur étranger à l'équipe bordelaise n'ait pu expérimenter avec l'appareil, ni en cancérologie, ni en physique ».

Conclusion : « La commission désignée par l'Académie des sciences ne peut conseiller à monsieur le ministre d'État chargé de la Recherche et de la Technologie de poursuivre le soutien financier de cette affaire. Celle-ci ne satisfait pas aux critères qui sont exigés, partout ailleurs dans la recherche scientifique, pour l'obtention d'une subvention de l'État. »

Le 9 mai 1983, Antoine Priore mourait des suites d'une maladie vasculaire cérébrale. Il emportait avec lui le secret de sa machine, désormais inutilisable, et objet d'un imbroglio juridique et financier mettant aux prises sa veuve, l'État français et la maison Leroy-Somer.

VIIᵉ Chant : Où l'on autopsie la lampe merveilleuse

Il arrive toujours un moment où l'on doit faire les comptes. Selon Bader, de 1965 à 1980, « les subventions officielles et les aides privées apportées à Priore s'élevèrent à plus de vingt millions de francs — deux milliards de centimes —, sans compter les dons spontanés faits au chercheur par ses supporters ». Deux milliards pour découvrir, ou plutôt redécouvrir, un effet anecdotique des basses fréquences sur la réponse immunitaire.

Pourquoi anecdotique ? Parce qu'il n'y a rien d'étonnant à ce que des rayonnements puissent provoquer une réaction du système immunitaire. Ce dernier est très sensible. Il réagit à toutes sortes de stimuli physiques. La température, par exemple. Si Priore avait plongé ses souris dans de l'eau de Lourdes chauffée à 45°, puis dans un bac plein de glaçons, il aurait pu découvrir un effet immunologique remarquable, l'effet « rhume de cerveau ». Aurait-on crié au miracle ?

Aux débuts de l'immunologie, de nombreuses études avaient pour thème l'effet d'un agent physique X ou Y sur le système immunitaire. Ce genre de recherche est tombé en désuétude. L'intéressant n'est pas de montrer que le système peut réagir, c'est de comprendre les mécanismes qui lui permettent de répondre spécifiquement à chaque type d'agression. Ces mécanismes d'une subtilité extraordinaire ne peuvent être étudiés qu'au niveau moléculaire. Et on ne trie pas des molécules avec un tamis.

Reste à comprendre pourquoi tant d'éminents scientifiques se sont penchés sur les travaux de Priore. « A travers l'extraordinaire histoire de cet Italien autodidacte et ombrageux, c'est tout le problème de la conduite de la recherche scientifique qui se trouve soulevé », écrit Bader. Je pense au contraire que dans toute cette affaire, personne n'a conduit la moindre recherche scientifique. Plus précisément, toutes les tentatives de le faire ont tourné court.

On se souvient que les physiciens Bottreau et Berteaud avaient analysé les éléments de la machine. Ils avaient conclu que seules certaines composantes du rayonnement agissaient. Ce travail fournissait le point de départ d'un véritable programme scientifique : étudier séparément les effets de chaque composante, grâce à une série d'émetteurs spécifiques parfaitement définis. Les deux physiciens n'ont pu mener ce programme à terme. S'ils y étaient parvenus, l'affaire serait sans doute résolue depuis longtemps.

Pourquoi les choses ne se sont-elles pas déroulées ainsi ? Bien sûr, avec son caractère ombrageux, sa manie du secret et ses exigences mégalomanes, Priore n'a rien facilité. S'il y a eu fraude — et je vois mal comment expliquer autrement l'expérience anglaise — le secret était évidemment nécessaire. Mais je ne crois pas qu'on puisse se contenter de dire qu'un charlatan caractériel a roulé dans la farine des savants crédules. Une telle description ne reflète que la surface de l'affaire, elle ne rend pas compte des motivations des différents protagonistes.

Fraude ou pas, Priore était profondément convaincu d'avoir trouvé quelque chose, même s'il ne savait pas très bien quoi. Dans son opposition à toute expertise, la crainte d'être démasqué a pu jouer un rôle. Mais le point crucial est qu'une expertise sérieuse aurait dégonflé la baudruche de sa machine merveilleuse. Comme Burt, Priore a pu tricher parce qu'il craignait la victoire de ses adversaires.

Seulement voilà : les vrais ennemis de Priore n'étaient pas les experts. C'étaient, tout bêtement, les faits. La ruse de Priore a consisté à détourner de cette évidence l'attention des scientifiques, grâce à la *mise en scène de son propre procès*. Car c'est bien de cela qu'il s'agit : Priore ne livre pas ses secrets, s'oppose à toute expertise, refuse de suivre le *cursus* normal d'un chercheur (il a fait une tentative pour passer un doctorat, mais elle a tourné court). En somme, Priore se dérobe à tous les critères qui permettent normalement d'évaluer un travail scientifique. Dès lors, il ne subsiste d'autre choix que de le croire sur parole, ou de le rejeter sans discussion.

Le biologiste André Lwoff, interrogé par Bader, se déclare convaincu que Priore a fait « probablement par hasard une découverte de première grandeur, qu'il avait pratiquement occultée par son comportement antiscientifique ». Mais comment une découverte *réelle* pourrait-elle être occultée par quelque comportement que ce soit ? Lwoff tombe à pieds joints dans le piège de Priore : il confond la critique objective des faits avec un jugement de valeur sur l'homme.

Il n'appartient pas à la science de juger les hommes. Le seul procès qu'elle puisse instruire est celui des faits. Mais dans un tel procès, le jugement ne saurait se fonder sur l'intime conviction des jurés d'un tribunal. Bader présente l'affaire comme une sorte de débat entre les pro-Priore et les anti-Priore. C'est un peu comme si les dossiers de l'écran organisaient un débat pour ou contre la rotation de la Terre !

Sous prétexte de ne pas prendre parti, Bader donne une image mystifiante du cas Priore. Son livre s'ouvre sur un point d'interrogation : prix Nobel ou imposture ? Suit un récit truffé d'anecdotes rocambolesques dont chacune suffirait à inscrire le nom de Priore sur le livre des records du pipeau et de la baliverne. Or, Bader entretient le doute tout au long du récit, et il conclut sur le point d'interrogation initial. Au fond, Bader utilise le même système que Priore : en accumulant les détails pittoresques, il focalise l'attention sur l'homme, si bien qu'on oublie les faits.

Le plus étonnant, c'est que Bader explicite tous les éléments qui m'ont conduit à cette analyse. Il insiste lourdement sur le comportement antiscientifique de Priore. Il s'étonne qu'avec un tel handicap « l'examen du dossier Priore ait été aussi haut et aussi loin », et juge que c'est tout à l'honneur du système d'expertise scientifique français ! Bader ne voit pas, ou affecte de ne pas voir, que c'est justement parce que Priore a eu cette attitude antiscientifique que l'affaire a duré si longtemps.

On pourrait dire que Priore inverse les termes du procès de Galilée. Le savant italien a été jugé par une autorité qui voulait le contraindre à regarder le monde avec les œillères du dogme religieux, alors qu'il préférait, lui, le contempler dans une lunette astronomique. Les autorités scientifiques qui se penchent sur le cas Priore ne demanderaient qu'à chausser les mêmes lunettes que l'inventeur. Mais Priore leur interdit de partager sa vérité. Il veut en être le seul détenteur. Dès lors, tout dialogue devient impossible. Qui n'est pas avec Priore est contre lui.

Je ne prétends pas que Priore ait construit sa mise en scène délibérément. Je crois plutôt qu'il était très intuitif et très sensible aux réactions des autres, comme tous les paranos. Il avait assez de flair pour s'adapter au comportement de ses partenaires et garder le contrôle de la situation, sauf dans la dernière période où il perdit le sens de la mesure. On peut toutefois repérer dans sa méthode instinctive trois effets typiques de l'imposture scientifique :

1° L'effet « découverte sensationnelle ». Même pour un scientifique de la classe de Lwoff, le mirage de la grande découverte possède un attrait irrésistible. D'ailleurs, la fascination est peut-être encore plus grande chez le chercheur de très haut niveau que chez le médiocre. Chacun voit midi à sa porte, et il est plus facile de prêter son talent aux autres si l'on en a vraiment que si l'on en est dépourvu. Malheureusement, ce n'est pas Nobel tous les jours...

2° L'effet « génie méconnu » : l'histoire des sciences est hantée par les fantômes de grands hommes qui ont eu raison trop tôt. Si l'on avait fait confiance à Aristarque de Samos plutôt qu'à Ptolémée, Galilée n'aurait pas connu les geôles de l'Inquisition. Le doute scientifique recouvre souvent une sombre culpabilité : « Et si, après tout, il avait raison ? » Priore a joué le rôle d'autant plus aisément qu'il s'appuyait sur un scénario classique. Depuis Aladin, un génie méconnu sommeille dans chaque lampe merveilleuse.

3° L'effet « anémélectroreculpédalicoupeventombroso-paracloucycle » (c'est bien la dernière fois que j'écris ce mot impossible !). Même si vous n'avez jamais vu le dessin de Christophe représentant la machine du savant Cosinus, un peu d'étymologie suffit à la démonter. En décomposant le mot, que découvrez-vous ? Une bicyclette, une voile de bateau, un moteur électrique, une mitraillette (le recul), un coupe-vent, une ombrelle, un balai pour chasser le clou éventuel. Rien que de banal, mais du banal imprononçable.

La machine de Priore est construite selon le même procédé de mot-valise, ou plutôt de mot-inventaire. On y reconnaît tous les dispositifs capables de rayonner, du moins tous ceux que connaissait Priore. Plus exactement, on les reconnaîtrait si la machine n'était pas, comme l'écrit Bader, un « fouillis étonnant », « digne d'une bande dessinée ». Le merveilleux réside entièrement dans le côté rébus de ce labyrinthe électronique où seul l'inventeur sait s'orienter. Le sait-il, d'ailleurs ? Ce n'est pas par hasard que Priore a toujours refusé que l'on dissocie les composants de son appareil : il n'y aurait plus eu de machine du tout !

La lampe Priore fait penser aux objets du *Catalogue d'objets introuvables*[1] de Carelman : poêle à ressort pour faire sauter les crêpes plus haut, pantoufles à semelles de plomb pour scaphandrier, marteau lumineux pour frapper dans les coins les plus sombres, blaireau en piquants de porc-épic — à barbe dure blaireau encore plus dur ! —, peigne à roulettes qui ne touche pas le cuir chevelu, etc. Les machines merveilleuses sont des objets introuvables. Mais on trouve tout sur le marché de l'imposture scientifique !

1. Carelman, *Catalogue d'objets introuvables*, Balland, Paris, 1976, et dans Le Livre de Poche, n° 6536.

L'imposture, une transaction impossible

A ce stade de notre exposé, le lecteur sera peut-être heurté par ce qui semble une contradiction. Au début de la leçon, nous avons décrit le créneau comme une position stratégique grâce à laquelle l'imposteur assurait le succès de son message. Nous définissions le degré zéro de l'imposture comme celui de l'attrape-gogos. Avec un sens manifeste de la publicité, l'imposteur exploitait les filons du mythe, de la magie, de l'idéologie, du sensationnel. Il est évident, par exemple, que si la machine de Priore avait soigné les hémorroïdes plutôt que le cancer, son impact aurait été bien différent. L'imposteur nous apparaissait donc comme un habile spécialiste de la communication, capable d'élaborer un message bien ciblé, un univers imaginaire dans lequel une certaine clientèle pouvait reconnaître ses propres fantasmes.

Pourtant, tous les cas que nous avons examinés mettent en évidence, au-delà de cette apparente réussite, un échec profond. Lilly ne parvient pas à déchiffrer l'esperanto des cétacés, et se contente de transformer métaphoriquement l'homme en dauphin. Gauquelin ne convainc pas ses interlocuteurs scientifiques. Rhine se fait blouser par ses propres collaborateurs. Burt acquiert la notoriété, mais est finalement démasqué. Sternheimer joue de la guitare, mais je doute qu'il obtienne un disque d'or avec le chant de l'oméga-moins. Priore ne guérit que des souris saines.

Pourquoi ces échecs répétés ? Pourquoi, en fin de compte, la communication des imposteurs scientifiques n'aboutit-elle jamais ?

Toute communication peut être décrite comme un échange, une transaction entre deux ou plusieurs partenaires. Il nous faut distinguer ici trois partenaires : l'imposteur, le naïf ou gogo potentiel, le scientifique en tant qu'expert (et non pas le scientifique tout court qui peut très bien, comme on l'a vu, endosser le rôle de gogo). On a donc deux niveaux de communication, entre l'imposteur et le naïf d'une part, entre l'imposteur et l'expert d'autre part.

Le premier niveau pourrait en principe se régler sur le modèle d'une transaction commerciale, en supposant que le message de l'imposteur fonctionne comme un message publicitaire. La réclame d'un modèle récent de rasoir électrique affirme péremptoirement : « Le visage d'un homme a trois dimensions, chacune plus difficile à raser que la précédente. » D'un point de vue scientifique, la phrase ne veut strictement rien dire. On ne rase pas les trois dimensions l'une après l'autre. Le client ne s'y trompe pas, parce qu'il sait très bien ce que veut signifier le message : ce rasoir utilise toutes les ressources de la technologie, c'est un objet sophistiqué et performant. Pour en juger, il suffit d'essayer. L'objet se trouve dans tous les supermarchés. J'achète ou je n'achète pas. Satisfait ou remboursé.

Mais une machine merveilleuse est un objet introuvable. On ne peut la consommer, seulement l'imaginer. Et sûrement pas se raser avec. Le discours de l'imposture transgresse la règle du jeu de la communication publicitaire. Il fait de la réclame pour des objets non négociables. La seule transaction possible réside dans une adhésion fidéiste. Il faut croire à la machine de Priore, ou la jeter aux oubliettes.

L'autre niveau, celui de la communication imposteur-expert, est également marqué par une transgression. La règle de la communication scientifique tient dans la fameuse formule de Bachelard : « Nous appelons les esprits à la convergence en annonçant la nouvelle scientifique, liant la pensée à l'expérience dans une vérification. » La découverte scientifique se négocie à travers la vérification, dans un rapport opératoire au réel. L'expérience s'accorde-t-elle avec le discours ? Alors, on peut aller de l'avant. Sinon, il faut corriger la théorie, contrôler le dispositif expérimental, ou les deux. Par définition, il s'agit d'un processus social. La vérification est œuvre collective. L'expérience d'un chercheur isolé ne suffit pas. Il faut que d'autres chercheurs la reproduisent, que d'autres expériences corroborent la première.

L'imposteur refuse le jeu de la vérification. Il ne se

satisfait pas de la vérité à responsabilité limitée des scientifiques. Il lui faut le grand jeu, celui de la Vérité avec un V majuscule. La transaction impossible qu'il réclame, c'est le jugement de Dieu. L'ennui, c'est que Dieu est absent de cette scène-là. Le tribunal scientifique n'est pas celui de l'Inquisition.

L'imposteur se retrouve donc doublement exclu : du jeu économique comme du jeu scientifique. Son refus du réel le coupe de toute possibilité d'intervention active. Pour s'en sortir, il peut se rabattre sur la solution du charlatanisme et de l'escroquerie : écrire un *best-seller*, vendre des avions renifleurs ou de la poudre de perlimpinpin, fonder une secte, pratiquer l'exercice illégal de la médecine, c'est selon. Pas très honnête, mais parfois très lucratif.

L'autre solution consiste à se cramponner à son créneau, en espérant que la position tiendra. Redoutable rhéteur, l'imposteur ne craint pas de se battre seul, sachant qu'il a raison contre tous. Puisque l'institution scientifique refuse d'instruire son procès, c'est lui qui fait le procès de l'institution. Il fustige avec éloquence la « science officielle » qui n'a pas su l'écouter. A défaut d'interlocuteurs, il finit par recruter quelques disciples pour propager sa bonne parole. Les bonnes âmes ne manquent jamais pour rappeler que toute erreur peut contenir un germe de vérité. Si l'Esprit souffle où il veut, pourquoi ne jouerait-il pas du pipeau ? Peut-être. Mais l'homme ne vit pas seulement de vent...

Exercices

1. Vérifier la loi statistique suivante, dite « effet février » : tous les 29 février d'années non bissextiles, une pièce de monnaie lancée en l'air a une très forte probabilité de retomber sur la tranche. Mesurez — avec un double décimètre — les conséquences incalculables de l'effet février : impossibilité de tirer à pile ou face l'équipe qui engage lors d'un match de football, usure latérale des

pièces, etc. Faites une communication à l'Académie des sciences. Obtenez-vous une réponse ?

2. Même exercice, après que vous avez décroché le prix Nobel. Observez-vous les mêmes réactions ?

3. Résolvez l'énigme suivante : qu'est-ce qui est vert, pendu dans le salon, et qui chante ?
Réponse : un hareng saur. Je l'ai peint en vert et accroché au plafonnier du salon. Il ne chante pas, mais, si je vous l'avais dit, la devinette aurait été trop facile.

4. Construisez une échelle à monter les blancs en neige en utilisant deux piquets de tente et des bâtons de chaise. Choisissez ces derniers vivants, car il vaut mieux une vie de bâton de chaise que pas de vie du tout. Faites breveter l'invention. Au bout de combien de temps les Japonais la copient-ils ?

5. Retrouvez votre frère jumeau égaré en Alaska. Faites-lui passer un test de QI. S'il est plus intelligent que vous, renvoyez-le : ce n'est pas votre vrai jumeau.

LEÇON 3

La science officielle, tu conspueras

La Terre enfle et nous ne savons pas pourquoi ! Stupé-
fiantes révélations du Dr Hugh Owen, paléontologue au
British Museum, dans le *New Scientist*[1] du 22 novembre
1984. Schémas à l'appui, Owen démontre que notre
planète a pris de sacrées rondeurs depuis 200 millions
d'années. Au mésozoïque, les dinosaures ont dû arpenter
un globe deux fois plus petit qu'aujourd'hui !

La preuve ? Owen a fait tourner en arrière le film de la
dérive des continents. Jadis, la côte orientale de l'Amérique du Sud s'emboîtait dans la bordure de l'Afrique, le
Groenland s'encastrait entre l'Europe et le bouclier cana-
dien, l'Inde, l'Australie et l'Antarctique se touchaient sans
vergogne. Les terres émergées formaient un continent
unique, la Pangée, entouré de la « mer de Thétis ». Sans
se mouiller les pattes, le mosasaure, un gros lézard aux
dents acérées qui vivait 250 millions d'années avant notre
ère, pouvait passer de la pointe nord-est du Brésil à la
Guinée.

1. Hugh Owen, « The Earth is expanding and we don't know why », *New Scientist*, 22 novembre 1984. Voir aussi Nicolas Witkowski, « Polémiques autour de l'expansion terrestre », *La Recherche*, nº 171, novembre 1985.

Owen a voulu remettre le puzzle en place. Eh bien, ça ne colle pas. Impossible de reconstituer correctement la Pangée sur une Terre de la taille actuelle. Les continents restent séparés à certains endroits par des golfes triangulaires qui ne correspondent pas à des fonds océaniques. Notre planète serait-elle un gruyère plein de trous ? Plutôt dur à avaler. Pour le paléontologue britannique, il n'y a qu'une explication : l'expansion terrestre.

Prenez une orange, épluchez-la, et essayez de coller l'écorce sur un pamplemousse. De toute évidence, l'écorce trop petite va se déchirer par endroits. Selon Owen, c'est exactement ce qui se passe lorsqu'on projette les contours des continents sur un globe de la taille actuelle. Les golfes triangulaires ne sont rien d'autre que les déchirures de la peau d'orange. D'ailleurs, l'anomalie disparaît si l'on reconstitue la Pangée en prenant un diamètre terrestre inférieur à 20 p. 100 au diamètre actuel, soit une réduction en volume de près de 50 p. 100. Les golfes constituent donc une preuve indirecte de l'expansion de la Terre.

Comment une donnée aussi importante a-t-elle pu échapper aux radars de la science vigilante ? Dans son article, Owen explique que les géophysiciens n'ont rien remarqué parce qu'ils travaillent généralement sur des portions restreintes du globe terrestre, en utilisant des cartes planes. « La seule approche correcte consiste à faire la reconstruction sur un globe et à effectuer ensuite une projection sur une carte plane », écrit le paléontologue. En clair, Owen accuse les géophysiciens de ne pas savoir que la Terre est ronde !

Les géophysiciens sont-ils des abrutis ?

Un tel aveuglement paraît stupéfiant. Pour Owen, il s'explique très simplement : l'expansion terrestre est une idée trop dérangeante pour les gardiens du savoir établi. Décidément, on n'en finira jamais avec le procès de Galilée ! La géophysique officielle préfère se voiler la face et revenir à la Terre plate des Babyloniens, plutôt que d'accepter les implications révolutionnaires d'une planète gonflable. « Et pourtant, elle gonfle », susurre Owen qui connaît ses classiques.

L'honnête contribuable, ce représentant bafoué d'une espèce en voie de disparition, frémit d'horreur à l'idée que ses impôts servent à entretenir des chercheurs aussi rétrogrades. Faut-il jeter les géophysiciens en prison, lieu propice, comme l'on sait, à l'étude approfondie des oranges ? Avant d'en arriver à de telles extrémités, voyons un peu quels arguments la science officielle peut avancer pour sa défense.

Ces arguments, je suis allé les recueillir auprès de Vincent Courtillot, un jeune chercheur de l'Institut de physique du Globe, temple parisien de la géophysique orthodoxe. J'ai commencé par lui demander si, réellement, les géophysiciens négligeaient la rotondité de la Terre, ce qui constituerait manifestement un scandale planétaire.

Réponse de Courtillot : « Toutes les reconstitutions sont faites sur des sphères. Dès 1961, Bullard, l'un des pionniers de la tectonique, avait remarqué que lorsqu'on essayait d'ajuster les continents, cela ne collait pas parfaitement. Tout simplement parce que leurs contours ont été modifiés pendant qu'ils se séparaient. Les plaques n'ont pas une rigidité absolue. Il est irréaliste de croire que leurs frontières conservent au cours du temps une géométrie fixe. On devrait par exemple supposer que la fracture qui a séparé l'Afrique de l'Amérique du Sud s'est produite instantanément sur toute sa longueur, phénomène hautement improbable. »

Dans un article de la revue *Pour la science*[1], Vincent Courtillot et Gregory Vink décrivent de manière plus réaliste comment se fracturent les continents. Pour comprendre leur argumentation, il nous faut considérer les mécanismes de base de la tectonique des plaques, la

---

1. Vincent Courtillot et Gregory Vink, « Comment se fracturent les continents », *Pour la science*, n° 71, septembre 1983.

théorie moderne qui explique les mouvements de l'écorce terrestre.

L'hypothèse de la dérive des continents fut avancée pour la première fois en 1912 par Alfred Wegener, un jeune astronome allemand. Wegener se représentait les continents comme des radeaux géants qui labouraient le fond des mers. Dans leur déplacement, ils engendraient des chaînes de montagnes à leur proue et laissaient dans leur sillage des guirlandes d'îles. D'abord accueillies favorablement, ces idées furent ensuite rejetées par les géophysiciens : le fond des océans était beaucoup trop rigide pour que les continents puissent se déplacer de cette manière.

Wegener avait pourtant raison, mais il fallut près d'un demi-siècle d'exploration sous-marine pour percer le secret de la dérive des continents. Dans *Kaiko, voyage aux extrémités de la mer*[1], Xavier Le Pichon raconte cette passionnante saga scientifique qui débute avec la quête des rifts et aboutit aux fosses de subduction du Pacifique, par 6 000 mètres de fond. Les rifts, sorte de vallées qui sillonnent le plancher des océans, tracent sur le globe un gigantesque Y de 60 000 kilomètres. Sur toute leur longueur, le magma du manteau — la couche qui se trouve entre l'écorce terrestre et le noyau central de la planète — s'épanche à travers les volcans sous-marins.

Il se fabrique ainsi trois kilomètres carrés et demi de nouveaux fonds océaniques par an. S'il n'en disparaissait pas une quantité équivalente, la Terre doublerait de volume en 100 millions d'années, encore plus vite que ne le prédit Owen ! Tel un gigantesque trottoir roulant, le plancher des mers émerge du ventre de la Terre le long des rifts et traverse l'océan. Sur le pourtour du Pacifique, les fosses de subduction engloutissent le trottoir océanique qui fond dans le manteau. Le cadavre de ce meurtre planétaire disparaît à jamais. Tous les 200 millions d'années, le fond des océans est intégralement renouvelé.

1. Xavier Le Pichon, *Kaiko, voyage aux extrémités de la mer*, Odile Jacob/Le Seuil, Paris, 1986.

Les continents, eux, ne se renouvellent pas. Posés comme des flotteurs sur la croûte océanique, ils se livrent à une interminable course de stock-car. Les rifts et la subduction ont cisaillé l'écorce terrestre en douze grandes plaques de 70 à 100 kilomètres d'épaisseur. Les six principales portent l'Eurasie, l'Afrique, les Amériques, le Pacifique, l'Indo-Australie, l'Antarctique. Les plaques se déplacent en permanence, et les tremblements de terre résultent de leurs frictions et de leurs grippages. Lorsque deux continents entrent en collision, les plaques comprimées se plissent, formant des chaînes de montagnes. Les Pyrénées et les Alpes sont nées du choc de l'Afrique contre l'Europe, l'Himalaya de la rencontre entre l'Inde et l'Asie.

Venons-en maintenant au modèle de Courtillot et Vink. D'abord, pourquoi les continents se fracturent-ils ? C'est un problème de contraintes mécaniques. Les mouvements tectoniques provoquent des étirements qui aboutissent dans certaines zones à la rupture d'une plaque continentale. Très schématiquement, on peut comparer cette plaque à un fond de tarte cru. Si l'on découpe la pâte avec un couteau, on obtient des morceaux dont les bords sont bien parallèles, et en les rapprochant ils s'ajustent parfaitement.

Mais les continents ne se découpent pas de cette façon. Il faut plutôt imaginer que l'on déchire la tarte en tirant dessus, si bien que la pâte s'amincit aux bords de la déchirure. Lorsqu'on essaie de remettre les morceaux bord à bord, ils ne s'ajustent plus parce que la pâte a été étirée. Les futures frontières continentales sont déformées au cours du processus de fracture. L'image de la pâte n'est d'ailleurs qu'une approximation, car la déformation n'est pas la même sur tout le long de la fracture. La plaque continentale se casse bien à certains endroits, mais possède des zones de résistance où la déformation est importante.

Les golfes triangulaires chers à Owen s'expliquent par cette déformation irrégulière. Inutile d'imaginer que la Terre gonfle comme un ballon. De plus, le raisonnement d'Owen se mord la queue. L'image de l'écorce d'orange sous-entend que les frontières des continents sont définies une fois pour toutes. Admettons qu'en 200 millions d'années, la Terre soit passée, toutes proportions gardées, de la taille d'une orange à celle d'un pamplemousse. Dans le schéma d'Owen, les contours des continents actuels ont été découpés sur l'orange, et n'ont plus changé depuis.

Toujours selon Owen, lorsqu'on reconstitue la Pangée sur le pamplemousse, l'écorce d'orange se déchire. Pourtant cette écorce est aujourd'hui bel et bien collée sur le pamplemousse. Comment a-t-elle pu s'adapter sans déformation au pamplemousse ? En bonne logique, les continents auraient dû se déchirer pendant l'expansion terrestre. On ne trouve pas trace de telles déchirures.

Résumons : Owen épluche une orange en prétendant que c'est un pamplemousse, et s'étonne ensuite que la peau d'orange soit trop petite pour couvrir le pamplemousse ! Les géophysiciens ne savent peut-être pas que la Terre est ronde, mais, question agrumes, Owen a encore des progrès à faire...

La Terre n'est pas du pop-corn

Pour tout dire, malgré ses prétentions révolutionnaires, le camarade Owen flirte dangereusement avec la réaction. Car l'expansion terrestre est un vieux serpent de mer, voire une vipère lubrique. Le géophysicien Otto Hilgenberg l'agitait dès 1933, imaginant une Terre précambrienne cinq fois plus petite qu'aujourd'hui. Au milieu des années cinquante, le géophysicien australien Warren Carey se fit le champion de la planète gonflable. Il organisa des symposiums sur le sujet, dont le dernier se tint à Sydney en 1981. Victime d'une étrange fixation, Carey refusait d'admettre la subduction, aujourd'hui fermement établie. Comme il fallait bien que les fonds océaniques aillent quelque part, Carey s'était rabattu sur l'hypothèse *ad hoc* de l'expansion terrestre.

Or cette hypothèse est non seulement inutile, mais

physiquement aberrante. A moins d'imaginer qu'un Dieu de l'Olympe éméché confonde la Terre avec un ballon d'alcootest, on ne connaît aucun mécanisme permettant d'expliquer le doublement du volume terrestre en deux cents millions d'années. Pourrait-on l'attribuer au flux de météorites qui bombarde la planète en permanence ? « Cela ne suffirait pas », estime l'astrophysicien Jean-Claude Pecker. « L'apport de matière est infime comparé à la masse de la Terre, qui n'a pratiquement pas varié depuis 4 milliards d'années. De plus, le poil de matière qui s'ajoute aurait plutôt tendance à comprimer le cœur de la Terre et à accroître sa densité, non à faire augmenter le rayon terrestre. »

Owen suggère un scénario encore plus farfelu. Le cœur de la planète serait instable et repousserait la croûte terrestre comme le couvercle d'une cocotte-minute non verrouillée. Plutôt qu'à un ballon, la Terre ressemblerait à du pop-corn. Amusant, mais inepte du point de vue géophysique. Selon les théories en vigueur, le manteau de magma situé sous l'écorce terrestre enveloppe un noyau dont le cœur est une sorte de bille de fer et de nickel, d'environ 2 500 kilomètres de diamètre et d'une température de 4 300 degrés.

Cette bille, très fortement comprimée par les couches supérieures, se trouve à l'état solide. Le moteur de la compression est la force de gravitation. Pour lui résister, le noyau terrestre devrait se transformer en bombe H géante, comme le Soleil. Outre que cela présenterait de menus inconvénients pour les habitants de la Terre, la masse d'une planète est beaucoup trop faible pour autoriser un tel scénario. On n'assomme pas un éléphant avec une allumette.

Au demeurant, si la Terre était réellement en expansion, pourquoi n'en irait-il pas de même pour les autres planètes du système solaire ? Aucune observation astronomique ne fournit le moindre indice d'inflation martienne, vénusienne ou jupitérienne. Un peu comme pour l'effet Mars, on ne peut admettre la fluxion terrestre sans postuler une dérogation à l'universalité des lois de la nature.

Owen et ses supporters font litière de l'interdépendance des théories scientifiques. Prétention exorbitante. S'il faut balancer la gravitation pour accueillir une hypothèse qui n'apporte rien, la révolution peut attendre ! Ce n'est pas une question d'orthodoxie ou de conformisme, mais de sens pratique. D'ailleurs, si nous voulons être de bons révolutionnaires, ne devons-nous pas, suivant le conseil du président Mao, compter d'abord sur nos propres forces, à commencer par la force newtonienne ?

Échec à Darwin

L'éthologiste Rémy Chauvin, intrépide auteur de *La Biologie de l'esprit*[1], fait partie de ceux qui n'hésitent pas à compter sur leurs propres forces. Dès l'introduction, la pensée du lecteur est transportée sur des cimes exaltantes : « Nous sommes beaucoup plus savants qu'il y a cinquante années mais je songe souvent que, pour comprendre ce monde vivant à l'étrangeté indicible, il nous faudra dix fois, cent fois plus de temps. » Sans doute pour gagner du temps, Chauvin propose immédiatement d'oublier le peu que nous savons et de pratiquer « cette ascèse mentale si difficile qui consiste à regarder l'univers en faisant abstraction de tout ce qu'on a dit sur lui ».

Chauvin possède manifestement un don inné pour cette « gymnastique spirituelle ». Il n'est jamais autant à l'aise que lorsqu'il parle de ce qu'il ne connaît pas. Ce n'est pas moi qui le dis, c'est lui : « Je parlerai par exemple de l'Esprit et du "démiurge" en me gardant bien de définir trop précisément ce que j'entends par là : parce que je ne le sais pas clairement... Dans l'état affreux de notre ignorance, faut-il vraiment définir si précisément ? »

Un sens de l'imprécision aussi tranquillement assumé est une chose rare, même chez l'imposteur confirmé. Il

1. Rémy Chauvin, *op. cit.*

permet à Chauvin de ratisser très large, de liquider en quelques pages le néo-darwinisme qui constituerait « pour les Anglo-Saxons en particulier une véritable religion », bien qu'il ne soit « qu'un ensemble de tautologies qui ne peuvent satisfaire que les âmes pieuses ». Ces affirmations péremptoires reposent, comme il convient, sur une solide ignorance. Chauvin observe que sa spécialité est l'éthologie, et que le sujet concerne « plutôt les paléontologistes ou à la rigueur les généticiens ». Le « à la rigueur » ne manque pas de sel, car l'évolution sans la génétique est comme un corps sans squelette.

Mais quelle mouche pique donc Chauvin ? « C'est ce satané Wilson, mon illustre collègue d'Amérique. Jusqu'à la parution de ses derniers ouvrages, je confesse n'avoir porté aux théories de l'Évolution qu'une attention diffuse et quelque peu agacée. » Donc, Chauvin ne s'est intéressé à l'évolution — dit-il — que pour critiquer le dénommé Wilson. Or ce dernier est l'inventeur de la sociobiologie, considérée par les néo-darwiniens eux-mêmes comme une caricature de darwinisme...

Petite digression pour les lecteurs qui ne connaîtraient pas la sociobiologie. Cette doctrine extrêmement ambitieuse prétend rendre compte en termes génétiques de la totalité de la condition humaine. « L'affirmation centrale de la sociobiologie est que tous les aspects de la culture humaine et du comportement sont, comme les comportements de tous les animaux, programmés dans les gènes et ont été façonnés par la sélection naturelle », écrivent Lewontin, Rose et Kamin[1].

Pour Wilson, nous ne sommes donc que des marionnettes dont nos gènes tirent les ficelles. De plus, ces gènes sont eux-mêmes entièrement déterminés par la nécessité adaptative : seuls sont sélectionnés les « meilleurs » gènes, ceux qui donnent la meilleure adaptation. Cette vision naïvement finaliste conduit à des raisonnements analogues à ceux du docteur Pangloss : « Les choses ne peuvent pas être autrement : car tout étant fait pour une

1. Richard Lewontin, Steven Rose, Leon Kamin, *op. cit.*

fin, tout est nécessairement pour la meilleure fin. Remarquez bien que les nez ont été faits pour porter des lunettes, aussi avons-nous des lunettes. Les jambes sont visiblement instituées pour être chaussées, et nous avons des chausses. »

Le « panglossisme » menace tous les théoriciens de l'évolution qui exagèrent le rôle de l'adaptation. Chauvin n'a aucun mal à ironiser sur de telles conceptions : « Admettre que le melon n'a de côtes que pour être mangé en famille, comme le disait le bon Bernardin de Saint-Pierre, est décidément une erreur. » Ne s'arrêtant pas en si bon chemin, notre auteur démontre que le vice caché du système darwinien est d'ordre logique, et même tautologique : « Le darwinisme postule la survivance du plus apte. Mais qui est le plus apte ? Celui qui survit. Le darwinisme postule donc la survivance des survivants. »

Démonstration irréprochable. Chauvin n'oublie qu'un détail : il n'est nullement le premier à formuler ces objections. Par exemple, Gould et Lewontin, tous deux néo-darwiniens convaincus, ont publié dans *La Recherche*[1] un long article qui critique les défauts de l'adaptationnisme d'une manière beaucoup plus complète que ne le fait Chauvin (c'est à cet article que j'emprunte la citation de Voltaire). Il y a en fait une manière assez simple de sortir de ce genre de paradoxe, c'est d'abandonner l'idée que l'évolution des organismes est entièrement dirigée par l'adaptation.

Par exemple, le rhinocéros indien n'a qu'une corne, alors que l'africain en a deux. Pour l'un comme pour l'autre, la corne est une arme. Mais il n'y a aucun argument décisif pour affirmer que deux cornes valent mieux qu'une, ou l'inverse. Autrement dit, c'est le hasard, et non l'adaptation, qui a joué. Ce hasard, c'est celui des mutations aléatoires qui se produisent sans cesse dans le patrimoine génétique. Les gènes sont loin d'être des mémoires fiables.

Il serait rassurant de penser qu'au niveau microsco-

1. Stephen Jay Gould et Richard Lewontin, « L'adaptation biologique », *La Recherche*, n° 139, décembre 1982.

pique toutes les trouvailles de l'évolution sont soigneusement archivées dans l'ADN, tous ses brevets d'invention minutieusement enregistrés. Las ! La transcription est bourrée de fautes de frappe, les gènes se coupent en morceaux et se recollent au mépris de toute syntaxe, formant des mots-valises et des phrases sans queue ni tête. Mais alors, pourquoi y a-t-il si peu de monstres, d'aberrations de la nature ? Comment s'opère la sélection ?

« L'idée même de sélection est contenue dans la nature des êtres vivants, dans le fait qu'ils existent seulement dans la mesure où ils se reproduisent », écrit François Jacob dans *La Logique du vivant*. « Chaque individu nouveau est mis à l'épreuve de la reproduction. Ne peut-il se reproduire, il disparaît... La sélection s'opère, non parmi les possibles, mais parmi les existants. »

En somme, loin d'être guidée par une finalité ou un projet, l'évolution fonctionne au pifomètre. Ce qui ne veut pas dire, comme l'écrit Chauvin, que « le milieu ne dirige pas grand-chose et autorise à peu près n'importe quoi » : le n'importe quoi est rarement viable. L'évolution est à la fois un processus chaotique et un scénario rigoureux.

Si j'ai développé ces idées, c'est pour montrer à quel point le darwinisme que critique Chauvin est une caricature éloignée des conceptions de la biologie moderne. Le plus étonnant, c'est que Chauvin cite dans son livre Gould, Lewontin et Jacob. Je ne comprends pas très bien comment il peut, après les avoir lus, soutenir que le néo-darwinisme est une religion ou une tautologie. Mais à vrai dire, Chauvin se soucie de ce que pensent les biologistes comme de son premier filet à papillons. Ce qui l'intéresse d'abord, ce sont ses idées à lui, qu'il résume ainsi :

« — L'évolution est *orientée* en ce sens qu'on n'a jamais vu un batracien redevenir un poisson, un oiseau ou un mammifère redevenir des reptiles.

« — La clef de l'évolution se trouve probablement à l'intérieur de l'homme ; sa volonté est programmante et arrive à son but par des mécanismes dont il n'a pas conscience. La "programmatique" de l'évolution est du même ordre. Un programme s'accomplit par des mécanismes dont les organismes n'ont pas conscience, et c'est l'évolution.

« — Sa direction générale ressemble à une volonté diffuse dans tous les êtres animaux et végétaux...

« — La manière dont notre cerveau agit sur notre corps est probablement, en résumé, la même que celle de la volonté évolutive agissant sur la matière animée. »

C'était bien la peine de critiquer le finalisme de Wilson pour ressusciter celui de Lamarck ! Car Chauvin ne fait rien d'autre, mis à part le jargon sur la programmation. Que disait Lamarck ? Que la vie naissait sous une forme très simple puis devenait de plus en plus complexe sous l'impulsion d'une « force qui tend sans cesse à compliquer l'organisation ». Le plan de Dieu apparaît en filigrane derrière cette idée de force organisatrice. L'évolution ressemble à une marche triomphale orientée vers ce but ultime, l'Homme.

Chauvin a donc finalement renoncé à « regarder l'univers en faisant abstraction de tout ce qu'on a dit sur lui ». Il s'est contenté de retourner un siècle en arrière, en ajoutant une petite touche de spiritisme au spiritualisme lamarckien. Car la « volonté programmante » permet d'expliquer l'action de l'esprit sur la matière, la parapsychologie, la psychokinèse et autres torsions de cuillers. Récréatif, mais mal étayé sur le plan factuel. La démarche de Chauvin part pourtant d'un bon sentiment. Quand un de ses amis biologistes lui a déclaré qu'il se sentait « tout nu sans Darwin », son sang n'a fait qu'un tour. Jeter le darwinisme à la poubelle, soit, mais ce n'était pas une raison pour que ses amis n'aient rien à se mettre !

Pour leur éviter de prendre froid, Chauvin leur propose les vieilles hardes lamarckiennes. C'est gentil, mais cela revient à proposer à un Esquimau de s'asseoir sur la banquise vêtu en tout et pour tout d'une feuille de vigne. En termes moins imagés, Chauvin remplace le grand mystère de l'évolution par le mystère encore plus impénétrable d'une volonté transcendante.

Les biologistes n'ont pas donné tort à Lamarck et raison à Darwin par dogmatisme, superstition ou foi religieuse. Simplement, pour expliquer l'évolution, la théorie de Darwin est plus efficace que la force organisatrice ou la volonté programmante. Le darwinisme s'appuie sur des données vérifiables telles que les mutations et la sélection. Dire que l'évolution est dirigée par la volonté de l'Esprit est une pseudo-explication sur laquelle on ne peut ni raisonner ni expérimenter.

Chauvin invoque la volonté programmante parce qu'il refuse d'admettre que les mutations sont le ressort de l'évolution. Il n'y a pourtant pas d'autre possibilité : les animaux se reproduisent en se transmettant leur patrimoine génétique ; s'il n'y avait pas de mutations, ce patrimoine resterait inchangé et il n'y aurait pas d'évolution du tout.

Bien sûr, chacun peut croire ce qu'il veut. Je suis parfaitement libre de penser que c'est la volonté du conducteur et non l'énergie libérée par la combustion de l'essence qui fait tourner le moteur d'une voiture. Reste à comprendre pourquoi la volonté du conducteur n'agit que lorsqu'il y a de l'essence dans le réservoir. On ne réfute pas une théorie scientifique par un acte de foi. Dans le cas de Chauvin, il s'agit surtout de mauvaise foi. Seriez-vous convaincu par un monsieur qui vous dirait : « Je suis analphabète, donc l'écriture n'existe pas » ?

Le vide est plein d'énergie

Vous avez bien lu : à l'heure du super à 5 francs et des centrales nucléaires qui poussent comme des champignons, il existe une énergie gratuite, inépuisable et moins épuisante que celle du désespoir : l'énergie du vide. Du reste, la chose est connue depuis longtemps. Dès novembre 1975, Renaud de la Taille divulguait ces faits capitaux dans la revue *Science et Vie*[1]. Je cite quelques extraits de son article :

« Alors que le premier générateur synergétique vient de fonctionner, la science officielle continue à ignorer les travaux du Pr Vallée. Ceci est d'autant plus grave que ces travaux mènent à l'indépendance énergétique... »

« ... La synergétique a été mise à l'essai cet été en Belgique... Pour la première fois, un amplificateur de puissance a fonctionné avec pour seul apport extérieur d'énergie l'univers qui nous entoure et appartient à tous. Le générateur... a restitué le quadruple de la puissance qu'on lui avait donnée, ce qui constitue à soi seul un résultat déconcertant, et tout à fait inexplicable dans le cadre des théories anciennes de la physique. »

Non moins déconcertante est l'explication de ce résultat : « Cette énergie supplémentaire apparemment venue de nulle part vient confirmer de manière indéniable la théorie synergétique du Pr Vallée dont l'hypothèse de base est la suivante : les espaces interatomiques, interstellaires et intergalactiques de l'univers, habituellement considérés comme vides, sont en réalité le siège d'une activité électromagnétique intense, et non matérielle, à répartition continue, et qui résulte de la superposition d'ondes élémentaires distinctes se propageant dans toutes les directions à des vitesses généralement peu différentes entre elles... La structure de l'espace est énergétique. La matière peut donc échanger de l'énergie avec l'espace... Qui plus est, cette énergie est sans limite, et l'appareil qui permet de la capter est relativement simple. »

Il est possible que tout cela vous paraisse assez obscur. Mais si l'on fait abstraction du charabia qui l'enveloppe, le message est assez clair : ce qu'on appelle le vide n'est pas vide ; il est rempli d'ondes qui se baladent dans tous les sens, transportant une énergie inépuisable que l'on peut capter assez facilement. Par conséquent, ne pas

1. Renaud de la Taille, « Qui osera réfuter la synergétique ? », *Science et Vie*, n° 698, novembre 1975.

exploiter cette énergie gratuite est un véritable crime qui ne s'explique que par un complot de la science officielle.

Sur le plan scientifique, il n'y a pas grand-chose à dire de la « théorie synergétique ». Son auteur, René Louis Vallée, un ancien ingénieur du CEA, ne fait que resservir une énième théorie du mouvement perpétuel. Vallée prétend avoir découvert « l'origine électromagnétique des phénomènes d'interaction nucléaire, liés à ceux de la gravitation ». Il revendiquerait la découverte de l'origine électromagnétique des hémorroïdes que ça ne changerait pas grand-chose. Il ne suffit pas d'aligner bout à bout des termes scientifiques et des formules pour faire une théorie physique.

En 1976, des physiciens de l'université Paris-VII essayèrent de vérifier expérimentalement une prédiction de la théorie synergétique. Le résultat fut négatif. L'expérience a été présentée dans *La Recherche*[1], assortie d'un commentaire de Jean-Marc Lévy-Leblond dont je cite ce passage : « Les écrits (de Vallée) ressemblent à la physique comme à la calligraphie ces graphismes de Steinberg qui, mimant de loin une écriture parfaitement conventionnelle, se révèlent de près n'être que d'insignifiants tracés. »

Autrement dit, Vallée dessine des gribouillis mais prétend que c'est de l'écriture. Reste que le vide sémantique de son discours est plein d'une virulente énergie polémique. Vallée n'a pas de mots assez durs pour stigmatiser le capitalisme mondial dont les « gardes fidèles à la solde de la haute finance » bloquent « toutes les voies du progrès scientifique ». Il flétrit « la dangereuse ignorance des responsables de la Science officielle mis en place, pour la plupart, par des puissances occultes politico-religieuses parmi lesquelles, en bonne position, se trouve l'Organisation Sioniste Mondiale *(sic)*[2] ». Il fustige l'obscurantisme d'une caste scientifique qui, par vil intérêt, dresse un mur de silence autour de la théorie synergétique.

1. M. Kovacs et Jean-Marc Lévy-Leblond, « La théorie synergétique », *La Recherche*, n° 69, juillet-août 1976.
2. René Louis Vallée, note adressée à M. Jacques Chirac, Premier ministre, 21 mai 1986.

Vallée représente un cas limite. Sa dénonciation de la science officielle aboutit à une vision du monde où les choses ne peuvent s'expliquer qu'en termes de complots démoniaques et de conjuration de la contre-vérité. Les références religieuses sont d'ailleurs fréquentes dans les propos de Vallée, qui parle de « millions d'hommes sacrifiés au Veau d'or », ou d'un « refus qui remonte, comme la bête de l'Apocalypse, des profondeurs de l'inconscient collectif ». Ce discours qui se mure dans la forteresse vide de ses certitudes soulève le problème de la frontière parfois floue entre l'imposture et la folie. Il n'est pas dangereux de parler tout seul, sauf si on ne sait pas qu'on parle tout seul.

La science, une nouvelle Église ?

Au-delà de son aspect délirant, le discours de Vallée touche un problème réel : celui du rôle idéologique et politique de la science. Au temps de sa puissance, l'Église catholique s'est autant préoccupée du pouvoir temporel que de la prise en charge des âmes. La science serait-elle une sorte d'Église moderne mettant le savoir au service d'un projet de domination sociale ? On retrouve cette « critique religieuse » de la science — sous une forme moins paranoïaque — chez Sternheimer, l'inventeur de la musique des particules (*cf.* leçon 2) :

« En 1968, en France notamment, s'est produit ce que l'on peut appeler la critique juive de l'Université : la phrase du Talmud selon laquelle "l'étude séparée du travail productif mène au péché", jusqu'alors mésestimée par les clercs, a été brusquement prise au sérieux par une génération d'étudiants demandant la fin des séparations entre étudiants et travailleurs productifs... En même temps commençait à être dénoncé le rapport conflictuel entretenu avec la matière, du bombardement de celle-ci à des fins de fission radioactive aux déchets subsistant comme témoignage du traitement qu'elle devait subir.

« Sur le fond, on peut deviner dans cette attitude une

critique du contenu d'un enseignement : une contradiction entre une "domination" de la matière par l'homme pour lui permettre de la traiter ainsi, et une description pyramidale de cette même matière, homme compris, ce dernier étant constitué de cellules elles-mêmes constituées de molécules, puis d'atomes et enfin de particules au niveau desquelles se situerait en définitive la source des phénomènes et la responsabilité des activités. De fait, une telle description peut être qualifiée d'idolâtre... Pour prendre un exemple, une expression comme "le nucléaire ou la bougie" semble imposer un choix entre le développement de l'utilisation de la fission nucléaire et l'observance rituelle du shabbat.

« Dans la mesure où la morale devient ainsi — comme elle l'était dans la Bible — la démarche menant à une connaissance, on conçoit en effet en quoi les développements de la connaissance depuis la description de l'univers fournie par la Genèse peuvent être l'expression d'une morale... Cette interrelation entre la science et la morale forme la caractéristique essentielle de la démarche d'un chercheur voulant contribuer aujourd'hui à son développement[1]. »

L'articulation entre science et morale correspond à un souci très actuel, comme l'illustre, par exemple, la décision du biologiste Jacques Testart d'interrompre ses recherches sur les manipulations d'embryons. Vallée et Sternheimer ont raison de poser le problème des retombées éthiques du progrès. Mais ils se trompent, lorsqu'ils croient que ce problème peut se résoudre par une sorte de synthèse entre connaissance et morale. Si l'on suivait le programme décrit par Sternheimer, on reviendrait à une situation dans laquelle l'autorité — morale, religieuse, politique — serait en mesure de décider du vrai et du faux. Autrement dit, la situation du procès de Galilée.

Comme l'écrit Henri Atlan dans *A tort et à raison*, « la

1. Joël Sternheimer, « Musique des particules élémentaires », note présentée au Collège de France, Paris, 1980.

science qui est censée nous dire ce qui est juste et ce qui est faux ne peut le faire qu'en renonçant à nous aider à décider de ce qui est meilleur et de ce qui est pire. Car ses succès n'ont été acquis qu'en renonçant à se poser la question des valeurs morales[1] ». Il serait évidemment très rassurant et très agréable de disposer de critères objectifs, scientifiques, de ce qui est bon et de ce qui est mauvais. Malheureusement, de tels critères n'existent pas. La science produit le meilleur et le pire, les antibiotiques et la bombe.

La décision de Testart ne peut découler d'arguments scientifiques. Elle exprime le choix personnel d'un homme qui préfère suspendre un certain type de recherches plutôt que de les voir utilisées à des fins qu'il juge néfastes. C'est une chimère de croire qu'il existerait une « bonne » génétique, qui nous mettrait à l'abri des tentations eugénistes. La morale ne se déduit pas du savoir. Dès lors que l'on maîtrise certaines techniques, il devient possible de faire naître des « enfants à la carte », avec les risques éthiques que cela implique. On ne peut échapper à ce genre de risques, sauf à renoncer à toute recherche. Les limites concrètes que l'on fixe à l'utilisation d'une technique ne relèvent pas de la science elle-même, mais de la responsabilité des citoyens.

Dans certains cas, la vérité scientifique ne pèse pas lourd face à l'idéologie. Les psychologues qui ont avalé sans le moindre esprit critique les statistiques truquées de Cyril Burt (*cf.* leçon 2) étaient aveuglés par leurs préjugés en faveur de l'hérédité de l'intelligence. Pour les conservateurs eugénistes, les gosses de riches méritaient d'être riches à leur tour, parce qu'ils avaient hérité, non seulement de la fortune de leurs parents, mais aussi de leurs aptitudes intellectuelles. La science n'avait pas grand-chose à voir dans cette « philosophie » politique bien commode pour justifier le maintien des inégalités sociales.

Lorsque la raison d'État entre en jeu, on aboutit à des

1. Henri Atlan, *A tort et à raison*, Le Seuil, Paris, 1986.

situations extrêmes. L'affaire Lyssenko, qui décapita la génétique soviétique au nom d'une biologie soi-disant révolutionnaire, en a fourni l'illustration la plus dramatique. Pour prendre un exemple plus actuel, le sommet de Reykjavik d'octobre 1986 a achoppé sur le projet « Guerre des étoiles » de Ronald Reagan. Dans la perspective de Sternheimer et de Vallée, cet échec démontrerait de manière éclatante le pouvoir néfaste de la science officielle. Si l'on en croit la revue *Scientific American*, c'est exactement le contraire.

La revue a consacré à la question deux importants articles, traduits dans son édition française *Pour la science* (décembre 1984 et février 1986). Il en ressort que le projet IDS — initiative de défense stratégique — serait irréalisable. Rappelons qu'il s'agirait d'installer dans l'espace un réseau de satellites commandés par un système informatique, afin d'intercepter tout missile balistique qui menacerait le territoire américain.

Quatre auteurs ont cosigné le premier article. Il ne s'agit pas précisément de contestataires gauchistes. On remarque parmi les signatures le nom de Hans Bethe, prix Nobel de physique 1967, directeur du département de physique théorique de Los Alamos de 1943 à 1946, conseiller de plusieurs firmes privées et de nombreux organismes gouvernementaux. Citons également Richard Garwin, ancien conseiller du ministre américain de la Défense. Les deux autres, Kurt Gottfried et Henry Kendall, sont moins titrés.

Que pensent ces experts de l'IDS ? « Le programme du président Reagan, connu sous le nom de "Guerre des étoiles", ne pourra probablement jamais protéger le territoire contre une attaque nucléaire[1] », écrivent-ils en tête de leur article. « Il risque en revanche de relancer la course aux armements. » La conclusion n'est pas plus optimiste : « Dans un climat politique hostile, toute ten-

1. Hans Bethe, Richard Garwin, Kurt Gottfried et Henry Kendall, « La défense antimissiles balistiques à partir de l'espace », *Pour la science*, n° 86, décembre 1984.

tative de mise en place d'une défense stratégique, si bien intentionnée soit-elle, peut déclencher la guerre, tout comme la mobilisation de 1914 a déclenché la Première Guerre mondiale. »

L'auteur du second article, Herbert Lin, spécialiste des relations entre technologie et stratégie de défense, écrit pour sa part : « Le président Reagan a lancé avec l'initiative de défense stratégique un défi à la communauté scientifique. Notre réponse à ce défi concerne le logiciel : nous ne pouvons imaginer aucune technologie informatique qui puisse assurer une défense globale antimissiles balistiques[1]. »

Que dire de plus ? Apparemment, Reagan connaît mieux le problème que les experts de son propre pays. Il est clair que l'IDS n'est pas une initiative scientifique, mais politique et militaire, au point que des scientifiques s'y opposent non pour des raisons morales, mais pour des raisons techniques !

Le progrès du savoir est en conflit permanent avec les pouvoirs politiques, étatiques, militaires, économiques, industriels. L'idéologie scientiste, qui considère que tous les problèmes sociaux peuvent et doivent se régler en fonction de critères scientifiques et techniques, est une chimère. Pour prendre un exemple rabâché, le travail à la chaîne n'est pas une invention scientifique. C'est le fruit d'une certaine conception de l'organisation du travail, qui privilégie des critères de rationalité et de rentabilité. Même dans notre société technologique, l'organisation sociale ne se résume pas, comme le pense Sternheimer, à la projection d'une certaine organisation du savoir.

C'est même plutôt l'inverse. La science est forcément dépendante de nécessités et d'enjeux qui lui échappent. Les scientifiques américains peuvent critiquer l'IDS. Mais ont-ils les moyens de la stopper ? Aux États-Unis, la recherche dépend lourdement de crédits militaires. A

---

1. Herbert Lin, « Les logiciels de la guerre des étoiles », *Pour la science*, n° 100, février 1986.

moins d'un revirement inattendu, des centaines de chercheurs devraient participer au programme « Guerre des étoiles ». Que diront-ils à leurs enfants le jour où un missile transpercera la ligne Maginot de l'espace ? Se vanteront-ils d'avoir participé à la plus grande imposture scientifique du siècle ?

Si la science était une nouvelle Église, il n'y aurait pas de séparation entre le pouvoir de dire ce qui est juste et ce qui est faux, et celui de décider ce qui est bon et ce qui est mauvais. Une Église toute-puissante réglerait à la fois l'ordre du savoir et l'ordre social. Certes, la séparation des pouvoirs de la connaissance et de l'action pose des problèmes difficiles. Mais elle est indissociable d'une société démocratique. Dans un système totalitaire, on peut décréter que le charbon est blanc. Reagan ne peut pas empêcher ses experts de le contester. J'ai la faiblesse de croire que la démocratie reste le pire des systèmes, à l'exception de tous les autres.

Vallée et Sternheimer se trompent de cible. Leur mise en cause de la science officielle « reste prise dans l'illusion d'un savoir tout-puissant », comme l'écrit Jean-Marc Lévy-Leblond dans *L'Esprit de sel*[1]. « Elle confond la pratique scientifique, en effet socialisée par le choix de ses objectifs, le recrutement de ses agents, le mécanisme de ses applications, l'idéologisation de ses fonctions, avec ses seuls énoncés théoriques.

« Or le sommet de la pyramide n'est pas son point faible. Critiquer la science "officielle" au nom de ses propres critères, vouloir, mieux qu'elle, satisfaire à ses normes et donc accepter les uns et les autres, c'est vouloir être plus royaliste que la reine et se condamner au dérisoire. »

---

1. Jean-Marc Lévy-Leblond, *L'Esprit de sel*, Fayard, Paris, 1981. Réédité au Seuil, 1986.

Le tigre de papier de la science officielle

Venons-en maintenant à un paradoxe qui court tout au long de cette leçon. Le concept de science officielle suppose une science figée, dogmatique, fermée au dialogue et au progrès. Or, cela est contraire à tout ce que nous connaissons de la recherche scientifique. La science apparaît au contraire comme une révolution culturelle permanente. Les chercheurs ne cessent de se remettre en cause, de réviser leurs hypothèses, de corriger leurs théories. A l'inverse, les contempteurs de la science officielle se montrent beaucoup plus dogmatiques que ceux qu'ils dénoncent.

Pour justifier l'expansion terrestre, qui ne repose sur aucun fait expérimental, Owen est prêt à jeter par-dessus bord l'astrophysique et la gravitation. Au nom de l'Esprit, Chauvin bazarde le darwinisme, et avec lui toute possibilité d'explication scientifique de l'évolution. Vallée sacrifie la raison sur l'autel de la Vérité. Ces attitudes privilégient de manière démesurée le discours par rapport au réel. Si la science ne produit que des vérités à responsabilité limitée, c'est que tout énoncé scientifique se relie, comme les pièces d'un puzzle, à d'autres énoncés. Réduire le puzzle à une seule pièce, c'est faire de la science une rhétorique creuse.

A l'inverse, la démarche scientifique tend à assembler toutes les pièces dont on dispose à un moment donné. Comme de nouvelles pièces apparaissent sans cesse, cela entraîne de fréquentes remises en question. Depuis Wegener, la géophysique a allégrement digéré deux révolutions : la dérive des continents et le modèle du trottoir roulant. Un homme comme Xavier Le Pichon est à cet égard exemplaire. Il a commencé sa carrière comme océanographe, et fut le premier Français à plonger sur la dorsale médio-atlantique.

En avril 1966, Le Pichon soutient sa thèse à l'université de Strasbourg. Une thèse résolument « fixiste », dans laquelle il démontre que le fond des océans ne peut se renouveler comme le prédit le modèle du trottoir roulant avancé par Harry Hess. A peine un mois plus tard, Walter Pitman apporte la preuve, grâce à l'interprétation des anomalies magnétiques dans l'océan Pacifique, que c'est Hess qui a raison. « Pour moi le coup fut rude », écrit Le Pichon. « L'encre de ma thèse venait à peine de sécher que sa principale conclusion s'écroulait. »

Pourtant, notre homme ne se laisse pas abattre : l'année suivante, il propose le premier modèle quantitatif décrivant le mouvement des plaques tectoniques. Une telle attitude peut-elle être qualifiée de dogmatique ?

Revenons à Darwin. Depuis un siècle, la biologie a connu de tels bouleversements que l'auteur de *L'Origine des espèces* ne s'y retrouverait pas. On a compris que les gènes étaient le support matériel de l'hérédité. On a étudié la molécule d'ADN dont ils sont constitués. On s'est rendu compte que les gènes se combinaient de multiples manières. Encore plus récemment, on a découvert qu'il existait des « gènes architectes » qui contrôlent le développement de l'embryon et veillent, par exemple, à ce que nous ayons le nez au milieu de la figure. De tout cela résulte une représentation de l'évolution que Darwin n'aurait même pas pu concevoir.

Darwin pensait que l'évolution était graduelle et procédait par petites variations. Les gènes architectes ouvrent au contraire la possibilité de grosses mutations, transformant d'un coup un animal en un autre très différent. Le schéma darwinien dominé par l'adaptation et la sélection a cédé la place au modèle plus subtil du « bricolage » : la nature comme une sorte de jeu de construction dans lequel les mêmes éléments se combinent de façons différentes pour former sans cesse de nouvelles formes de vie.

De tels exemples — et on pourrait les multiplier — montrent que la science n'est pas le système clos sur lui-même que suppose l'idée de science officielle. Dans presque toutes les impostures que nous avons considérées depuis le début de ce livre, ce sont les imposteurs, non les scientifiques qui refusent le dialogue.

Les contempteurs de la science officielle confondent révision et révisionnisme. Lorsqu'on révise une théorie, cela signifie que l'on tient compte des leçons de l'histoire. Le révisionnisme consiste au contraire à refuser ces leçons au nom d'une conception absolue et dogmatique du savoir. A l'extrême, cette attitude conduit à nier la mémoire collective, comme lorsque Faurisson prétend prouver — par la seule rhétorique — que les chambres à gaz n'ont pas existé.

Mais, alors, la science officielle est-elle une pure fiction inventée par les imposteurs ? Oui et non. Oui, si l'on entend par science officielle la pratique réelle des chercheurs. Non, si l'on s'en tient à l'image d'Épinal de cette pratique, telle que la représentent l'institution scolaire, les médias, les hommes politiques, et souvent les scientifiques eux-mêmes. A l'école, le savoir scientifique est présenté comme un discours de vérité, sans faille et capable d'expliquer le monde de A à Z. Jamais la science n'est enseignée dans une perspective historique, si ce n'est la perspective, justement, d'une histoire officielle, expurgée des hésitations, des conflits idéologiques, des batailles d'idées qui ont fait cette histoire.

Ce n'est pas dans un manuel scolaire que l'on trouvera trace des discussions entre les partisans de Darwin et ceux de Lamarck, ou d'un débat d'idées sur la pensée de Maxwell. Il y a de nombreuses raisons à cela, qu'il serait trop long d'analyser ici. Pour résumer sommairement les choses, l'école transmet un savoir figé, institutionnalisé, alors que les chercheurs s'occupent du savoir vivant, en devenir.

Bien sûr, la recherche scientifique est dépendante de son cadre institutionnel. Mais elle ne s'y réduit pas. Considérer la science uniquement en tant que science officielle, c'est comme si l'on ne voyait, dans une finale du tournoi de Wimbledon, que les dames élégantes et le rituel guindé de la remise du trophée. On aurait ainsi gommé l'essentiel : le jeu.

La science officielle est un concept écran qui masque le jeu véritable de l'activité scientifique. Sur cet écran, l'imposteur projette son cinéma. S'il est habile, il fait en sorte que l'écran soit aussi celui des médias. L'affaire prend alors une autre dimension. Mais la valeur de vérité d'un message ne se mesure pas à son impact. Le cinéma, c'est toujours une œuvre de fiction. Même si l'imposteur croit souvent à ses fictions.

Devinette : quelle est la différence entre un révolutionnaire et un imposteur ? Le révolutionnaire tire sur un vrai tigre qu'il appelle tigre de papier. En dénonçant la science officielle, l'imposteur tire sur un tigre de papier qu'il prend pour un vrai tigre.

Exercices

1. Réalisez le montage suivant, destiné à tester la théorie synergétique du Pr Vallée : un bâton de carbone prélevé sur une pile ronde est relié au secteur en interposant un bobinage qui sert de résistance. Autour du carbone, un bobinage en fil de cuivre relié lui aussi au secteur à travers un montage D qui assure la mise en opposition de phase du champ magnétique ainsi créé et du champ électrique dans le graphite. Si le couple champ électrique/champ magnétique est bien choisi, on multiplie une centaine de fois au moins la puissance prise au secteur. A manipuler, donc, avec attention, le hasard pouvant trop bien faire les choses (exercice proposé par Renaud de la Taille dans son article sur la théorie synergétique).

2. Pourquoi le montage ne peut-il fonctionner que pendant une coupure de courant ?
Réponse : si la puissance du secteur est vraiment multipliée par 100, votre compteur disjoncte.

3. Démontrer, à partir des résultats précédents, le théorème suivant : toute lampe merveilleuse L ne s'allume que lorsque les plombs ont sauté.

LEÇON 4

Des médias, avec art tu useras

Certaines pannes informatiques sont-elles dues à des anges ? Grave question. Max Glaubenicht la pose dans la revue *Science et Vie* sous ce titre affriolant : « La théorie scientifique du refoulement dans les ordinateurs[1] ».

Glaubenicht rapporte les surprenantes révélations faites lors de la 3e conférence CRATM, tenue en janvier 1979 à l'université de Sherblyth. Les CRATM rassemblent tous les deux ans les meilleurs spécialistes de l'informatique et des réseaux logiques. Cette année-là, les chercheurs avaient choisi le thème explosif des exopannes.

« La question avait déjà été évoquée lors des deux précédents CRATM, sans toutefois susciter plus qu'un intérêt anecdotique », écrit Glaubenicht. « Rappelons que les exopannes, qu'on observe depuis quelques années sur presque tous les grands systèmes informatiques, sont des pannes non anticipées, que l'on ne sait pas expliquer par les causes habituelles : il ne s'agit ni d'erreurs de programmation, ni de fausses manœuvres des opérateurs, ni de rien d'autre de ce genre. Elles se traduisent par des arrêts

1. Max Glaubenicht, « La théorie scientifique du refoulement dans les ordinateurs », *Science et Vie*, n° 739, avril 1979.

imprévisibles des machines, ou des délais de transmission anormalement longs dans les réseaux d'ordinateurs. »

Ainsi, le 18 février 1978, on a observé sur le NOPE Data Network, réseau d'ordinateurs qui relie plusieurs grandes banques de la côte Ouest des États-Unis, un retard de transmission totalement anormal. Pendant plus de quatre-vingt-dix minutes, l'exopanne a bloqué toutes les transactions bancaires. Lorsque le réseau repartit enfin — tout aussi mystérieusement — de nombreuses transactions s'étaient définitivement perdues. Il fallut des semaines de travail pour remettre les comptes à jour.

« L'incident fit l'objet d'une communication des techniciens de NOPE, qui "intéressa vivement" les spécialistes du Pentagone », raconte Glaubenicht. On imagine sans peine les conséquences d'un incident semblable sur le réseau de l'OTAN, en période d'alerte !

Aussi est-ce dans une atmosphère inhabituellement survoltée que le célèbre sociologue Chuck MacMuhlan, petit-fils du chef indien Honeywell Bull, inaugura la conférence de Sherblyth. Dans son style brillant et incisif, il retraça l'histoire des exopannes, démontrant que les connaissances en la matière pouvaient se résumer en un triple zéro. « On se trouve là, conclut MacMuhlan, devant un domaine où l'opacité épistémologique est particulièrement intense. Passer à un stade de compréhension scientifique, ou même à celui d'une ébauche de compréhension, suppose un saut intuitif dans l'analyse du comportement des machines absolument non trivial. »

Ce saut n'allait être franchi que l'avant-dernier jour de la réunion, avec l'exposé stupéfiant d'un neurophysiologiste pratiquement inconnu, Roster Varup, spécialiste des transferts de fonctions par les connexions interhémisphériques à l'université de technologie appliquée de Zedj.

Selon Varup, les ordinateurs sont susceptibles de souffrir, pour des raisons qui leur sont propres et qui n'ont rien à voir avec les pannes répertoriées dans les manuels. Cette souffrance se traduit par des pannes qui ne se manifestent pas, en général, parce qu'elles sont « occultées » par les pannes habituelles. Il y a donc un phénomène analogue au refoulement, les exopannes constituant en quelque sorte un « retour du refoulé ».

En réalité, le refoulement ne doit pas être imputé à l'ordinateur lui-même, mais au programme qui tourne sur la machine. « De toute évidence, il s'agit là d'une entité pensante, explique Glaubenicht. Il y a des programmes qui jouent aux échecs, d'autres qui sont capables de conversations assez évoluées, d'autres qui démontrent des théorèmes de mathématique, etc. Il paraît donc raisonnable de penser qu'un programme a une certaine conscience de lui-même, et qu'il peut souffrir. »

Jusque-là, rien de très original. Mais comment expliquer le mécanisme de cette souffrance ? Varup, effectuant par là même le « saut intuitif non trivial » de MacMuhlan, a opéré un rapprochement fulgurant entre le problème des exopannes et la « théorie de l'angélisme » du théologien Karl Ropar.

Selon Ropar, toute entité mentale existant dans la Pensée de Dieu s'y trouve comme dans un Paradis où elle a accès à tous les objets se rattachant aux catégories qu'elle peut penser. « Par exemple, un concept comme celui de table peut trouver, dans la Pensée Divine, tous les objets "table" auxquels il s'applique. » Si d'aventure l'entité mentale se trouve séparée de la Pensée de Dieu, elle n'a plus qu'une existence fragmentaire et virtuelle. Dans la terminologie roparienne, elle devient un *ange*.

Il arrive que l'ange s'incarne. Imaginons, par exemple, que le concept de table s'incarne dans un guéridon Louis XVI. Désormais, il n'a plus accès à d'autres objets « table » que ce guéridon particulier. Or, il a gardé la conscience de toutes les tables possibles, et se met à les chercher désespérément. Ne les trouvant pas, il connaît l'angoisse.

Varup estime qu'un programme d'ordinateur existe dans la pensée de son programmeur exactement comme une entité mentale dans la Pensée Divine. Il a accès à tous les objets de ses catégories. Un programme d'addition, par exemple, trouve dans l'esprit du programmeur toutes les combinaisons de nombres auxquelles il peut s'appliquer. Mais si le programme quitte l'esprit de son programmeur pour tourner sur un ordinateur, il n'a plus accès qu'aux seuls nombres stockés dans la mémoire de la machine, laquelle est nécessairement finie. Comme l'ange du guéridon, le programme souffre.

Le plus souvent, il souffre en silence. Toutefois, sur un grand réseau d'ordinateurs, plusieurs programmes se trouvent dans une situation où ils peuvent communiquer. En principe, cette communication est contrôlée par les programmeurs. Mais il arrive que deux programmes se mettent à dialoguer de leur propre initiative. Comme de vieux amis qui se retrouvent après une longue séparation, ils se racontent leurs malheurs. Lors de l'incident du NOPE Data Network, on avait effectivement observé que certains nœuds du réseau donnaient des signes d'intense activité, dont on ne retrouvait pas trace à la sortie. Cette activité, due aux dialogues entre programmes, a bloqué le système et causé l'exopanne.

La conclusion de l'exposé de Varup ne devait pas être moins déconcertante que son étrange théorie : « Le plus étonnant, déclare-t-il, ce n'est pas que les pannes se produisent. Il devrait même y en avoir beaucoup plus. Mais ce qui est proprement inexplicable, c'est que les choses finissent par rentrer dans l'ordre, que les machines puissent fonctionner normalement. Vraiment, je ne comprends pas pourquoi les exopannes s'arrêtent. »

Pourquoi croit-on aux canulars ?

Pour ne pas prolonger inutilement un suspense insoutenable, il me faut avouer que « La théorie du refoulement dans les ordinateurs » est un canular dont je suis l'auteur. J'avais écrit cette fantaisie pour célébrer la tradition du poisson d'avril. Plusieurs indices devaient mettre le lecteur dans la confidence. Le surtitre de rubrique portait la mention « Avrilologie ». Le pseudonyme de Max Glaubenicht constituait un avertissement pour tout germaniste. Les noms de Chuck MacMuhlan et Karl Ropar évoquaient deux personnages connus. Zedj et Sherblyth ne figuraient sur aucune carte. Quant au chef indien Honeywell Bull, il devait en principe dissiper toute ambiguïté.

Même sans ces clins d'œil, l'histoire me semblait assez « hénaurme » pour que tout lecteur de bon sens sache à quoi s'en tenir. Pourtant, je reçus plusieurs lettres de lecteurs avouant qu'ils auraient marché sans les indices suggestifs. Plus grave, un lecteur me demandait où il pourrait se procurer les ouvrages imaginaires que je citais. Et combien avaient tout avalé sans se poser la moindre question ? Ainsi, en pastichant le style habituel d'un article de *Science et Vie*, j'avais fait passer une pure fantaisie pour une vérité scientifique.

Sur la scène des médias, la fiction risque toujours de dépasser la réalité. Le 30 octobre 1938, Orson Welles sème la panique à travers les États-Unis. Sa version radiophonique de *La Guerre des mondes* est si convaincante que les auditeurs croient réellement à l'invasion des Martiens. Plus récemment, Janet Cooke, journaliste au *Washington Post*, fait pleurer le monde entier avec l'histoire imaginaire de Jimmy, un petit Noir de huit ans qui se pique à l'héroïne. Son enquête bidonnée de A à Z lui vaut le prix Pulitzer en 1981. Finalement démasquée, Janet Cooke doit rendre son prix, mais quelques mois plus tard, deux maisons d'édition lui proposent un contrat pour écrire le roman de Jimmy...

Pourquoi croit-on Janet Cooke ? Pourquoi se laisse-t-on bluffer par Orson Welles ? Parce que leurs fictions sont plus vraies que nature. Les médias ne décrivent pas le réel, ils le représentent. La crédibilité du message dépend moins de faits objectifs et vérifiés que de ce que le public est prêt à admettre. Si les médias ne racontent pas n'importe quoi, c'est parce que leur public ne l'accepterait pas. Le contrôle de l'information est un processus qui dépend de conditions sociales et culturelles.

Lorsque *L'Humanité* écrit que le charbon est blanc, ou lorsque Roques et Faurisson affirment que les chambres à gaz n'ont pu exister, des voix s'élèvent pour les contredire. Le contrôle s'exerce d'autant mieux qu'un grand nombre de citoyens y participent librement. En régime totalitaire, on peut parfaitement museler toutes les voix qui proclameraient que le charbon est noir.

Mais la démocratie n'exclut pas l'imposture involontaire d'Orson Welles ni celle, délibérée, de Janet Cooke. Fiction ou pas, le message médiatique qui rencontre une attente précise du public est pris pour argent comptant. Tout au plus peut-on supposer que l'imposture sera tôt ou tard démasquée. Lorsqu'il s'agit d'information scientifique, le problème se corse, parce que l'ésotérisme du contenu de référence limite les possibilités de contrôle. Le public profane ne dispose d'aucun appareil critique pour juger la crédibilité de ce que lui raconte le journaliste scientifique.

En l'absence d'indices, un lecteur de vulgarisation a peu de moyens de faire la différence entre un canular comme les exopannes et un article sur un sujet sérieux tel que les quarks, constituants ultimes de la matière. En comptant large, l'article sérieux occupera dix pages d'une revue telle que *Science et Vie*. Un exposé rigoureux de la théorie des quarks en demanderait vingt ou trente fois plus. En outre, les étudiants qui potassent un traité sur les quarks ne sont pas livrés à eux-mêmes. Ils suivent des cours, font des travaux pratiques, discutent avec leurs professeurs, passent des examens. Ils ne s'intéressent pas aux quarks uniquement pour la beauté de la chose. Ils ont un but pratique : s'intégrer à la communauté des chercheurs en physique des particules.

L'article de vulgarisation sur les quarks est donc totalement coupé du contexte pratique dans lequel des physiciens étudient les quarks. La situation est très différente, par exemple, d'un article de *L'Équipe* sur la dernière finale du *Mundial*. Les lecteurs de *L'Équipe* connaissent les règles du football, ils y ont joué pendant leur enfance ou y jouent encore. Il suffit au journaliste sportif de raconter le match pour être compris. Mais comment raconter les quarks sans recourir à un formalisme mathématique et à des concepts physiques ésotériques ?

Dans ces conditions, un article de vulgarisation sur les

quarks est à la théorie des quarks réelle ce que « ta-ta-ta-ta » est à la *Cinquième* de Beethoven : un thème évocateur, sur lequel le vulgarisateur brode avec plus ou moins de talent. En somme, le vulgarisateur ne dit pas la science — elle est indicible en dehors de son contexte pratique — il raconte des histoires de science. Aussi doué soit-il, son récit sera beaucoup plus éloigné de la réalité dont il rend compte que ne l'est le récit journalistique d'un match de football.

Du point de vue du public profane, l'imposture et le canular sont virtuellement indiscernables d'un contenu scientifique « sérieux ». L'histoire des exopannes ressemblerait en tout point aux autres articles de *Science et Vie*, si elle était présentée sans humour ni clins d'œil. Pour que le lecteur sache qu'on ne l'emmène pas en bateau, *Science et Vie*, qui privilégie la valeur de vérité, signale la frontière entre fiction et réel. Une telle signalisation est absente dans un journal comme *Actuel* qui privilégie la catégorie du fantastique.

Ronald Reagan et les extra-terrestres

« Attention : quoi que soient les OVNI, il va falloir le savoir bientôt. Le projet Stars War est incompatible avec l'existence de 2 p. 100 de phénomènes totalement inexpliqués. »

Cet avertissement figure en tête d'un article de Léon Mercadet paru dans le n° 77 d'*Actuel*[1]. Mercadet raconte que quelques semaines après le sommet Reagan-Gorbatchev de novembre 1985, Ronald Reagan fit dans un collège du Maryland la déclaration suivante : « Je n'ai pas pu m'empêcher de lui dire (à Gorbatchev) combien sa tâche et la mienne dans ce genre de rencontre seraient facilitées si, soudain, notre monde se trouvait sous la menace d'une autre espèce, venue d'une autre planète loin de l'univers. Nous oublierions toutes les petites

1. Léon Mercadet, *Actuel*, n° 77, p. 29.

différences locales entre nos deux pays et nous apercevrions que nous sommes tous des êtres humains ensemble ici sur cette Terre. »

Sidéré, selon ses propres termes, par ces propos, Mercadet y voit le témoignage d'une conscience « cosmique » à laquelle, il faut bien le dire, le cowboy de la Maison-Blanche ne nous avait pas habitués. Là-dessus, Mercadet enchaîne des considérations non moins sidérantes sur les OVNI. Il s'inspire des spéculations de Jacques Vallée, l'auteur d'un roman de science-fiction intitulé *Alintel* (ne pas confondre avec le René Louis Vallée de la leçon 3). Après des dizaines d'enquêtes, d'interviews, d'interrogatoires sous hypnose, Vallée est parvenu à une certitude : une fois éliminés tous les témoignages bidons, il reste 2 p. 100 de phénomènes non seulement inexpliqués, mais inexplicables.

Le gouvernement américain serait au courant de tout, mais garderait le secret par peur de l'impact sur les populations. Mais aucun doute possible, la Terre reçoit des visiteurs venus d'une autre dimension. Une Mexicaine interrogée par Vallée prétend avoir visité un engin dont l'intérieur était plus grand que l'extérieur. Pour Mercadet, c'est clair : « Les OVNI se déplacent dans un type d'espace fort différent du nôtre, un de ces espaces à n dimensions que décrivent par exemple les mathématiques topologiques. Et ils ne voyageraient pas dans des vaisseaux spatiaux, avec du fuel, mais en utilisant des couloirs d'énergie de même nature que l'énergie psychique — puisque, précisément, le psychisme humain peut capter leurs apparitions. »

Le bon sens imbécile en conclurait que les OVNI sont des fantasmes. Pour Mercadet, cela signifie surtout qu'il faut sacrément faire gaffe : si on ne perce pas le mystère des 2 p. 100 irréductibles, les satellites de l'initiative de défense stratégique risquent de déclencher la guerre des étoiles contre les petits hommes verts. Tout cela est très amusant. Mercadet n'oublie que deux détails :

1° Le principal obstacle au projet Guerre des étoiles de Reagan n'est pas la vie extra-terrestre, mais plus bêtement l'avance insuffisante de la science informatique. Il n'est pas du tout certain qu'on puisse réaliser un système fiable de surveillance de l'espace aérien par satellites. Ce système devrait être entièrement automatique et n'aurait évidemment aucun droit à l'erreur. Des experts américains de très haut niveau estiment qu'il est impossible d'envisager la mise au point d'un tel système dans un délai prévisible, et doutent même que ce soit jamais possible (*cf.* leçon 3).

2° Le seul véritable enjeu du projet Stars War est de marquer un point dans la course aux armements. Par conséquent, la conscience cosmique de Reagan a encore du chemin à faire avant de s'affranchir des « petites différences locales ».

Voyage au ventre de la mère

Voici un autre conte fantastique d'*Actuel*, dû à la plume de Patrice Van Eersel[1]. Il s'agit de l'histoire de Stanislas Grof, un médecin tchèque qui a redécouvert la transe « dans une version adaptée à l'esprit moderne ». Grof a commencé par étudier les effet du LSD à l'Institut psychiatrique de Prague, avant d'atterrir à Big Sur, Californie, en pleine vague psychédélique, vers la fin des années soixante. Sous le régime stalinien, les livres de Freud, Reich et autres obsédés sexuels étaient interdits par la censure.

La psychiatrie se réduisait donc à tester des centaines de produits chimiques. Parmi ces produits, les hallucinogènes et en particulier le LSD. C'est ainsi que, « sublime ironie du sort », le psychédélisme s'est introduit dans une médecine ultra-mécaniste. Sous LSD, Grof voyage dans la folie, accompagne les malades mentaux dans leurs délires. Un jour, il se retrouve transformé en ours des Carpates.

1. Patrice Van Eersel, « Le Tchèque qui faisait mourir et renaître sous LSD », *Actuel*, n° 66.

Pendant dix heures, il souffre le martyre, manque d'étouffer, connaît simultanément l'extase et le cauchemar.

Après de nombreuses années de recherches, Grof finit par réaliser que Freud n'a rien compris à la « scène primordiale ». Pour élucider les traumatismes des névrosés et des psychotiques, il faut remonter bien au-delà de la petite enfance. C'est bel et bien dans le ventre de la mère que tout commence. Dans leurs *trips* cauchemardesques, les malades mentaux revivent les moments de leur naissance.

Grof élabore la théorie des *Matrices périnatales*, « quatre tambours formidables, sur lesquels toutes les chaînes de nœuds psychiques futurs vont venir s'ancrer, en quatre tresses résonantes ». Les quatre tambours ne sont autres que les quatre temps de la naissance : *a)* euphorie dans la douceur utérine ; *b)* enfer des contractions ; *c)* « violence apocalyptique » de l'abominable compression au fond du sexe de Maman ; *d)* soulagement, teinté du regret inextinguible d'avoir été chassé du paradis.

La vision mythique de Grof possède assurément une forte charge évocatrice, même si elle s'appuie sur des spéculations assez hypothétiques. Il est déjà fort de café d'admettre que nous ayons conservé le souvenir précis de notre naissance. Mais enfin, qui sait ? De là à en conclure que les traumatismes périnataux conditionnent tout notre développement psychique, il y a un pas qu'on ne franchit qu'avec des bottes de sept lieues. Van Eersel ne manifeste aucune hésitation à chausser ces bottes, à la suite de Grof.

Il va même beaucoup plus loin. D'après les comptes rendus du médecin tchèque, de nombreux patients « revivent » sous LSD des scènes dont ils ne peuvent matériellement avoir conservé la mémoire : « Souvenir d'une surboum que ta mère donna, en février 1946, alors qu'elle était enceinte de toi de sept mois. Souvenir du choc de la mort de son père, quand elle était enceinte de toi de trois mois... Souvenir d'avoir été, une éternité avant la constitution de l'ego, spermatozoïde, ovule. Souvenir d'avoir été quelqu'un d'autre. Ou toute une tribu. (Souvenirs tibétains d'une boulangère de Prague.) Une tribu précise, jusque-là inconnue pour toi mais qui, vérification faite, a effectivement existé. Avec un luxe de détails sur les rituels ou les arts de cette tribu. Souvenir d'avoir été un animal. Une plante. Une forêt. » Etc.

Van Eersel ne met pas un instant en doute l'authenticité de ces comptes rendus. Il s'interroge sur la nature réelle de tels « souvenirs ». S'agit-il de figures imaginées ? « On pourrait dire ça, seulement voilà : nous appartenons à une société découpée en tranches de cake où l'on a oublié le sens et la nature de l'*Image*. » Heureusement, on peut s'en sortir « par la brèche béante que la physique a ouverte, voici déjà un demi-siècle, dans l'ancienne vision du monde. Nos étranges souvenirs seraient en fait l'accès à une information particulière, échappant au *temps cartésien-newtonien*. »

Quelle est donc cette physique nouvelle qui fait fi de l'espace et du temps ? Van Eersel appelle à la rescousse David Bohm, Karl Pribram et Rupert Sheldrake, dont nous étudierons les étonnantes théories dans la leçon suivante. Disons simplement que Van Eersel « s'en sort » avec la dernière version à la mode du principe « tout est dans tout », l'univers-hologramme. La métaphore de l'hologramme permet de dépasser aisément les pauvres limites de la science « cartésienne-newtonienne ».

« La science classique... ne parvient pas à comprendre comment fonctionne la mémoire. Elle semble insaisissable, celle-là ! à la fois partout et nulle part dans le corps... L'une des hypothèses folles auxquelles aboutissent (les travaux de Pribram) voudrait que la mémoire ne soit "contenue" ni dans le cerveau ni dans le corps. » La mémoire fonctionnerait comme « un poste de télé, qui capterait, holographiquement, des souvenirs ».

On retrouve, sous une forme plus sophistiquée, le thème cher à Lyall Watson du cerveau récepteur d'ondes, oscillateur capable d'entrer en résonance avec toutes les vibrations du cosmos. La migraine nous guette.

La machine merveilleuse de Bob Monroe

Toujours sous le signe de la résonance, Mercadet raconte son « voyage astral dans la machine de Bob[1] ». Le Bob Monroe en question, un ingénieur radio américain, assure avoir conçu une machine à basses fréquences — coucou, les revoilà ! — capable de vous faire voyager hors de votre corps. Le principe est élémentaire : le cerveau émet des ondes dont les fréquences sont spécifiques de chaque état de conscience. Il suffit donc de faire résonner le cerveau sur la fréquence correspondant à une sortie du corps, et le tour est joué !

Seul problème : les fréquences des ondes cérébrales sont des basses fréquences, entre 7 et 16 Hz. Or Monroe utilise des ondes acoustiques, et l'oreille ne perçoit rien en dessous de 30 Hz. Heureusement, le cerveau humain est plein de ressources. « Il possède notamment deux hémisphères et, si l'on envoie par exemple 200 Hz dans une oreille et 210 dans l'autre, il opérera de lui-même la soustraction, et ce qu'il entendra, ce sont les 10 Hz de différence, inaudibles naturellement. »

En somme, si l'on vous enfonce une aiguille de 3 centimètres dans la fesse gauche et une de 2 centimètres dans la fesse droite, vous sentirez la piqûre d'une pointe de 1 centimètre dans... Ne me demandez pas où !

Mercadet ne s'arrête pas en aussi bon chemin. Il nous raconte les voyages dans le temps, rencontres avec des esprits, explorations des vies antérieures, révélations sur le futur proche de la Terre et autres excursions mirifiques que la machine merveilleuse de Monroe met à votre portée pour le tarif « modique d'après les standards américains » de 925 $ le séminaire d'une semaine (bouffe et dodo compris). A mon humble avis, c'est un peu cher, surtout si l'on considère que le caisson d'isolation sensorielle fournit les mêmes services à bien meilleur marché.

Ne doutant de rien, Mercadet s'allonge sur un *waterbed*

1. Léon Mercadet, « Mon voyage astral dans la machine de Bob », *Actuel*, n° 79.

dans une cellule obscure et insonorisée, coiffe un casque radio dans lequel Monroe envoie des signaux acoustiques, et en route pour la sortie du corps. Déception. A part quelques flottements qui rappellent des sensations banales de pré-endormissement, Mercadet ne décolle pas vraiment pour le grand voyage sidéral. Bah ! On fera mieux la prochaine fois.

Sauf que la prochaine fois, on pourrait commencer par un peu de physiologie et de physique élémentaires. D'abord, ces fameuses ondes cérébrales, qui suscitent tant de divagations, en quoi consistent-elles exactement ? Toutes les cellules — et pas seulement celles du cerveau — sont le siège d'une activité électrique, du fait des transferts d'ions à travers les membranes cellulaires. Ces charges électriques créent des différences de potentiel que l'on peut mesurer en certains points précis du cerveau. Les potentiels varient cycliquement, avec des fréquences plus ou moins régulières comprises entre 0,5 et 35 cycles par seconde.

Les ondes cérébrales ne sont rien d'autre que ces variations cycliques de potentiel. Quant à interférer avec elles en envoyant des signaux acoustiques, c'est à peu près comme si l'on voulait modifier les 50 Hz du courant secteur en jouant de la trompette !

La science comme *trip*

« Voyager, c'est bien utile, ça fait travailler l'imagination », écrivait Céline. La science selon *Actuel* apparaît comme une série d'expéditions, de *trips* dans des contrées mystérieuses où tout est possible. Cette logique qui met sur le même plan l'hypothèse et le fait démontré, la spéculation et le résultat acquis, rappelle à s'y méprendre *Le Matin des magiciens* et les articles de la revue *Planète*.

Comme l'écrit Umberto Eco dans *La Guerre du faux*[1] : « Dire que tout *est* possible revient à dire que *tout* est vrai

1. Umberto Eco, *La Guerre du faux*, Grasset, Paris, 1985.

de la même façon, le yoga comme la physique nucléaire, l'élévation des pouvoirs psychiques comme la cybernétique, l'abolition de la propriété privée comme l'ascétisme mystique. Cette attitude ne s'appelle plus curiosité intellectuelle, mais syncrétisme. »

Certes, *Planète* a raison lorsqu'elle nous recommande de ne négliger aucune possibilité, de suivre tous les résultats de l'anthropologie ou des sciences exactes. C'est aussi le projet d'*Actuel*. Mais, observe Eco, « suivre ne veut pas dire tout mélanger et tout prendre pour argent comptant, comme si le travail s'arrêtait là. Cela veut dire, au contraire, commencer par là et voir si, dans une nouvelle situation culturelle, il est possible de reconstituer de façon critique une certaine totalité du savoir ».

Selon Eco, le vice caché de *Planète* est de rester en deçà de l'intervention active. Il n'est pas vrai que tout soit bon, que tout soit possible, que tout soit vrai. « Car ce sont les opérations humaines qui constituent les valeurs et le sens des choses ; dans des circonstances historiques précises, celui qui est assez sensible et critiquement averti pour percevoir que tout pourrait devenir bon, tout pourrait être possible et tout pourrait apparaître vrai opère des choix ; il rend bonnes, possibles et vraies uniquement certaines choses. »

Selon *Planète*, le nazisme s'explique parce que Hitler croyait à la théorie de la glace éternelle et à la concavité de la Terre. Peut-être. Mais, objecte Eco, *Planète* a-t-elle songé que « le nazisme réalisait, dans des conditions historiques précises, les aspirations d'une classe dominante prête à accepter toutes les fantaisies de la concavité de la Terre, pourvu que les événements suivent un certain cours ? A force de penser que tout est possible, on risque d'occulter ce qui a réellement été possible et qu'on a pu vérifier ».

Il me semble que cette critique s'applique exactement au « réalisme fantastique » d'*Actuel*, pour reprendre une expression utilisée dans *Le Matin des magiciens*. Il est possible que Reagan croie aux extra-terrestres. Mais les « petites différences locales » qui divisent l'humanité n'en continuent pas moins de faire couler chaque jour des flots de sang et de réclamer leur quota de morts quotidiennes. Jusqu'à preuve du contraire, la guerre n'est pas encore devenue un jeu sidéral se déroulant sur la scène cosmique de la voûte étoilée.

La « vérité » ne suffit pas

Toute forme de vulgarisation scientifique suppose une certaine idée de la science. Dans *Actuel*, c'est l'idée de la science-*trip*, réglée par le principe : « tout est possible ». *Science et Vie* privilégie, elle, une représentation dans laquelle « science = vérité ». Un discours de vérité ne peut se lire comme une fantaisie : le canular doit être signalé en tant que tel. En fait, *Science et Vie* ne cesse de marquer les frontières du vrai. Quelques titres de couverture, pris au hasard : « La véridique histoire du père de la parapsychologie », « La vérité sur les gaz de combat », « L'histoire vraie du Boeing coréen », « Pour comprendre vraiment la nouvelle électronique », etc.

Un autre aspect de ce marquage du vrai se manifeste dans la dénonciation des impostures et des fraudes scientifiques, domaine dans lequel *Science et Vie* effectue un excellent travail d'information. Presque chaque numéro de la revue contient des articles critiquant la parapsychologie, l'homéopathie, l'acupuncture, les guérisseurs philippins, Uri Geller ou les magouilles du SIDA. Ces articles sont généralement bien documentés, et je les ai largement utilisés tout au long de ce livre.

Reste que la simple réfutation factuelle des impostures ne suffit pas à en élucider le mode de fonctionnement. Au demeurant, il arrive à *Science et Vie* de se faire piéger, comme dans le cas de l'article publié par la revue sur la théorie synergétique de R.L. Vallée (*cf.* leçon 3). En somme, le risque de la démarche de *Science et Vie*, c'est de manquer d'esprit critique, non par rapport aux tables tournantes, mais par rapport à la science elle-même.

Ainsi, certains articles de la revue affichent des positions d'un scientisme extrême, impliquant que la science détient la vérité, non seulement sur les choses qui relèvent *a priori* de sa compétence, comme les quarks, mais aussi sur l'ensemble de la réalité humaine. Cette tendance est illustrée de la manière la plus nette dans un article du Dr Jacqueline Renaud qui prétend expliquer le suicide collectif, en Guyana, de 923 adhérents de la secte du Temple du révérend Jones[1]. En voici quelques extraits particulièrement significatifs :

« Les connaissances neurologiques actuelles... » nous permettent « d'entrevoir la signification biologique d'une croyance fanatique... En connaissant (un peu) le fonctionnement des cellules cérébrales nécessaires à ces activités mentales, on va peut-être comprendre (un peu) le fanatisme. La situation est la suivante :

« — La vie rationnelle et la connaissance dépendent des systèmes corticaux tertiaires.

« — La vie émotionnelle et la croyance dépendent du système limbique.

« — Les voies de communication nerveuse se font dans le sens émotion-raison et non en sens inverse. C'est-à-dire que l'émotion peut diriger le sens de nos activités rationnelles, mais nos raisonnements sont impuissants à modifier nos émotions...

« C'est ainsi qu'en dehors de tout jugement moral ou normatif on peut comprendre le mécanisme du fanatisme, celui des grands mystiques chrétiens, de ces premiers croyants qui pour ne pas renoncer à leur foi allaient s'offrir aux lions, celui des disciples de Jones qui, à cause de leur croyance, entraînent dans la mort même leurs petits enfants. »

Il y a du Docteur Folamour dans cette conception ultramécaniste du fonctionnement cérébral qui va jusqu'à retirer toute responsabilité morale à des parents infanticides. Sur le plan scientifique, le discours du Dr Renaud est une resucée de la théorie des « trois cerveaux »,

---

1. Jacqueline Renaud, « L'empire des sectes : des zones du cerveau où la raison ne pénètre pas », *Science et Vie*, n° 736, janvier 1979.

accommodée à la sauce Arthur Koestler. Selon cette théorie, nous possédons, outre un cerveau reptilien hérité de la préhistoire et dont les serpents se contentent, deux autres structures cérébrales : le rhinencéphale ou système limbique, « cerveau de l'émotion », et le néo-cortex, « cerveau de l'intelligence et du raisonnement », spécifique des mammifères supérieurs.

Ce schéma correspond à un découpage anatomique qui reflète *grosso modo* les étapes de l'évolution. On observe fréquemment chez un animal évolué des structures héritées de ses ancêtres plus primitifs. Il serait plus juste de dire que les structures primitives sont « récupérées », car elles ne conservent pas les mêmes fonctions au cours de l'évolution. Par exemple, le rhinencéphale, étymologiquement le « cerveau du nez », était au départ étroitement associé à l'olfaction. Chez l'homme, il a acquis bien d'autres fonctions.

Le discours de Jacqueline Renaud s'appuie sur une interprétation « géologique » de la théorie des trois cerveaux : ils correspondraient, en quelque sorte, à trois couches de sédiments, abandonnées telles quelles par l'évolution. L'homme serait un reptile au sous-sol, un mammifère purement instinctif au rez-de-chaussée, et un animal doué de raison au premier étage.

Arthur Koestler a vulgarisé cette vision simpliste sous une forme encore plus caricaturale : notre cerveau aurait grossi si vite que le néo-cortex, siège de la rationalité et de l'intelligence, aurait perdu le contrôle des centres émotifs limbiques. De sorte que la bestialité primitive tapie dans nos circonvolutions est toujours prête à resurgir dans les guerres, le meurtre, le suicide et toutes les formes de violence. En matière de biologie, Koestler était souvent plus proche du zéro que de l'infini.

L'explication de Jacqueline Renaud s'appuie sur la même représentation d'un cerveau cloisonné, au mépris de toutes les données modernes de la neurophysiologie. Dans *Biologie des passions*, Jean-Didier Vincent montre que le cerveau humain est un tout, qu'il est « trop simple de penser que les cerveaux reptiliens partent en guerre tandis que les cerveaux néo-mammaliens prononcent des discours de paix[1] ».

La cartographie naïve issue des débuts de la neuro-anatomie est allégrement battue en brèche par la circulation des humeurs — hormones, neurotransmetteurs — qui se baladent dans le système nerveux sans se soucier des prétendus centres de l'émotion ou de la violence, et des « zones organiques de croyance » où « la raison ne pénètre pas », selon le langage imagé de Jacqueline Renaud.

Mais l'essentiel n'est pas que le discours du Dr Renaud soit un tissu d'inepties scientifiques. L'absurdité principale consiste à réduire le suicide collectif de Guyana à une description biologique, à faire l'impasse sur la réalité sociale et historique. Pour prendre une comparaison moins tragique, c'est comme si l'on voulait décrire le style d'un guéridon Louis XVI uniquement en termes de réseaux d'atomes et de molécules. Bien sûr, les propriétés physiques du bois sont déterminées par ces réseaux d'atomes et de molécules. Mais aucune loi de la physique des solides ne permettra jamais de comprendre pourquoi un certain style de meubles correspond à une période historique donnée.

Le scientisme extrémiste débouche inévitablement sur une vision magique. Les suicidés du Temple « ne pouvaient pas être plus de neuf cents à être un peu fous ». S'ils ont pu accomplir cet acte atroce, c'est qu'ils ont été « programmés ». Le discours magique ne craint pas l'incohérence de ses métaphores. La « programmation » du cerveau renvoie à une interprétation fonctionnelle : le cerveau comme ordinateur. Les zones organiques où la raison ne pénètre pas relèvent, elles, d'une vision substantialiste : on imagine le cerveau comme une éponge gorgée du précieux fluide raison, avec, comme des enclaves dans cette matière spongieuse, des grumeaux étanches et impé-

1. Jean-Didier Vincent, *Biologie des passions*, Odile Jacob Le Seuil, Paris, 1986.

nétrables, les zones de croyance irrationnelle. Faut-il les extirper au scalpel ?

Peu importe la contradiction. Dans ce conflit entre le scalpel et l'électro-encéphalographe, la parole reste aux instruments. Le langage magique et instrumentaliste disqualifie toute parole simplement humaine. Sur le drame de Guyana, l'homme n'a rien à dire : ses cris d'indignation et de douleur ne sont que l'expression de ses préjugés obscurantistes, de ses jugements préscientifiques. Cette voix vibrante d'émotion irrationnelle ne peut espérer articuler la moindre pensée pertinente, à plus forte raison elle ne peut prétendre résoudre le problème. Car celui-ci relève de la Science toute-puissante. Un jour, les hommes en blouse blanche réussiront, avec leurs instruments magiques, à extirper la folie et la violence de nos cerveaux encore immatures.

Ainsi se dessine l'image d'une science prométhéenne, au pouvoir sans limite. L'article du Dr Renaud est certes caricatural, mais il caricature une tendance impliquée tant par l'idéologie scientiste que par la surenchère journalistique. Ce problème est inhérent à la vulgarisation scientifique transmise par les médias. D'une manière ou d'une autre, elle ne peut éviter les schémas de la découverte sensationnelle et de la machine merveilleuse.

Les médias ne peuvent rien faire de plus que représenter la science, alors que celle-ci est avant tout opératoire et effectrice. Toute représentation médiatique risque d'être mystifiante, parce que la science n'est pas un livre d'images. Du moins *Actuel* et *Science et Vie* s'efforcent-ils de décrire une réalité qui leur est extérieure. Les stratégies médiatiques les plus récentes impliquent un rapport au réel si dégradé qu'il n'est même plus possible de définir l'imposture, comme nous allons l'illustrer par un exemple télévisuel.

Rika Zaraï est-elle soluble dans la médecine ?

Invitée le 10 janvier 1986 au *Jeu de la vérité*, Rika Zaraï a eu l'occasion, avec la complicité de Patrick Sabatier, d'y porter la mélodie du pipeau à des sommets musicaux, sinon médicaux, presque aussi vertigineux que les chiffres de vente de son célèbre traité. J'écris cela « sans rancune et sans regret », car je ne vois aucune raison décisive qui empêcherait les tirages de *L'imposture scientifique en 10 leçons* d'égaler ceux de *Ma médecine naturelle*[1]. Le lecteur qui en douterait n'a qu'à se taper un bain de siège à l'eau froide. « Rien de mieux pour drainer les déchets, fortifier l'organisme et réveiller les défenses naturelles. » Ne pas oublier de s'essuyer et de s'habiller après le bain.

Pour en revenir au *Jeu de la vérité*, Rika Zaraï attaque l'émission par cette déclaration péremptoire : « Le buis est un antiviral très puissant. » De fait, elle recommande dans son traité la tisane de buis « pour combattre les maladies à virus comme la grippe, l'hépatite, le zona, etc. ». Juste une question : le buis est-il efficace également contre le SIDA, qui est, après tout, une maladie virale ? Si oui, il faudrait prévenir d'urgence les abrutis de la Pitié-Salpêtrière et d'ailleurs qui en sont encore à l'HPA 23, la cyclosporine, l'interféron et autres macérations archaïques.

Un peu plus tard dans l'émission, Rika Zaraï nous gratifie d'une autre perle, à propos des cancéreux traités aux rayons. Bien que ce traitement soit de toute évidence contraire à son éthique, Rika Zaraï reconnaît qu'il ne peut pas toujours être évité. Mais, déclare-t-elle, « un cataplasme d'argile permet de limiter les dégâts, car il absorbe la radioactivité en trop ». Dans *Ma médecine naturelle*, on peut lire que « l'argile possède la propriété d'équilibrer la radioactivité des corps sur lesquels on l'applique », et qu'elle « permet de mieux supporter les radiations ». Deux remarques :

1° Lors d'un traitement aux rayons, le malade ne conserve

---

1. Rika Zaraï, *Ma médecine naturelle*, Carrère-Lafon, Paris, 1985.

aucune radioactivité à l'intérieur de son corps. Il est exposé aux rayons pendant une période limitée, mais aucune substance radioactive ne se fixe dans son organisme. Rappelons que le but de l'opération est de détruire les cellules cancéreuses par l'irradiation et non pas de lui donner un second cancer. Par conséquent, le conseil de Rika Zaraï revient à mettre un abat-jour sur une lampe éteinte, ou à se tartiner de crème solaire avant de se mettre au lit.

2° Dans le cas d'une contamination radioactive, par exemple par suite d'un accident nucléaire type Tchernobyl, le cataplasme d'argile ne serait guère plus utile : la source radioactive se trouve à l'intérieur du corps ; par conséquent, avant d'atteindre le cataplasme, les rayons traversent les tissus biologiques, causant les mêmes dégâts que s'il n'y avait pas de cataplasme. A moins qu'il ne faille s'introduire le cataplasme sous la peau...

Il est intéressant de noter qu'aucun des médecins présents sur le plateau de Sabatier — il y en avait plusieurs — n'a relevé cette perle argileuse. La seule intervention directe du corps médical fut une déclaration confuse d'un médecin qui appelait ses confrères à faire preuve de modestie, déclarant que personne n'était capable d'expliquer le mode d'action de l'aspirine.

Il me semble pourtant qu'avant de battre sa coulpe ce médecin aurait pu faire remarquer que *Ma médecine naturelle* est aussi proche de la médecine qu'un manuel de civilité puérile et honnête l'est de la *Critique de la raison pure*. Le livre de Rika Zaraï consiste essentiellement en un recueil de recettes de cuisine et de recettes de bonne femme — comment rester irrésistible, soigner ses dents, vaincre la transpiration ou la dépression, etc.

Ma médecine naturelle est aussi un manuel de savoir-vivre, qui prescrit toute une série de règles d'hygiène et de comportement, un « code de la vie saine » pour reprendre le titre d'un chapitre. Il s'agit de définir ce qui est bon ou mauvais, non seulement pour notre corps, mais aussi pour notre âme. Bons : les légumes, les amandes, l'argile, les vitamines, la respiration. Mauvais : la viande, le tabac, l'alcool, la solitude, les médicaments chimiques — quels sont les autres ? —, la fatigue physique ou intellectuelle. Sur ce dernier point, Rika Zaraï semble s'être mise à l'abri de tout risque inutile.

Sa haine de la viande conduit Rika Zaraï à manquer parfois d'objectivité. Ainsi, elle produit, page 84, un tableau d'où il appert que 100 grammes de champignons contiennent deux fois plus de protéines que la même quantité de viande. Étant donné que le champignon frais contient entre 84 et 92 p. 100 d'eau, et moins de 3 p. 100 de protéines, la seule explication possible est que Rika Zaraï parle de champignons hallucinogènes. Mais la drogue — même naturelle — est-elle conforme au code de la vie saine ?

Cette notion de naturel suscite une contradiction permanente dans le discours de Rika Zaraï. Elle stigmatise l'artificiel, et il est clair que la médecine moderne, avec ses machines et sa pharmacopée, entre dans cette catégorie. En même temps, notre auteur revendique le statut de médecin et exprime ses regrets de ne pas posséder le « titre de docteur », qui la mettrait à l'abri du risque de poursuites pour exercice illégal de la médecine.

En fait, cela part d'un bon sentiment. Rika Zaraï est intimement persuadée que ce qu'elle juge bon pour elle est bon pour tous. Lors de l'émission, elle a déclaré : « J'ai acheté un grand ordinateur, afin de prouver par l'expérience que la médecine naturelle est la façon de vivre de demain pour nous tous (sic). » L'ordinateur au service de la médecine naturelle, un comble ! Mais on voit bien où Rika Zaraï veut en venir. Le succès commercial ne lui suffit manifestement pas. Ce qu'il lui faudrait, c'est une validation scientifique d'énoncés tels que « la cellulite fond devant le citron », ou « la chute des cheveux s'arrête net devant le cresson ». Problème : qu'advient-il des cheveux qui avaient commencé à tomber *juste avant* l'arrivée du cresson ?

L'imposture principale ne réside pas tant dans les bourdes de Rika Zaraï que dans la situation qui lui permet d'en faire profiter impunément des millions de téléspectateurs. Même s'il s'était trouvé, sur le plateau de l'émission, un empêcheur d'infuser en rond, qu'est-ce que cela aurait changé ? L'émission de Sabatier est un spectacle, ce n'est pas un cours sur la radioactivité et les virus. Je ne crois pas qu'une objection scientifique aurait été entendue autrement que comme une appréciation subjective. Vous n'aimez pas la tisane, monsieur ? C'est votre droit le plus strict. Mais n'en dégoûtez pas les autres.

Lorsqu'il fonctionne à pleine puissance, le système médiatique supprime tous les cadres de référence par rapport auxquels pourrait se définir une compétence scientifique. Sur l'écran, le médecin le plus compétent n'a aucune chance en face de Rika Zaraï. Elle peut raconter à peu près n'importe quoi, c'est gagné d'avance. Son livre est dans les hypermarchés, à côté de ses disques et des barils d'Ariel. Peut-on réfuter scientifiquement un baril d'Ariel ?

Rika Zaraï n'est pas soluble dans la médecine, parce que son image est un produit médiatique. Personne ne se soucie de savoir si la médecine de Rika Zaraï en est vraiment une. Seul problème concret : quel est le taux d'audience ?

Comment se servir des médias

L'univers des médias est l'Eldorado de l'imposteur. La structure même de la communication médiatique exclut la discussion critique et la vérification scientifique. Lorsqu'un chercheur veut publier une communication dans une revue spécialisée, il doit passer par des comités de lecture qui évaluent la qualité de son travail selon des critères précis. Pour passer à la télévision ou dans un journal, il suffit d'avoir une bonne histoire à raconter.

Les critères de la bonne histoire dépendent bien sûr de l'idée que les gens de médias se font de leur public. Le principe même de la communication de masse consiste en ce qu'un petit groupe de professionnels produit un message destiné à une foule anonyme. Mais cet anonyme, il faut bien lui donner un visage. Le portrait-robot du lecteur ou téléspectateur imaginaire hante les salles de rédaction et les plateaux de télévision. « Le lecteur ne va pas aimer ça », « c'est le genre de truc dont le public raffole », et ainsi de suite. Tout l'art des gens de médias consiste à dessiner un portrait-robot assez ressemblant, dans lequel se reconnaisse un public suffisamment large.

Il est de bon ton de considérer que des médias puissants favorisent la démocratie. Sans doute, mais le pluralisme de l'information ne garantit souvent que la diversité des impostures. En fait de démocratie, les médias vivent sous la dictature des chiffres de vente et des taux d'audience. Leur discours vise avant tout à obtenir une adhésion incompatible avec le scepticisme et le doute scientifique.

Pour capter l'attention de leur public, les médias délivrent le message qui offre le plus de chances d'adhésion. L'information scientifique, lorsqu'elle est destinée à un large public, privilégie inévitablement les découvertes sensationnelles, les machines merveilleuses, les performances frappantes. En décembre 1982, la greffe d'un cœur artificiel à un dentiste de Salt Lake City, Barney Clark, a suscité un gigantesque battage médiatique. Pourtant, il n'y avait pas de quoi crier au miracle. Clark n'aura survécu qu'au prix d'une totale dépendance vis-à-vis d'une machine pesant 150 kilos. Et il est mort dans l'indifférence générale.

Les médias n'ont pas de mémoire. Ils ne « retiennent » que le spectaculaire. Un clou chasse l'autre, un événement sensationnel est toujours effacé par un autre encore plus sensationnel. Dans un premier temps, le résultat est une image mystifiante, comme le réalisme fantastique d'*Actuel* ou le scientisme de Jacqueline Renaud. Du moins ces images distordues renvoient-elles à une réalité extérieure aux médias qui les projettent. Des stratégies médiatiques plus avancées ne se soucient même plus de représenter le réel. Sous sa forme la plus récente, la télévision ne renvoie plus qu'à elle-même. Le monde est ce que vous voyez sur l'écran.

Dans *La Guerre du faux*, Umberto Eco établit une

distinction intéressante entre la « paléo-TV » et la « néo-TV ». L'archétype de la paléo-TV, c'est une émission comme *Cinq Colonnes à la une*. Ce type de télévision se donne pour une lucarne ouverte sur le vaste monde extérieur. Il s'agit d'informer, de raconter, de montrer une réalité qui dépasse le système médiatique. On peut discuter de savoir si cette information, ce récit, cette démonstration fournissent une représentation adéquate du réel. Toujours est-il que le système conserve une référence au réel.

La néo-TV, dont l'émission de Sabatier fournit un bon exemple, parle de moins en moins du monde extérieur. « Elle parle d'elle-même et du rapport qu'elle est en train d'établir avec son public, écrit Eco. Peu importe ce qu'elle dit ou de quoi elle parle (parce que le public armé de télécommande décide du moment où elle peut parler et du moment où il change de chaîne). Pour survivre à ce pouvoir du public, elle essaie de retenir le spectateur en lui disant : "Je suis là, je suis moi et je suis toi." Qu'elle parle de fusées ou de Laurel qui fait tomber une armoire, tout ce que la néo-TV arrive à dire, c'est : "Je t'annonce, ô merveille, que tu es en train de me voir ; si tu n'y crois pas, compose ce numéro et appelle-moi, je répondrai." »

Il résulte de cette situation que la distance de l'émetteur au récepteur se trouve soudain abolie, et avec elle le peu de réalité qui pouvait se glisser dans la brèche. Le discours médiatique devient totalement auto-référent. Je n'ai pas à être d'accord ou non avec Rika Zaraï. Le téléspectateur pourrait dire, en pastichant Flaubert : « Rika Zaraï, c'est moi. »

On a comparé l'ubiquité des médias à l'omniprésence du Big Brother d'Orwell : « De tous les carrefours importants, le visage à la moustache noire vous fixait du regard. » Pourtant, *1984* porte encore, profondément gravée, la marque de l'histoire réelle. Difficile de ne pas identifier la moustache noire de Big Brother à celle de Staline. La toute-puissance du « Grand Frère » n'empêche pas Winston, le héros d'Orwell, de s'opposer à lui, même si cette opposition finit par être broyée.

Tous à Zanzibar[1], de John Brunner, met en scène un univers où la dissolution du réel et la décomposition de l'histoire sont beaucoup plus avancées. Le mensonge n'y est plus nécessaire, parce qu'il y a une parfaite osmose entre le simulacre médiatique et son public. L'ubiquité emprunte les traits d'un couple modèle qui est à la fois tout le monde et n'importe qui : « Monsieur et Madame Jesuispartout sont des personnages de synthèse, équivalents contemporains des Jones, des Dupont et des Müller, sauf qu'il n'y a pas à être d'accord, ou non, avec eux. Achetez une télé personnalisée avec identificateur d'ambiance, vous pouvez être sûr que les Jesuispartout auront votre visage, votre voix et vos gestes. »

Vertige d'un monde de simulation où le réel s'est fait artifice et l'artifice réalité, où les personnages synthétiques sont plus vrais que nature. En fin de compte, l'imposture dans les médias, c'est un peu comme les exopannes : le plus étonnant n'est pas qu'elle se produise. Elle devrait même être beaucoup plus fréquente. Le mystère, c'est qu'il reste encore quelques bribes de vérité, qu'il soit encore possible d'échanger des mots qui ont un sens. Comment n'avons-nous pas tous perdu la raison ?

Exercices

1. Construisez une machine à basses fréquences destinée à vous rendre génial. Si vous êtes déjà un génie, passez directement à l'exercice 2. Sinon, la procédure est la suivante :

a) construire la machine à basses fréquences ;

b) la régler sur la fréquence qui correspond au génie, et interférer avec vos propres ondes cérébrales.

2. Grâce à des essais en double aveugle — méthode deux fois plus fiable que celle du simple borgne —

---

1. John Brunner, *Tous à Zanzibar*, Robert Laffont, Paris, 1972.

prouvez qu'une eau avec lessive lave mieux votre linge qu'une eau sans lessive.

3. Appuyez-vous sur ce résultat pour démontrer qu'il y a une différence entre un baril d'Ariel et le livre de Rika Zaraï.

Indication : en cas d'angine purulente, les tisanes de Rika Zaraï ne vous guériront qu'associées à des antibiotiques ; à votre avis, est-il nécessaire d'ajouter des antibiotiques dans l'eau de votre machine à laver ?

LEÇON 5

Dieu et ses saints, tu révéreras

Adam avait-il un nombril ?

Après tout, il n'était pas né d'une femme. Pourquoi son corps aurait-il porté le vestige d'un inexistant cordon ombilical ? D'un autre côté, ne doit-on pas supposer que Dieu, dans Son infinie prévoyance, a voulu que le prototype ressemble en tout point à ses descendants ? De sorte que notre aïeul aurait été modelé dans la glaise avec l'apparence exacte d'un homme passé comme chacun de nous par tous les stades de la vie intra-utérine.

Beaucoup de chrétiens de bonne volonté ont éprouvé le vertige de l'ignorance devant cette vraie question. Elle a suscité un débat théologique dont l'enjeu dépasse de loin la sotte querelle à propos du sexe des anges. Sur de nombreux tableaux anciens, une vaste feuille de figuier couvre non seulement le sexe d'Adam, mais aussi son ombilic. En l'absence de directives précises, les peintres préféraient jeter sur cet impénétrable arcane du plan divin un suaire de feuillage qui ne devait rien au souci de la décence.

Dans un article savoureux, Stephen Jay Gould raconte comment le débat rebondit de manière inattendue au

XIXᵉ siècle, lorsque la géologie naissante apporta les preuves de l'ancienneté de la Terre[1]. Les fossiles et les strates sédimentaires étaient autant de stigmates d'un âge bien supérieur aux quelques millénaires attribués par la Bible à notre planète. Mais ne fallait-il pas admettre que Dieu avait déposé fossiles et sédiments à dessein, de même qu'Il avait délibérément pourvu Adam d'un nombril ?

Notre-Seigneur n'avait pas voulu que la chaîne humaine fût interrompue. Aussi avait-Il donné au premier homme l'apparence de la pré-existence. Pourquoi n'aurait-Il pas façonné un monde surgi du néant, mais portant tous les signes tangibles d'un passé illusoire ? Ainsi, les savants pouvaient déchiffrer les traces d'une harmonieuse continuité temporelle sans contredire la lettre de la Genèse.

Les canines du babiroussa

Selon Gould, l'argument a été porté à son plus haut degré d'élaboration par le naturaliste britannique Philip Henry Gosse, contemporain de Darwin. En 1857, deux ans avant la parution de l'*Origine des espèces*, Gosse publia *Omphalos*, un traité dont le titre, qui signifie ombilic en grec, était une référence explicite à la vieille discussion sur le nombril d'Adam. L'auteur présentait son livre comme « une tentative pour dénouer le nœud géologique ».

La thèse centrale d'*Omphalos* est que tous les processus naturels obéissent à un cycle ininterrompu. L'œuf devient poule puis redevient œuf, la vache suit l'embryon qui suit la vache, etc. Chaque forme de vie est une ronde infinie sur le manège d'un temps circulaire, tournant de toute éternité dans la pensée de Dieu.

Mais qu'en est-il du monde réel ? Il faut bien qu'à un moment donné la vache monte sur le manège. Gosse

1. Stephen Jay Gould, « *Adam's Navel* », *Granta*, nº 16, New York, été 1985.

imagine que chaque organisme connaît deux types de durée : le temps prochronique, pendant lequel la créature n'est qu'une cogitation divine, et le temps diachronique, correspondant aux événements réels. Le nombril d'Adam est prochronique, les 930 années de sa vie terrestre diachroniques. Chaque créature surgit de la conscience suprême tout armée des signes de son existence prochronique. Bien entendu, ce schéma exclut toute idée d'évolution : une fois créées, les espèces ne se modifient plus.

Les neuf dixièmes d'*Omphalos* — plus de trois cents pages — sont consacrés à illustrer cet argument par des exemples précis tels que la denture de l'hippopotame. Adulte, cet animal possède des canines émoussées et biseautées, signe manifeste d'un usage prolongé. Mais un hippopotame récemment créé ne devrait-il pas avoir des dents aiguës et tranchantes ? Impossible, affirme Gosse. Avec des canines neuves, l'hippopotame ne pourrait pas fermer la bouche. Il devrait attendre qu'elles s'usent, et mourrait de faim bien avant. Ainsi, de vieilles quenottes n'indiquent pas forcément une longue existence antérieure, elles peuvent signaler un passé prochronique.

De même, le babiroussa, sorte de sanglier asiatique, possède des canines recourbées, qui lui percent quasiment le crâne. Cette forme curviligne résulte d'une croissance longue et continue. Comment le premier babiroussa, créé en une heure, pouvait-il avoir déjà les défenses recourbées ? Simple : le Grand Dentiste a pris soin de leur donner l'apparence de l'ancienneté.

Si le schéma s'applique bien à la vie organique, Gosse rencontre beaucoup plus de difficultés lorsqu'il essaie de l'étendre aux fossiles. Il recourt à une analogie pour le moins téméraire : le fossile serait à l'organisme moderne ce que l'embryon est à l'adulte. Il ne fait pas de doute que la poule nécessite un œuf antérieur. Mais, si l'on refuse l'évolution, pourquoi diable le python devrait-il impliquer l'ensevelissement d'une illusion de *Triceratops* dans des strates prochroniques ?

Gould souligne un aspect étrange de la personnalité de Gosse. C'était un naturaliste très fin, peut-être le meilleur de son époque. *Omphalos* est truffé d'observations précises, détaillées. Gosse avait dû consacrer des heures et des heures à étudier minutieusement des sédiments géologiques et des fossiles. Comment pouvait-il supporter l'idée que ces objets de son attention dévouée ne soient qu'une manifestation de l'humour assez particulier de Notre-Seigneur ?

Gould répond que Gosse n'y voyait nullement une plaisanterie. Il ne considérait pas le temps prochronique comme moins « vrai » que le temps diachronique. Les deux parties du plan divin méritaient le même respect. On ne pouvait y déceler la moindre contradiction. De petits malins objectèrent à Gosse que l'existence d'excréments fossilisés prouvait que des animaux réels avaient brouté les prairies de la préhistoire. Il répondit que Dieu avait très bien pu déposer des crottes pétrifiées dans les strates prochroniques.

En somme, le monde aurait eu exactement la même apparence, que le passé fût prochronique ou diachronique. Le vice caché d'*Omphalos* réside paradoxalement dans cette cohérence parfaite d'un discours clos sur lui-même. Vrai ou faux, l'argument de Gosse n'a de toute façon pas d'effet pratique. Il n'existe aucun moyen de le soumettre à un test expérimental. C'est une théorie angélique, condamnée à errer pour l'éternité dans les limbes de la pure spéculation. Dans cette Angleterre pragmatique qu'Adam Smith définissait comme « une nation de boutiquiers », on ne s'étonnera pas qu'*Omphalos* ait été un cuisant échec.

Par un curieux retour des choses, le livre de Gosse serait aujourd'hui tout à fait d'actualité : aux États-Unis, les créationnistes militent depuis une dizaine d'années pour que le livre de la Genèse et la théorie de l'évolution soient traités sur un pied d'égalité dans les manuels scolaires et dans les classes (*cf. La Recherche*[1]). Plusieurs États — Louisiane, Texas, Arkansas... — ont voté des lois favorables à l'enseignement de la « science de la créa-

1. « Les faux pas du créationnisme », *La Recherche*, juin 1986, p. 1072.

tion ». Lors de sa première campagne électorale, en 1980, Ronald Reagan déclarait : « Si on se décide à enseigner dans les écoles (la théorie de l'évolution), je pense qu'il faudrait aussi enseigner le récit biblique de la création[1]. »

De nombreux juristes ont dénoncé le caractère anti-constitutionnel de lois qui font fi de la séparation de l'Église et de l'État. En 1985, le juge Duplantier annulait la loi adoptée par la Louisiane. L'attorney général de cet État a fait appel. Aux dernières nouvelles (septembre 1986), la Cour suprême devrait trancher la question. Compte tenu de la vague religieuse et moraliste qui submerge actuellement l'Amérique, il n'est pas du tout exclu que les créationnistes obtiennent gain de cause.

On est bien loin de la fière déclaration de Laplace, répondant à Napoléon qui lui demandait quel rôle jouait Dieu dans sa théorie du déterminisme universel : « Dieu, Majesté, est une hypothèse dont je n'ai pas eu besoin. » Aujourd'hui, « l'hypothèse Dieu » effectue un retour en force, et pas seulement aux États-Unis. Au nom d'Allah, les intégristes islamiques déposent des bombes à tous les coins de rue. Chapelet en main, les catholiques polonais luttent contre l'oppression soviétique. Jean-Paul II arpente la planète avec l'impact médiatique d'une superstar mondiale. La production cinématographique baigne dans un océan d'eau bénite — du *Je vous salue Marie* de Godard à *Mission* de Roland Joffé, en passant par *Thérèse* d'Alain Cavalier ou les interrogations mystiques de Tarkovski dans *Le Sacrifice*.

Sur le plan des mœurs, les fantasmes sataniques qui se cristallisent dans la psychose du SIDA ressuscitent la grande peur religieuse du châtiment de Dieu. En ces temps troublés, la spiritualité apparaît comme un ultime recours, l'Église comme le dernier rempart capable de nous préserver du chaos. La science n'échappe pas à ce vaste mouvement de piété. En octobre 1979, *France-Culture* organisait à Cordoue un colloque intitulé « Science et conscience ». Sur la couverture du livre contenant les

1. Cité par K. M. Pierce, *Times*, 16 mars 1981.

actes du colloque[1], cette image : la figure d'Einstein et celle d'un ange, sur fond de nuages galactiques. Avec, en guise de légende, ce sous-titre : « Les deux lectures de l'univers ». Tout un programme.

Il s'agissait, en somme, de renouer le dialogue entre science et religion, entre pensée mystique et raison discursive. On avait rassemblé à cette fin des physiciens, dont le prix Nobel 1973, Brian Josephson, des neurologistes, des psychiatres, mais aussi des philosophes, des psychanalystes, des théologiens et des spécialistes des religions orientales.

L'aspect le plus spectaculaire du colloque de Cordoue fut la révélation des liens unissant la physique moderne et les tables tournantes. Selon Costa de Beauregard, ancien disciple de Louis de Broglie, la télépathie, la psychokinèse et la communication avec les esprits seraient inscrites dans le formalisme de la mécanique quantique. La leçon 6 est consacrée à cette rencontre inattendue entre la particule et le paranormal. Ici, c'est plutôt sous l'angle métaphysique et religieux que nous examinerons les nouvelles synthèses entre science et conscience cosmique.

A Cordoue, la science a troqué le secours catholique pour les gourous de secours. Contrairement à Ronald Reagan et aux créationnistes, ce n'est pas dans la Bible, mais du côté des religions orientales que les sages réunis par *France-Culture* ont cherché de nouvelles lumières. Brian Josephson pratique la méditation transcendantale. Il compare l'état de pure conscience — *samadhi* — à « l'état fondamental de l'hélium liquide ou d'un cristal parfait de chlorure de sodium à une température donnée. »

Deux autres participants, Fritjof Capra et David Bohm, sont eux aussi des physiciens connus. Capra est professeur de physique des particules à l'université de Berkeley, mais il s'est surtout rendu célèbre en tant que promoteur du

1. *Science et conscience, les deux lectures de l'univers,* actes du colloque de Cordoue, France-Culture/Stock, Paris, 1980.

« Tao de la physique ». Bohm est professeur de physique théorique à l'université de Londres. Il s'intéresse aux relations entre conscience et cosmologie, et a été fortement influencé par le philosophe indien Krishnamurti.

L'originalité des gourous de secours est de tenter d'audacieuses synthèses entre les domaines les plus avancés de la science moderne et les traditions mystiques. Pour nous initier à ce type de démarche, la pensée du très suave Rupert Sheldrake fournit une excellente entrée en matière. Sheldrake est un biologiste anglais qui a fait ses études à l'université de Cambridge dans les années soixante. Jugeant la science orthodoxe trop réductrice et mécaniste, Sheldrake s'est ensuite tourné vers une biologie méditative et transcendantale. Établi à Hyderabad (Inde), Sheldrake mérite pleinement de figurer parmi les gourous de secours, bien qu'il n'ait pas été présent à Cordoue. Son « hypothèse de la causalité formative » renouvelle la discussion sur le nombril d'Adam, performance qui mérite notre admiration, et justifie amplement l'ouverture d'une nouvelle section.

Ta ligne de hanches est une onde

Ta ligne de hanches est une onde, ainsi peut-on résumer la thèse centrale de Rupert Sheldrake, développée dans son livre *Une nouvelle science de la vie*[1]. Cette science a pour propos d'expliquer ce qui détermine les formes présentes dans la nature. Il s'agit en quelque sorte d'une théorie du *design* de l'univers, applicable sans restriction à toutes les formes. Celles des particules, cristaux, molécules et cellules, comme celles des Coco Girls.

Selon Sheldrake, les formes sont sculptées par des « champs morphogénétiques », un peu comme un aimant ordonne la limaille de fer selon les lignes du champ magnétique. Si les formes sont stables, c'est qu'elles « résonnent », à la manière d'une corde de violon ou du

1. Rupert Sheldrake, *op. cit.*

133

circuit récepteur d'un poste de radio. Ta ligne de hanches est une onde... Onde mon cul, dirait Zazie.

On peut douter des compétences scientifiques de Zazie. Néanmoins, du point de vue de la science officielle et même de la science tout court, il est peu crédible qu'une même causalité rende compte à la fois de la structure d'un cristal, de la forme d'une feuille d'acacia ou d'un chou-fleur, du galbe d'un mollet ou de la ligne gothique du sein de Maruchka Detmers. Sans parler de la mémoire, du comportement, de la parapsychologie, qui entrent également dans le champ illimité de la « causalité formative ».

Pour réussir ce tour de force, Sheldrake fait appel à tout l'arsenal de la rhétorique pseudoscientifique. Le recours à la résonance universelle, cause unique de très nombreux effets, évoque irrésistiblement les contes fantastiques de Lyall Watson (*cf.* leçon 1). Il y a d'ailleurs de nombreuses parentés entre la pensée de Sheldrake et celle de l'auteur d'*Histoire naturelle du surnaturel*.

Sheldrake possède également un sens aigu de l'imprécision, qui lui permet d'amalgamer les notions de structure et de forme. « La forme, dans le sens où nous l'entendons, inclut non seulement la forme de la surface extérieure de l'unité morphique mais encore sa structure interne. » Un concept aussi flou se faufile aisément entre les pauvres distinctions de la science orthodoxe.

Du point de vue de cette dernière, la « forme » d'un cristal est effectivement l'expression de sa structure. Un solide cristallin est constitué d'un réseau d'atomes disposés selon un motif qui se répète régulièrement, un peu comme le motif d'un papier peint, sauf que c'est en trois dimensions. La structure du cristal, autrement dit le motif, dépend de liaisons chimiques assurées par les électrons. La forme du cristal s'interprète donc en termes de chimie électronique, et son explication se situe au niveau atomique.

La morphologie d'une plante ou d'un animal dépend, elle, d'interactions très complexes entre les cellules. Bien que les cellules soient elles-mêmes constituées d'atomes et de molécules, on ne peut pas dire que la « forme » extérieure d'un organisme soit la traduction d'une structure interne au niveau atomique. La morphologie du babiroussa, par exemple, est l'aboutissement d'un processus évolutif qui ne peut pas plus s'interpréter en termes de physique atomique que le style d'un guéridon Louis XVI ne s'explique par les propriétés des atomes qui composent le bois. C'est au niveau de la cellule, de ses gènes et de ses échanges biochimiques que se situe l'explication de la forme d'un organisme.

Or, il n'y a pas continuité entre le niveau des particules élémentaires et celui des cellules. Il y a même un fossé gigantesque. Les électrons sont des particules quantiques qui se comportent très différemment des objets ordinaires. On ne peut pas les observer directement, ni à plus forte raison les isoler. On ne peut pas attraper un électron et le mettre dans une éprouvette, ou sur une lame de microscope. La biologie cellulaire relève, elle, d'une physicochimie classique. Ses objets n'ont pas le comportement étrange des particules quantiques. Si les cellules étaient quantiques, il serait impossible, par exemple, d'isoler un virus ou de fabriquer un vaccin.

Lorsqu'il prétend enfermer la morphologie des cristaux et celle des organismes vivants dans un même schéma explicatif, Sheldrake fait donc fi d'une notion cruciale de la science expérimentale : celle d'ordre de grandeur. Un type de description qui s'applique à une certaine échelle n'est pas forcément valable à une échelle beaucoup plus grande ou plus petite. Les effets physiques que l'on observe ne sont pas les mêmes. Par exemple, une fourmi peut tomber sans dommage d'une hauteur cent fois supérieure à sa taille. Essayez donc de sauter du haut de la tour Eiffel !

Or, entre l'atome, la cellule et un organisme comme celui de l'être humain, il y a une différence d'échelle bien plus grande que celle qui nous sépare de la fourmi. *Grosso modo*, le nombre de nos cellules se chiffre en centaines de milliards. Le nombre d'atomes contenus dans la totalité de ces cellules est de l'ordre du milliard de milliards de milliards. Soit, en moyenne, 10 millions de milliards d'atomes par cellule.

Sheldrake franchit ce gigantesque saut d'échelle comme s'il s'agissait d'un saut de puce ! Un animal est un assemblage de cellules faites de molécules, elles-mêmes faites d'atomes qui contiennent des particules élémentaires. Tout cela s'emboîte hiérarchiquement comme des poupées russes. Un champ morphogénétique est associé à chaque degré de la hiérarchie. Il faut bien que les effets de tous ces champs s'harmonisent à toutes les échelles où ils agissent.

Or cela serait impossible si ces champs obéissaient aux lois connues de la physique. Car il faudrait, au minimum, qu'ils obéissent à la fois aux lois de la physique classique et de la physique quantique, ce qui est contradictoire. La science « orthodoxe » résout la contradiction grâce à la notion d'ordre de grandeur, qui spécifie l'échelle où l'on observe des effets quantiques et celle où l'on peut se contenter d'une description classique. Comme Sheldrake évacue cette notion, il ne peut s'en sortir qu'en affirmant que les champs morphogénétiques ne correspondent à rien de connu :

« En plus des types de causalité énergétique connus de la physique, et en plus de la causalité due aux structures des champs physiques connus, un autre type de causalité est responsable des formes de toutes les unités morphiques matérielles (particules atomiques, atomes, molécules, cristaux, agrégats quasi cristallins, organites, cellules, tissus, organes et organismes). Cette causalité... n'est pas énergétique en elle-même, pas plus qu'elle n'est réductible à la causalité engendrée par des champs physiques connus. »

Mais cela revient à dire que la causalité formative échappe par hypothèse à toute critique scientifique. Dès lors, on est en droit de se demander si la « nouvelle science de la vie » en est vraiment une. Peut-elle être testée ? A-t-elle des conséquences pratiques ? Ce petit malin de Sheldrake a prévu l'objection. Il propose des expériences qui, d'après lui, permettraient de tester la théorie. Nous verrons — leçon 10 — qu'il n'en est rien. Pour l'instant, nous nous contenterons de montrer en quoi le mode de raisonnement de Sheldrake est incroyablement proche de celui de Gosse.

Pourquoi avons-nous le nez au milieu de la figure ?

Cette question résume le problème de la morphogenèse, qui est au cœur des préoccupations de Sheldrake. J'y ai consacré un article dans *L'Événement du jeudi*[1], dont je reprends ici les grandes lignes. Considérons le cas d'un petit d'homme. A l'instant de sa conception, il n'est encore qu'une cellule unique et indifférenciée. La forme humaine surgit du protoplasme à coups de milliards de divisions cellulaires réglées comme du papier à musique. Comment l'embryon se débrouille-t-il pour sculpter cette forme sans se tromper ? Comment fabrique-t-il les deux cents tissus parfaitement différenciés qui formeront les muscles, le squelette, le foie ou le cerveau ?

Le plan de ce fantastique Meccano biochimique est enregistré dans l'ADN de la cellule initiale. Mais comment l'atelier cellulaire met-il en œuvre le programme génétique ? Très schématiquement, la croissance de l'embryon est orchestrée par des « gènes architectes » qui orientent chaque cellule dans une ligne de développement précise.

Le processus peut être illustré par le modèle de la drosophile. Cette mouche du vinaigre est une construction modulaire, faite de douze segments accolés. Les gènes architectes pilotent son développement un peu comme on dirige le chantier d'une zone pavillonnaire ou une ville nouvelle. D'abord on trace les rues, en l'occurrence les limites entre les segments. Puis on édifie des maisons qui se ressemblent toutes, comme les segments de la mouche au début de son développement. Enfin, on aménage ces boîtes toutes pareilles pour leur donner une

1. Michel de Pracontal, « Pourquoi avons-nous le nez au milieu de la figure ? », *L'Événement du jeudi*, n° 50, 17 octobre 1985.

individualité, de même que les segments de la mouche sont équipés de pattes, ailes, antennes, balanciers, etc.

En 1984, le Suisse Walter Gehring a isolé dans les gènes architectes de la drosophile une petite séquence génétique, l'homéobox, qui pourrait bien être la pierre de Rosette de l'embryologie. On a découvert en effet que non seulement les insectes, mais aussi la grenouille, le poulet, la souris et l'homme possèdent cette homéobox. Cela suggère que tous les animaux sont construits plus ou moins selon le même procédé que la mouche du vinaigre : des modules d'abord très semblables, qui se différencient progressivement en fonction de la stratégie des gènes architectes.

Certes, il serait abusif de prétendre que la biologie moléculaire ait ainsi totalement résolu le problème de la morphogenèse. Mais les gènes architectes et l'homéobox fournissent un point de départ à partir duquel on commence à comprendre ce qui se passe. Sheldrake juge *a priori* que la démarche de la « biologie mécaniste » ne peut pas aboutir. D'après lui, on ne peut comprendre la morphogenèse sans introduire l'hypothèse supplémentaire de la causalité formative. Pour l'expliquer, il recourt à une analogie architecturale :

« Il faut disposer de briques et d'autres matériaux de construction pour bâtir une maison ; d'ouvriers également pour agencer les matériaux, et d'un plan d'architecte qui détermine la forme de la maison. Les mêmes ouvriers travaillant le même nombre d'heures et disposant de la même quantité de matériaux de construction pourraient produire une maison d'une forme totalement différente s'ils se fondaient sur un plan différent. Ainsi, le plan peut-il être considéré comme une *cause* de la forme spécifique de la maison, bien qu'il ne soit pas — c'est évident — la seule cause : la maison ne serait jamais bâtie sans les matériaux de construction et l'activité des ouvriers. De même, un champ morphogénétique est une cause de la forme spécifique adoptée par un système, bien qu'elle soit dans l'impossibilité d'agir sans les "briques fondamentales" adéquates et sans l'énergie nécessaire pour les agencer. »

Ce passage illustre parfaitement la rhétorique de Sheldrake, digne de la casuistique des jésuites. Ainsi définis, les champs morphogénétiques ne peuvent pas entrer en conflit avec les mécanismes biologiques réellement observés. En même temps, le raisonnement de Sheldrake fait appel au bon sens : des briques ne peuvent pas décider toutes seules du plan de la maison. Autrement dit, les cellules ne peuvent pas diriger à elles seules le développement embryonnaire. Il faut bien qu'il y ait quelque part un plan qui définisse leur agencement. Bien que cela paraisse convaincant, le raisonnement comporte plusieurs failles :

1° La métaphore des briques et de la maison ne décrit pas correctement le développement d'un organisme. Paradoxalement, Sheldrake se montre ici beaucoup plus mécaniste que les biologistes qu'il critique. Un être vivant ne résulte pas d'un assemblage de pièces détachées. Chaque cellule est issue de la division d'une cellule antérieure, et en fin de compte toutes les cellules descendent d'une cellule unique. En somme, les cellules sont à la fois les ouvriers et le matériau de construction.

On pourrait m'objecter que j'ai moi-même utilisé plus haut une métaphore assez voisine de celle de Sheldrake. Mais il y a une différence importante : mon image de la zone pavillonnaire montre bien qu'il y a une filiation entre les états successifs du chantier. De toute façon, une métaphore ne fait que suggérer, elle ne doit pas être prise à la lettre.

2° Il faut bien que le plan soit inscrit quelque part. Pour la biologie moléculaire, il est inscrit dans les gènes. Sheldrake n'est apparemment pas d'accord, mais il n'apporte pas de solution de rechange. Si le plan n'a pas de support physique, comment les ouvriers peuvent-ils le lire ? Doit-on imaginer qu'il est contenu dans la pensée de l'architecte et que ce dernier donne ses ordres aux ouvriers ? Même alors, l'architecte constituerait le support matériel du plan, sauf à supposer qu'il est un pur esprit.

Les champs de forme sont-ils autre chose que des fantômes ?

3° Il faut bien, aussi, que quelqu'un ou quelque chose ait dessiné le plan. Pour les biologistes, le plan est la mémoire de l'évolution inscrite dans l'ADN cellulaire. Bien sûr, ce langage anthropomorphique ne doit pas être pris à la lettre. Il signifie seulement que les gènes peuvent à la fois enregistrer de l'information et la restituer, un peu comme une cassette magnétique. Sheldrake se défend de vouloir suggérer que les champs de forme dépendent d'un « dessein conscient ». Néanmoins, pour des raisons logiques que nous allons maintenant élucider, il est inévitablement conduit à postuler l'existence d'un « Soi conscient », d'une « source transcendante de l'univers », en un mot de Dieu.

Le but est la cause

Pour Sheldrake, les formes se reproduisent par résonance avec des formes antérieures. Notre auteur affirme en substance que si un babiroussa a la forme d'un babiroussa, c'est parce que d'autres babiroussas ont eu la même forme avant lui. La morphologie de chaque nouveau babiroussa est déterminée par la « résonance morphique » des babiroussas antérieurs.

« Les formes chimiques et biologiques sont répétées non pas parce qu'elles sont déterminées par des lois immuables ou par des Formes éternelles, mais en raison d'une *influence causale de formes similaires antérieures*. Cette influence requerrait une action à travers l'espace *et le temps* à l'encontre de tout type connu d'action physique.

« Cette hypothèse implique de manière immédiate que tel système est influencé par *tous* les systèmes passés dotés d'une forme et d'un modèle vibratoire semblables. *Ex hypothesi* l'influence de ces systèmes passés n'est pas minimisée par la séparation temporelle ou spatiale. »

En somme, une forme se reproduit parce que la matière

en a pris l'habitude. Mais il n'y a aucune raison de limiter un schéma aussi fécond aux seuls systèmes matériels. Comme la résonance morphique agit à travers l'espace et le temps, elle permet d'expliquer la télépathie ou l'action à distance de l'esprit sur la matière, que Sheldrake considère comme prouvés.

La résonance morphique s'applique également au comportement et à l'apprentissage : « Ainsi, par exemple, à l'heure actuelle, il devrait être devenu progressivement plus facile d'apprendre à monter à bicyclette, à conduire une automobile, à jouer du piano, ou à utiliser une machine à écrire, compte tenu de la résonance morphique cumulative d'un grand nombre de personnes ayant déjà acquis ces talents. »

Cette extrapolation surréaliste me laisse perplexe. Récemment, j'ai entrepris d'apprendre le vélo à mon fils âgé de cinq ans. Je suis au regret de constater que le chérubin se casse la figure avec la même obstination que celle que je manifestais à son âge. Et que penser de l'observation selon laquelle un nombre croissant d'enfants scolarisés ont de grosses difficultés avec la lecture ? Apparemment, la résonance morphique cumulative ne compense pas les effets néfastes de l'abus de télévision et de méthodes pédagogiques inadaptées.

Mais le principal défaut de la théorie de Sheldrake, c'est qu'elle n'explique que ce qui existe déjà. Aussi bien les formes naturelles que les comportements se renouvellent sans cesse. En bonne logique, la répétition des formes devrait aboutir à un monde de plus en plus figé dans ses habitudes, de plus en plus semblable à lui-même. Comment expliquer les changements ? Pourquoi certaines formes disparaissent-elles tandis que de nouvelles se manifestent ? Qu'est-ce qui a causé la forme du premier babiroussa ?

« Nul ne peut fournir de réponse scientifique », répond Sheldrake, qui préfère invoquer la réalité transcendante. Pourtant, la biologie fournit bel et bien une réponse, au moins partielle : d'une part, le monde vivant forme une chaîne ininterrompue du protozoaire au mammifère supérieur, avec apparition de formes de plus en plus complexes grâce au « bricolage génétique » de l'évolution ; d'autre part, au sein d'un organisme donné, le développement contrôlé par les gènes architectes fournit un schéma explicatif de la morphogenèse.

Donc, le tour de force de Sheldrake revient à expliquer moins de choses que la biologie « orthodoxe » en introduisant une hypothèse supplémentaire ! On trouve une situation analogue à celle de Gosse, embarrassé par le lien entre les fossiles et les animaux actuels. Le plus bizarre, c'est que, au moins formellement, la théorie de Sheldrake pourrait résoudre le problème des formes nouvelles sans recourir au Soi conscient : il suffirait d'admettre que la résonance morphique s'exerce non seulement du passé vers le futur, mais du futur vers le passé. Le premier babiroussa résulterait ainsi de l'influence rétroactive d'un babiroussa n'existant pas encore, si vous voyez ce que je veux dire.

Sheldrake admet que la chose est « concevable en toute logique », mais il se montre curieusement prudent à cet égard : « On ne considérerait avec sérieux cette éventualité que s'il existait une preuve empirique convaincante de l'influence d'unités morphiques futures. »

On reste pantois devant ce brusque souci de rigueur expérimentale. L'action du futur sur le passé n'est pas plus dure à avaler que l'action physique de champs sans existence physique. Et que dire de l'idée selon laquelle l'apprentissage de la bicyclette devient de plus en plus facile parce qu'un nombre croissant de gens font du vélo ! Bien sûr, il est normal qu'un gourou de secours ait un faible pour l'hypothèse Dieu. Mais la réticence de Sheldrake à suivre jusqu'au bout sa propre logique s'explique par une raison plus importante : admettre la résonance avec le futur mettrait en évidence la circularité de son raisonnement.

Qu'est-ce qui cause le premier babiroussa ? Un babiroussa futur. Mais qu'est-ce qui cause les babiroussas futurs ? Des babiroussas antérieurs, y compris le premier. En somme, le babiroussa cause le babiroussa. Pour échapper à la tautologie, Sheldrake assigne à la résonance morphique une orientation du passé vers le futur, et met Dieu au bout de la ligne. Le schéma est donc tout à fait analogue à celui de Gosse : la forme du premier babiroussa est prochronique. Elle n'existe que dans la pensée du Soi conscient, ou tout autre nom qu'on veut bien lui donner.

Même avec l'hypothèse Dieu, la théorie de Sheldrake n'échappe pas à la circularité. Le vice caché de sa logique réside dans le fait qu'il confond le but et la cause. Le plan de l'architecte n'est pas une cause, c'est une description du but que poursuit l'architecte. Les champs morphogénétiques de Sheldrake sont à la fois un but et une cause. Cette ambivalence aboutit à un cercle vicieux.

Pourquoi les descendants du premier babiroussa ressemblent-ils à leur ancêtre ? Parce que le champ de l'ancêtre influence les descendants. Mais pourquoi ce champ babiroussien agit-il sur les babiroussas et pas sur les souris blanches ? Parce que les babiroussas ont une forme de babiroussa, et s'associent donc au champ babiroussien. En somme, les babiroussas se ressemblent parce qu'ils sont des babiroussas, et vice versa.

Cela me rappelle une petite histoire. Le cochonnet est un jeu essentiellement français qui se joue à trois. Le premier prend la boule et la lance. Le deuxième prend la lance et la boule. Le troisième, c'est le cochonnet. Mais qu'est-ce que le cochonnet ? Le cochonnet est un jeu essentiellement français qui se joue à trois...

À ce stade, tout esprit cartésien jetterait l'éponge. Mais un grand joueur de pipeau n'abandonne jamais avant d'avoir épuisé toutes les ressources de la rhétorique, et elles sont inépuisables. Une fois de plus, Sheldrake s'en tire, grâce à l'introduction d'un concept très ingénieux : « La morphogenèse n'intervient pas dans le vide. Elle ne débute qu'à partir d'un système déjà organisé, lequel sert de *germe morphogénétique*. Durant la morphogenèse, une nouvelle unité morphique d'un niveau supérieur se développe autour d'un champ morphogénétique spécifique.

Mais comment ce champ s'associe-t-il à l'origine au germe morphogénétique ? »

Sheldrake répond par une analogie : de même que la masse d'un corps détermine son champ gravitationnel, ou qu'une charge électrique détermine un champ électrostatique, la forme du germe détermine son champ. Il y a quand même une différence importante : le champ d'une charge électrique à l'instant t est entièrement défini par la valeur de la charge à cet instant. En revanche, le germe de Sheldrake n'est qu'une ébauche, « une partie du système en devenir ». Le champ de forme « renferme la *forme virtuelle* du système final, lequel ne sera actualisé que lorsque toutes ses parties matérielles se trouveront à leur place appropriée ».

Si l'on y regarde de près, ce raisonnement souffre toujours du même vice logique : le germe, ébauche du système final, génère un champ qui contient le « projet » du système final. En somme, le germe tend vers un but dont il est en même temps la cause. La maison en chantier tend vers la maison achevée, mais c'est la structure initiale du chantier qui définit le plan de la maison achevée ! Cela revient à prêter au système en devenir une sorte de projet, de volonté orientée vers une fin, tout à fait analogue à la « volonté programmante » de Chauvin ou à la force organisatrice de Lamarck (*cf.* leçon 3). Au demeurant, Sheldrake se réfère explicitement à Lamarck et à sa théorie des caractères acquis.

Contrairement aux champs de forme, les germes morphogénétiques sont des entités matérielles. Une bonne partie du livre de Sheldrake est consacrée à identifier ces germes dans les différents systèmes qu'il étudie. Ainsi, les noyaux atomiques sont les germes des atomes, qui sont les germes des molécules. Les petites molécules sont les germes des molécules plus grandes. Le germe d'un cristal est son propre motif cristallin.

Pour les systèmes biologiques, la situation est plus complexe, du fait que les cellules se différencient. « Les germes morphogénétiques de ces transformations ne sont pas évidents de prime abord : il s'agira selon les cas d'organites, d'agrégats moléculaires, de structures cyto-plasmiques ou membranaires ou encore du noyau cellu-laire. » Cette citation illustre le caractère *ad hoc* de la notion de germe. Sheldrake prend ce qui lui tombe sous la main, « selon les cas ». Voyons comment il envisage le rôle du noyau dans la différenciation cellulaire.

« Il est évident que maints types de différenciation cellulaire sont précédés de modifications nucléaires. La suggestion avancée ici diverge de l'interprétation habi-tuelle de ces changements en considérant que leur signi-fication n'est pas simplement chimique, autorisant la production de types spéciaux d'ARN messager, mais encore qu'elle est morphogénétique : les noyaux modifiés sont susceptibles de servir de germes auxquels s'associent les champs morphogénétiques spécifiques des cellules diffé-renciées. »

Là encore, on trouve un raisonnement *had hoc*. En termes de biologie moléculaire « orthodoxe », la différen-ciation cellulaire s'explique parfaitement par l'expression des gènes. Dire que les noyaux des cellules servent de germes n'est qu'un discours plaqué qui n'apporte rien de plus, sauf qu'il permet à Sheldrake de continuer à jouer son air de pipeau.

Dès qu'il bute sur une contradiction, notre auteur change son fusil d'épaule. « Il existe au moins un proces-sus au cours duquel le noyau ne peut être le germe morphogénétique : la division nucléaire. Il perd son iden-tité en tant que structure indépendante lorsque la mem-brane nucléaire se rompt et disparaît... Il est impératif que les germes morphogénétiques de ces processus soient des structures extra-nucléaires... »

Il serait fastidieux d'énumérer tous les exemples où Sheldrake ajuste ainsi son hypothèse pour la faire cadrer avec des faits qu'il ne peut pas contester. La méthode est tout à fait semblable à celle de Gosse expliquant pourquoi les dents de l'hippopotame créé depuis une demi-heure sont déjà usées. La causalité formative ne change rien aux phénomènes observés, exactement comme le passé pro-chronique ne modifie pas le moindre détail de l'apparence du monde. La théorie de Sheldrake est aussi angélique et dépourvue d'effets pratiques que la construction d'*Omphalos*.

Mais les temps ont changé. Gosse avait fait un bide. Il était seul. Aujourd'hui, les idées de Sheldrake trouvent des échos dans les spéculations des sages de Cordoue. Elles rencontrent un public fatigué de la raison, qui préfère fredonner les airs de pipeau d'*Actuel* plutôt que chercher à comprendre la biologie moléculaire ou la physique quantique. Amplifié par les médias, le concert des gourous de secours résonne avec une puissance que n'atteindra jamais la résonance morphique.

Le Tao de la physique

L'un des reproches que Sheldrake adresse à la biologie « orthodoxe », c'est d'être mécaniste. Autrement dit, de décrire l'être vivant comme un assemblage de pièces distinctes et interchangeables. Une greffe cardiaque, par exemple, ne serait rien de plus que le remplacement d'une pièce défectueuse par une autre, comme on change la boîte de vitesses d'une automobile. J'ai moi-même utilisé plus haut l'expression de « Meccano biochimique », ce qui semble apporter de l'eau au moulin de Sheldrake.

En réalité, il y a beau temps qu'on ne se représente plus les animaux comme des automates faits de tiges et de ressorts. Le « Meccano biochimique » n'a rien à voir avec celui du garagiste. Pour reprendre l'exemple de la greffe cadiaque, le phénomène de rejet montre bien qu'il ne suffit pas que la pièce de rechange soit fonctionnellement équivalente à la pièce remplacée. Le système immunitaire rejette le greffon étranger qu'il reconnaît comme du « non-soi ». L'organisme possède une identité cellulaire. Toutes ses cellules sont à la fois distinctes et interdépendantes, comme l'illustre l'expression de « tissu biologique ». La biologie moléculaire est donc organiciste plus que mécaniste, et à cet égard la critique de Sheldrake apparaît davantage comme une pétition de principe que comme une observation judicieuse.

Le cas de la physique est plus complexe. La vision classique — issue de Descartes et Newton — est résolument mécaniste. Elle s'appuie sur des catégories de temps, d'espace, de matière, d'objet, de cause et d'effet qui permettent de décrire l'univers comme une immense machine faite de pièces séparées. Mais depuis le début du siècle, la relativité et la théorie quantique ont provoqué une profonde remise en cause de l'univers cartésien-newtonien.

Pour Fritjof Capra, la vision issue de la physique moderne se révèle très proche de la pensée des traditions mystiques extrême-orientales : hindouisme, bouddhisme et surtout taoïsme. C'est une vision organiciste du cosmos, un peu analogue à celle de la biologie. Voici un montage de citations tirées des actes du colloque de Cordoue (voir p. 131 *sq.*), qui montre comment Capra justifie cette idée.

« Contrastant avec la conception mécaniste, la vision du monde des Orientaux est de nature "organique". Pour le mystique oriental, toutes choses, tous phénomènes perçus par nos sens sont interdépendants, reliés entre eux, et ne sont que des aspects différents, ou manifestations, d'une même réalité ultime. Notre tendance à diviser le monde perçu en objets individuels, séparés, et à nous percevoir nous-mêmes comme des « ego » isolés en ce monde, est à leurs yeux une illusion engendrée par notre mentalité attachée aux mesures et aux catégories. » (...)

« L'analyse judicieuse du processus d'observation en physique atomique montre que les particules atomiques n'ont aucun sens comme entités isolées. Elles ne peuvent se comprendre que comme des interconnexions entre la préparation d'une expérience et la mesure subséquente. Les particules subatomiques ne sont pas des choses, mais des interconnexions entre des choses, et ces "choses" sont à leur tour des interconnexions entre d'autres choses, et ainsi de suite. » (...)

« Lorsque nous pénétrons au sein de la matière, la nature ne nous offre pas le spectacle de briques élémentaires isolées, mais se présente plutôt comme un tissu complexe de relations entre les diverses parties d'un tout unifié. »

Capra rapproche cette vision de celle d'un bouddhiste tibétain, Lama Govinda, dont il cite la phrase suivante :

« Le monde extérieur et son monde intérieur ne sont (pour le bouddhiste) que les deux faces d'un même ouvrage, où les fils de toutes les forces et de tous les événements, de toutes les formes de conscience et de leurs objets, sont tissés en un réseau indivisible de relations indéfinies qui se conditionnent mutuellement. »

Commentaire de Capra :

« Ces paroles de Lama Govinda expriment un autre aspect dont l'importance est fondamentale aussi bien dans la physique moderne que dans le mysticisme oriental. L'universalité des interconnexions dans la nature englobe toujours en mode essentiel l'observateur humain et sa conscience... En physique atomique, la nette coupure cartésienne entre l'esprit et la matière, entre le moi et le monde, n'a plus cours. »

Capra pousse son argument jusqu'à remettre en cause la notion même de loi physique, en se fondant sur le modèle dit du *bootstrap*, qui a été utilisé pour décrire les interactions entre certaines particules telles que les protons et les neutrons.

Le terme de *bootstrap* a été choisi en hommage au baron de Münchhausen qui avait réussi, dit-on, à s'élever dans les airs en tirant sur ses bottines.

Selon Capra, « la philosophie du *bootstrap* renonce non seulement à l'idée de "briques" élémentaires de la matière, mais à quelque entité fondamentale que ce soit : lois, équations ou principes. Pour elle, l'univers est un tissu dynamique d'événements interdépendants. Aucune propriété d'une quelconque partie de ce tissu n'a valeur de base : toutes résultent des propriétés des autres parties, et c'est la cohérence globale de leurs relations qui détermine la structure de tout le tissu. »

Capra considère que cette philosophie est extrêmement proche de celle des taoïstes chinois. Il s'appuie sur les travaux du grand sinologue britannique Joseph Needham. Celui-ci a montré dans *La Science chinoise et l'Occident*[1] que les Chinois n'ont jamais eu l'idée de lois essentielles de la nature. Le terme chinois le plus proche de nos « lois de la nature » est *Li*, que Needham traduit par « modèle dynamique ». Selon Capra, cette notion de modèle dynamique correspond exactement à l'idée du *bootstrap*.

Capra aurait pu ajouter cette citation de Needham : « Il est extrêmement intéressant de voir — ... — que la science moderne est revenue, en un certain sens, à la vision taoïste. »

C'est à dessein que j'ai supprimé le passage qui se trouve entre les deux tirets. Ainsi tronquée, la phrase de Needham semble apporter de l'eau au moulin de Capra. Mais la citation complète contient une donnée essentielle, d'où il ressort que Capra a tout simplement oublié les trois siècles d'histoire qui séparent Descartes de la physique quantique. Lorsqu'on les rétablit, il n'est plus du tout évident que le parallélisme entre le Tao et le *bootstrap* soit autre chose qu'une analogie formelle amusante, mais dépourvue de signification profonde.

Dieu, une hypothèse utile

La question centrale du livre de Needham est celle-ci : pourquoi la science moderne s'est-elle développée en Europe et non en Chine ? Si la question se pose, c'est que toutes les grandes inventions qui ont fait la Renaissance viennent de Chine : le papier, l'imprimerie, la boussole, le harnais adapté au cheval, l'étrier à pied, la poudre à canon, l'horloge mécanique, la brouette, le gouvernail à étambot, la métallurgie, etc.

Ainsi, les dix — ou vingt, ou trente — découvertes qui ébranlèrent le monde sont des découvertes chinoises. On peut montrer qu'elles se sont transmises à l'Europe. Et

1. Joseph Needham, *La Science chinoise et l'Occident*, Le Seuil, Paris, 1973.

voici, selon Needham, le paradoxe extraordinaire : « Alors que nombre de ces découvertes, et même la plupart, secouèrent la société occidentale comme un tremblement de terre, la société chinoise, elle, montra une étrange capacité de les assimiler et d'en rester relativement inébranlée. »

On peut certainement parler d'une science chinoise, bien antérieure à la science européenne. Pourtant, la science et la technologie modernes, qui ont assuré la suprématie de l'Occident, sont des créations européennes. Pourquoi la Chine n'a-t-elle parcouru que la moitié du chemin ? Il y a de nombreuses raisons — historiques, sociologiques, culturelles — que Needham analyse très finement. Pour la présente discussion, seul nous concerne l'aspect philosophique du problème — mais il est clair qu'il n'explique pas tout.

Le point crucial est la notion de lois de la nature. Cette notion, qui fonde la physique newtonienne, a une origine religieuse. Elle découle de la conception occidentale d'un Dieu législateur suprême, que Needham résume ainsi : « De même que les législateurs des empires terrestres ont promulgué des codes de lois positives auxquels les humains devaient obtempérer, de même la divinité créatrice, céleste et suprêmement rationnelle, a posé une série de lois auxquelles obéissent les minéraux, les cristaux, les animaux et les étoiles dans leur cours. »

Au Moyen Age, et même longtemps après, il y eut d'innombrables procès d'animaux jugés pour avoir transgressé les lois naturelles. En 1474, à Bâle, un coq fut condamné à être brûlé vif pour le crime atroce et contre nature d'avoir pondu un œuf. Bien qu'elle soit d'origine théologique, l'idée de loi naturelle n'a pu atteindre son plein développement qu'en s'émancipant de la religion, comme le démontre *a contrario* le procès de Galilée. En science, Dieu mène à tout, à condition d'en sortir.

Schématiquement, la coupure décisive s'opère avec *Le Discours de la méthode*. Descartes consacre la séparation des pouvoirs de l'Église et de la Raison. Si Descartes parle toujours des « lois que Dieu a posées dans la nature », le rôle du Législateur céleste se limite à garantir la rationalité. Nous pouvons comprendre le monde, parce que Dieu l'a créé intelligible. Mais c'est dorénavant la méthode et non le dogme qui trace le chemin de la connaissance. Le doute et la démarche analytique remplacent l'adhésion fidéiste.

Laplace consomme définitivement le divorce entre Dieu et la science. Désormais, le savant a acquis suffisamment de confiance en l'efficacité de la méthode pour évincer le Législateur céleste. Voici, complétée, la citation de Needham mentionnée à la fin de la section précédente : « Il est extrêmement intéressant de voir — dans la mesure où, depuis l'époque de Laplace, il a semblé possible et même souhaitable de se passer entièrement de l'hypothèse de Dieu comme fondement de la nature — que la science est revenue, en un certain sens, à la vision taoïste. »

Ce que veut dire Needham, c'est que l'idée d'un Législateur céleste et suprêmement rationnel dictant les lois de l'univers était inacceptable pour un taoïste. Il l'aurait jugée naïve et simpliste. Les taoïstes se méfiaient de la raison et de la logique. L'entreprise de Descartes et Newton leur aurait été totalement étrangère. « Cela ne tient pas à ce que le Tao, c'est-à-dire l'ordre cosmique dans toutes choses, n'aurait pas agi avec mesure et rigueur, mais à ce que les taoïstes avaient tendance à le considérer comme *impénétrable pour l'intelligence théorique*. »

Or, sans théorie, la science occidentale se vide de toute substance. C'est aussi vrai de la physique newtonienne que de la quantique. Ce n'est pas seulement que nous ne serions pas arrivés au *bootstrap* sans le Grand Horloger. Classique ou moderne, la physique que nous connaissons ne pouvait pas se développer dans un cadre taoïste.

Capra tire des conclusions beaucoup trop hâtives : il est absurde de prétendre faire de la physique sans équations, lois ni principes. Le modèle du *bootstrap* présente peut-être une certaine analogie formelle avec le *Li*. Mais pour les physiciens, tout modèle sert d'abord à prédire, mesurer et calculer, ce qui reste l'objectif principal de la physique, celle de Newton comme celle d'Einstein et de Heisenberg.

A force de céder au vertige des analogies, Capra finit par oublier l'essentiel. Jusqu'à preuve du contraire, les protons et les neutrons ne sont pas régis par les principes du Yin et du Yang. Pas plus que les expériences menées dans les accélérateurs de particules ne s'apparentent à un nouveau culte rendu aux Immortels du Ciel de la Grande Pureté.

Le monde est un hologramme

En s'émancipant de Dieu, la science a laissé en pointillé un grand problème métaphysique : pourquoi le monde obéit-il à des lois ? Einstein disait en substance que le plus étonnant n'était pas que nous comprenions l'univers, mais qu'il soit compréhensible. Bachelard ouvre son *Nouvel esprit scientifique* par cette citation de Bouty : « La science est un produit de l'esprit humain, produit conforme aux lois de notre pensée et adapté au monde extérieur. Elle offre donc deux aspects, l'un subjectif, l'autre objectif, tous deux également nécessaires, car il nous est aussi impossible de changer quoi que ce soit aux lois de notre esprit qu'à celles du Monde. »

Tant que Dieu garantissait la rationalité, les choses étaient claires : dans Son infinie prévoyance, le Créateur avait pris soin que les lois de notre esprit s'accordassent à celles du monde. Mais dès lors que l'homme de science a décidé de voler de ses propres ailes, le voilà face à cette vertigineuse interrogation : par quel miracle sa science est-elle efficace ? comment les lois de la nature peuvent-elles être autre chose qu'une projection de sa conscience ?

Disons tout de suite que personne n'a fourni de réponse claire à cette question. Capra évacue le problème, lorsqu'il dit que la coupure cartésienne entre l'esprit et la matière, entre le moi et le monde, n'a pas cours en physique atomique. Le projet des gourous de secours est de reconstituer ce que les philosophes médiévaux appelaient l'*Unus Mundus*, une unité psycho-physique de l'univers dans laquelle nature et conscience forment une totalité indissociable.

L'homme qui a poussé le plus loin ce projet est certainement le physicien transcendantal David Bohm. Il a commencé ses recherches en s'intéressant aux paradoxes de la mécanique quantique, qui font l'objet de la leçon 6. Ses travaux l'ont amené à la notion d'ordre impliqué, qu'il définit comme un ordre sous-jacent à la réalité ordinaire. L'ordre impliqué ne peut être observé, car il se situe en deçà du cadre spatio-temporel dans lequel nous voyons apparaître les phénomènes. Sa réalité se révèle indirectement, par exemple à travers le comportement d'un électron. Celui-ci, pour Bohm, n'est pas une entité réelle qui existe en elle-même, mais une manifestation de la structure profonde du réel.

Bohm résout ainsi aisément le problème des lois du monde et des lois de l'esprit, dans la mesure où la matière et l'esprit plongent tous les deux leurs racines dans l'ordre impliqué. « Ils en sont des déploiements distincts dans l'ordre expliqué, mais leur fond est le même, et il devient alors normal qu'il y ait adéquation entre la structure profonde de l'intelligence et celle de la matière[1]. »

Tout cela peut paraître assez obscur. Pour expliquer l'ordre impliqué, Bohm recourt à la métaphore de l'hologramme. Si vous avez déjà vu une image holographique, vous avez sans doute été frappé par le fait qu'elle suscite une illusion très convaincante de l'objet réel. On a vraiment l'impression que l'objet est en trois dimensions. Si l'on s'y laisse prendre et que l'on essaie de le toucher, on est tout surpris de rencontrer le vide.

L'hologramme a une autre propriété étonnante. Si vous découpez en quatre une photo ordinaire, chaque morceau ne montre plus qu'un quart de l'image. Mais si vous coupez en quatre une plaque holographique, vous verrez quand même l'image entière en éclairant le morceau de

1. *Sciences et symboles, les voies de la connaissance*, actes du colloque de Tsukuba, Albin Michel/France-Culture, Paris, 1986.

plaque. L'image sera seulement moins nette. Ce phénomène n'a rien de magique. Il vient de ce que l'hologramme est une figure d'interférence. L'information relative à l'objet représenté dépend de la répartition des
franges d'interférence, qui est la même sur l'ensemble de
l'image. On peut donc dire que chaque portion de la
plaque holographique contient l'image tout entière. Bien
sûr, ce n'est vrai que jusqu'à un certain point : si vous
coupez la plaque en morceaux trop petits, vous ne verrez
plus rien.

Selon Bohm, l'ordre impliqué est une sorte de plaque
holographique, sauf que l'image n'est pas statique, mais
en perpétuel mouvement. L'image projetée est celle de
l'ordre explicite, autrement dit du monde observable. De
plus, cette étrange « plaque » peut être coupée en aussi
petits morceaux que l'on veut, elle restituera toujours
l'image entière. Autrement dit, chaque région de l'espace-
temps, si petite soit-elle, contient potentiellement l'univers entier. Ce qui n'est jamais qu'une reformulation du
principe selon lequel tout est dans tout.

Le « monde manifesté », que nous considérons d'habitude comme la réalité, n'est pour Bohm qu'une sorte de
projection holographique de l'ordre impliqué. Une illusion. Cela ressemble beaucoup aux idées des mystiques
orientaux, et du reste Bohm revendique pleinement cette
parenté. Sheldrake fait aussi partie de la famille, puisque,
selon Bohm, les champs de forme sont « les cousins
évidents » de l'ordre impliqué. Voici l'ordre expliqué du
cousinage, selon Bohm :

« En gros, si on essaie de comprendre comment la
forme survient, on considère selon cette théorie (celle de
Sheldrake) qu'il existe déjà une fin dans l'organisme, et
que ce dernier tend vers celle-ci. Il y a donc dès le départ
une sorte d'intention implicite, et je penserais assez
facilement quant à moi que ce ne sont pas seulement les
organismes vivants, mais la matière tout entière qui est
ainsi organisée. Un électron, par exemple, surgirait et
redisparaîtrait constamment dans l'ordre impliqué, jusqu'à ce qu'une cause formative entre en jeu et fasse se

manifester et agir ensemble un grand nombre d'électrons pour créer un organisme. Si nous adoptons l'extension de ce sens particulier à la totalité de la matière, cela pourrait expliquer de façon économique pourquoi s'établissent des rapports entre notre sens intérieur et le sens extérieur qui agit dans la nature[1]. »

Si l'univers est un hologramme, il n'y a vraiment aucune raison pour que notre conscience ne soit pas, elle aussi, holographique. Ce qui nous amène à un nouveau gourou, Karl Pribram, l'inventeur du cerveau-hologramme. Pribram soutient que la mémoire n'est pas localisée de manière précise dans le cerveau, mais que nos souvenirs y sont enregistrés de manière holographique. Autrement dit, un souvenir s'inscrit dans la globalité du cerveau, et non pas dans une cellule ou un groupe de cellules particulières.

Le seul point en faveur de l'hypothèse de Pribram, c'est que personne ne sait comment la mémoire fonctionne au niveau neuronal. Par conséquent, rien n'empêche d'avancer une métaphore qui, à défaut d'expliquer vraiment les choses, vient combler un vide du discours. Pour Bohm, la théorie de Pribram présente l'intérêt d'appuyer sa thèse selon laquelle la matière et la conscience sont deux aspects d'une même réalité profonde.

La rencontre de l'ordre impliqué et du cerveau hologramme produit des résultats stupéfiants. Pour Bohm, « l'information relative à la totalité de l'univers matériel est contenue au moins potentiellement, sinon en fait, dans chacun des moments de la conscience[2] ». Dans ces conditions, il n'y a évidemment rien d'étonnant dans le récit de Patrice Van Eersel sur les « souvenirs » des patients du Dr Grof (cf. leçon 4). Si tout est dans tout, rien n'empêche qu'une boulangère de Prague se souvienne, avec un luxe de détails, des rituels et des arts d'une tribu tibétaine qu'elle ne connaît pas et dont elle n'a jamais entendu parler.

1. Ibid
2. Science et conscience, op. cit.

Ce qui fait le charme des gourous de secours, c'est qu'ils nous remplissent la tête d'idées très poétiques, comme les ondes de forme et les souvenirs holographiques. N'exigeons pas, en plus, de savoir ce que ces idées signifient exactement. Ce serait beaucoup trop demander.

Le paradigme du nombril

Connaissez-vous le paradoxe du menteur ? Il s'agit de savoir si le menteur ment quand il affirme que tout ce qu'il dit est faux. S'il ment tout le temps, comment pourrait-il avoir dit la vérité en affirmant qu'il ment ? Et s'il dit la vérité, il a menti en disant qu'il ment.

Il y a une certaine analogie entre le paradoxe du menteur et le problème des lois du monde et des lois de notre esprit. On ne peut trouver aucune solution pratique, parce que ce n'est pas un problème pratique. Il vient de la manière dont nous formulons les choses. De tels effets de sens traduisent le fait qu'un discours logique ne peut jamais représenter totalement le réel. Ce qu'exprime le paradoxe du menteur, c'est la coupure entre le discours et le réel, l'autonomie des mots par rapport aux choses.

Les discours magiques, mythiques ou religieux refusent cette autonomie. Dans un système religieux ou mythique, il n'y a aucune distance entre la représentation et ce qui est représenté. Un peu comme chez les enfants qui ne savent pas toujours faire la différence entre leur imagination et la réalité. En termes imagés, on pourrait dire que ce qui différencie une pensée mythique d'une pensée rationnelle, c'est la coupure du cordon ombilical qui unit la parole au réel. Dans la matrice du mythe, la parole et le réel entretiennent une relation aussi fusionnelle que celle du fœtus à sa mère.

Le projet de Cordoue, exprimé par les gourous de secours, vise à reconstituer l'*Unus Mundus*, c'est-à-dire un monde où il n'y aurait pas de distance entre le discours et le réel, entre le savoir et les objets du savoir. Dire que la conscience et la matière forment une même totalité, ou qu'il n'y a plus de coupure entre le moi et le monde, n'est rien d'autre que cela. Le projet est chimérique, parce qu'il ne peut se réaliser sans abandonner la raison discursive. On ne peut pas ressouder le cordon ombilical, une fois qu'il a été coupé.

Le projet « science et conscience » ne peut aboutir parce qu'il se place d'un point de vue où la pensée s'est déjà émancipée du réel, où la coupure est déjà opérée. Les théories de Sheldrake, Bohm et Pribram pourraient à la rigueur être prises comme des mythes modernes, sauf qu'elles prétendent fournir des explications rationnelles. Les gourous de secours ne se donnent pas pour des sages mystiques, mais pour les pionniers d'une science nouvelle.

Il est contradictoire et malhonnête de dénoncer la pensée analytique et logique en produisant un discours qui, au moins formellement, est analytique et logique. L'imposture des gourous de secours consiste à se situer à la fois de part et d'autre de la matrice mythique. Un enfant ne peut survivre hors du ventre de sa mère en s'alimentant par le cordon ombilical. Il faut qu'un utérus soit ouvert ou fermé.

Bohm s'est dans une certaine mesure rendu compte de la contradiction. Ou plutôt, il a poussé la cohérence interne de son discours jusqu'à suggérer que le langage lui-même devrait refléter sa vision de l'ordre impliqué. Cette vision suppose que la réalité est fluide et ne peut se diviser en parties séparées. Pour exprimer cela, Bohm a inventé une sorte de langue, le « rhéomode », du grec *rheo*, qui signifie couler. Dans un livre sur lequel nous reviendrons plus amplement dans la leçon 9, *L'Univers miroir*, John Briggs et David Peat décrivent ainsi le rhéomode :

« Bohm tente de surmonter la fragmentation sujet-verbe-objet de la plupart des langues. Prenons un exemple simple de cette fragmentation : un chat et une souris passent à côté de vous, lancés dans une course précipitée. Nous dirions : "Le chat poursuit la souris." Toute une vision du monde se trouve enveloppée dans cette simple phrase. Elle commence par les noms "chat" et "souris" — des objets séparés de l'univers — des existences passives, autonomes. Le verbe "poursuit" est une action séparée de ces objets, impliquant, entre autres, que l'action est accomplie par le chat sur la souris. Pourtant, l'action tout entière est plus complexe. C'est une danse de vie et de mort à laquelle le chat et la souris sont voués inéluctablement. Bohm tente de vaincre ces séparations artificielles en faisant de tous les mots de son langage des variations du verbe[1]. »

Je ne suis pas sûr que la souris soit d'accord. Je suis prêt à parier qu'en tant que sujet — et non comme objet passif — elle préfère rester séparée du chat plutôt que de s'unir à lui en une danse cosmique qui risque de s'achever dans l'estomac félin. Et comment traduiriez-vous en rhéo-mode la phrase : « Le nazi torture le résistant » ? S'agit-il, là aussi, d'une chorégraphie fluide dans laquelle le nazi, le résistant et l'instrument de torture ne sont que des manifestations illusoires d'un ordre impliqué qui nous dépasse ?

Bien sûr, je pousse ici les choses à la caricature. Mais le risque impliqué — et souvent explicité — par la démarche des gourous de secours, c'est d'éluder le pro-blème de la responsabilité du sujet. On peut délirer tant qu'on veut sur la conscience cosmique, il reste qu'un sujet réel prononce ces discours délirants. Dire que tout est dans tout, que le monde est une totalité indifférenciée où l'on ne peut séparer les choses, que chacun peut partager les souvenirs de tous, revient à dire que tout est possible, que tout est vrai et que tout se vaut. La contra-diction entre les « souvenirs » de Faurisson sur les chambres à gaz et ceux des déportés se réduit-elle à un effet d'interférence holographique ?

Le danger d'une pensée globalisante et mythique, c'est qu'elle incite à une passivité contemplative et hallucinée

1. John Briggs et David Peat, *L'Univers miroir*, Robert Laffont, Paris, 1986.

devant les chatoiements du discours clos sur lui-même. Dans la pratique, nous sommes bien obligés de séparer les choses, de distinguer l'observateur de ce qu'il observe, de découper le réel en événements plus ou moins signifiants. Ne pas le faire revient à refuser toute responsabilité en tant que sujet conscient. Qu'ils le veuillent ou non, les gourous de secours ont une action autonome et séparée de la totalité cosmique, ne serait-ce que parce que des gens les écoutent et croient, en les écoutant, entendre un véritable discours scientifique.

Confrontés à la réalité concrète, les saints hommes de Cordoue se voilent hypocritement la face. Ou devrais-je dire qu'ils cachent le nombril de leur discours ? A une époque où Adam et Ève ont depuis longtemps abandonné leur feuille de vigne, ce genre de fausse pudeur semble bien démodé.

Exercices

1. Vérifiez la théorie de Sheldrake grâce à l'expérience suivante : commencez par réciter à haute voix les cinq dizaines d'un chapelet, puis observez une pause de quinze secondes. Essayez ensuite de dire la première chose qui vous passe par la tête. Normalement, la résonance morphique cumulative des cinquante Avé doit être suffisante pour que les premiers mots qui sortent de votre bouche soient : « Je vous salue Marie. » Si ça ne marche pas, recommencez avec plus de conviction.

Remarque : dans la mesure où il s'agit d'une expérience scientifique, même les athées peuvent la réaliser sans risque de conversion inopinée.

2. Traduisez en rhéomode les phrases suivantes :
— « Mieux vaut se taire que ne rien dire » ;
— « Pierre qui mousse ne roule pas des masses » ;
— « Les hippopotames gazouillent dans le feuillage ».

LEÇON 6

Esprits et démons, tu invoqueras

Personne n'a mieux illustré le pouvoir de l'esprit sur la matière que Nelya Mikhaïlova, l'un des plus célèbres médiums soviétiques. Née dix ans après la révolution d'Octobre, cette grande patriote se battait déjà dans les rangs de l'Armée Rouge à l'âge de quatorze ans. Un tir d'artillerie l'envoya à l'hôpital, où elle séjourna un bon bout de temps. Selon Lyall Watson, c'est au cours de cette période de repos forcé que se révélèrent ses étranges facultés. Un jour que Nelya était « très irritée et bouleversée », elle se dirigeait vers un placard « quand soudain une cruche se déplaça vers le bord de l'étagère, tomba et se brisa en mille morceaux[1] ».

A partir de ce jour, plus rien ne se passa normalement autour de Nelya. Sa seule présence semblait capable d'animer les objets inanimés. Les portes s'ouvraient toutes seules, les lumières s'allumaient comme par magie. Genady Sergeyev, neurophysiologiste à l'institut Outomskii de Leningrad, décida de tester les pouvoirs de Nelya. Il organisa une expérience de psychokinèse réalisée, d'après

1. Lyall Watson, *op. cit.*

160

Lyall Watson, « sous des conditions de contrôle où n'existait aucun risque d'imposture ».

Mikhaïlova fut ligotée à un fauteuil et harnachée d'un équipement d'électro-encéphalographie et de cardiographie. On cassa un œuf cru dans un aquarium rempli d'eau salée, situé à 1,80 m du fauteuil. Sous l'œil de caméras qui enregistraient chaque seconde, Nelya réussit, par sa seule force de concentration, à séparer le blanc du jaune et à les éloigner l'un de l'autre — « acte que nul ne pourrait jamais attribuer à des ficelles ou à des aimants cachés ».

N'allez surtout pas croire que Nelya réalisa cet exploit en deux coups de cuiller à pot. D'ailleurs, elle n'avait pas de cuiller. En réalité, il lui fallut une bonne demi-heure. Son pouls s'éleva jusqu'à 240 battements par minute. Elle perdit plus d'un kilo. A la fin de la journée, elle était épuisée et temporairement aveugle. Qui plus est, malgré cette débauche d'énergie psychique, il semble que Nelya ait triché. A vrai dire, Nelya avait surtout des dons d'illusionniste, ce qui lui permit de faire une brillante carrière sous le nom de scène de Ninel Koulaguina. Le prénom Ninel est formé en inversant les lettres de Lénine — en russe — ce qui témoigne encore du patriotisme de la Mikhaïlova.

Malheureusement, cela ne l'empêcha pas d'être démasquée et condamnée à quatre ans de prison, peine qui fut commuée en un séjour à l'hôpital — décidément, on ne peut aller contre son destin. On peut juger que Nelya était bien mal payée de ses efforts, et les rationalistes indécrottables concluront de cette histoire que passer par la cinquième dimension n'est pas le chemin le plus rapide pour confectionner une omelette norvégienne. Pourtant, autrefois, la foi déplaçait des montagnes. Qu'est-il donc advenu des facultés métapsychiques de l'être humain ? Qu'avons-nous fait de nos aptitudes surnaturelles ?

L'effondrement des pouvoirs psi

Le physicien Henri Broch, expert en études critiques sur le paranormal, est formel : l'intensité du psi diminue au cours des âges. C'est particulièrement net pour la psychokinèse, ou capacité de mouvoir les objets par la seule force de l'esprit :

« Le "mana" est censé avoir déplacé, il y a plusieurs siècles, des objets de plusieurs tonnes, comme les statues de l'île de Pâques d'environ 10 tonnes », écrit Broch dans son livre *Le Paranormal*[1]. « Vers les années 1850, le *même* phénomène intervenait dans le déplacement de lourdes tables de bois massif d'environ 100 kilogrammes (soit une masse cent fois plus petite) ; quelques décennies plus tard, le *même* pouvoir déplaçait des casseroles de 1 kilogramme ; et dans les années 1970, le *même* don ne revendiquait plus que le déplacement de minuscules objets comme un petit dé ou un bout de papier, soit des masses de l'ordre de la dizaine de grammes. Le *même* *phénomène* a donc diminué dans un facteur de 1 million au fil des ans. »

L'analyse de Broch est confirmée par les meilleures sources psi. Rappelez-vous que les expériences de télépathie de Rhine (*cf.* leçon 2) ne décelaient qu'un subtil effet statistique. Dans le domaine de la psychokinèse, Rhine n'a guère fait mieux. Une de ses expériences faisait appel à un cornet projetant des dés de manière aléatoire. Le sujet devait se concentrer pour faire sortir le double-six. Là encore, Rhine obtenait, dans le meilleur des cas, une fluctuation statistique qui ne suffisait pas vraiment à abolir le hasard.

En France, le meilleur expert ès phénomènes psi est sans aucun doute Ambroise Roux, l'ancien président de la CGE (Compagnie générale d'électricité). Un livre intitulé *La Science et les Pouvoirs psychiques de l'homme*[2] a

1. Henri Broch, *op. cit.*
2. Ambroise Roux, Stanley Krippner et Gerald Solvfin, *La Science et les Pouvoirs psychiques de l'homme*, Sand, Paris, 1986.

été publié à l'automne 1986 sous la signature du président Roux et celles — en plus petits caractères — de Stanley Krippner et Gerald Solvfin, deux parapsychologues américains.

En fait, Ambroise Roux n'a écrit que 9 pages sur les 280 du livre, comme le démontre un excellent article de Michel Rouzé dans *Science et Vie*[1]. Mais la qualité remplaçant la quantité, le président Roux nous dit l'essentiel en peu de mots : « Indiscutablement les forces psi sont faibles. Si elles ne l'étaient pas, il y a longtemps qu'on observerait des déplacements spectaculaires d'objets... Seules des expériences soviétiques ont fait état de sujets qui seraient capables de faire mouvoir à la demande les objets les plus divers. Mais les informations correspondantes ne semblent pas reposer sur des bases sérieuses. »

Ambroise Roux décrit aussi — brièvement — les expériences menées dans le laboratoire d'électronique spécialisé dans l'étude des phénomènes psi qu'il avait créé à la CGE : « J'ai pensé que la télépathie était largement démontrée et que la psychokinèse méritait au contraire qu'on s'y attarde. Or, de nouveaux travaux dans ce domaine étaient rendus possibles par l'apparition d'un appareil tout à fait révolutionnaire qui est le tychoscope, dont la conception de base est due à un brillant ingénieur français, Pierre Janin. »

Quelle est l'idée de base du tychoscope ? Puisque les forces psi sont faibles, « elles sont difficiles à mettre en évidence sur un mobile au repos *(sic)*, puisqu'il faut d'abord vaincre les forces de frottement ; d'où l'idée d'un mobile en mouvement constant et aléatoire sur lequel les forces psi qui s'exercent modifient la trajectoire parce que les forces de frottement ont été vaincues au préalable ». Le tychoscope se déplace sur une table en traçant une courbe « totalement aléatoire ». Le jeu consiste à demander « à un sujet de regarder le tychoscope et de

---

1. Michel Rouzé, « Les fantasmes paranormaux d'un industriel », *Science et Vie*, n° 830, novembre 1986.

tenter de lui imprimer un mouvement, par exemple de l'attirer. »

On n'en apprendra pas davantage sur le merveilleux bidule, mais ce qui précède suffit amplement à justifier notre intérêt. Étymologiquement, « tychoscope » signifie à peu près « appareil à lire le destin ». Une machine affranchie des frottements mécaniques relève assurément plus de la métaphysique que de la physique, et l'on ne saurait s'étonner que l'esprit agisse sur un objet qui de toute façon glisse tout seul. Pourtant, le résultat n'est pas garanti : selon Ambroise Roux, seuls certains sujets d'élite obtiennent des effets d'une ampleur spectaculaire. Le président cite le cas d'une jeune femme surdouée. Sa seule présence a suffi pour que le tychoscope traverse une table de trois mètres cinquante et achève sa course sur les genoux de la séduisante personne.

« Lorsqu'on assiste à une expérience de cet ordre il est difficile de ne pas être convaincu de l'existence de la parapsychologie », affirme Ambroise Roux. Ces fortes paroles ne compensent pas la faiblesse des capacités psychokinétiques humaines. Dans ces conditions, on ne doit pas s'étonner des difficultés de Nelya Mikhaïlova. Mais comment expliquer la régression des pouvoirs psychiques ?

Le rôle de l'observateur

Broch remarque que cette régression se produit « parallèlement à la sophistication accrue des moyens de contrôle ». Ce qui confirme la réflexion de Rhine selon laquelle « les activités des esprits frappeurs cessent fréquemment sitôt qu'un enquêteur arrive pour les observer ». Tout se passe comme si une mystérieuse interaction entre l'observateur et le phénomène observé provoquait un véritable effondrement du psi. Voilà qui est bien ennuyeux. Comment se fier à des pouvoirs aussi susceptibles et capricieux ?

Les observateurs les plus nuisibles aux effets paranormaux sont les prestidigitateurs. Souvenez-vous de Lady Wonder, la pouliche télépathe qui avait tant impressionné Rhine en « devinant » des chiffres inscrits sur un bloc-notes (*cf.* leçon 2). La pouliche perdait ses pouvoirs lorsque Rhine notait le chiffre à deviner en se tenant derrière Mrs. Fonda, la dresseuse. Rhine ne trouvait aucune explication à ce mystère. Il fut résolu en quelques instants par un illusionniste professionnel, Melbourne Christopher, qui s'était rendu à une démonstration de Lady Wonder, sans révéler son métier.

Mrs. Fonda l'invita à inscrire un chiffre sur une feuille de papier, en se tenant assez loin pour qu'on ne pût pas voir ce qu'il écrivait. Christopher fit semblant de tracer un 8, mais en ne touchant le papier que pour former un 3. La pouliche devina un 8. Christopher comprit immédiatement que Mrs. Fonda utilisait le truc de la lecture au crayon. Elle « devinait » le chiffre en suivant les mouvements du crayon, et c'est pourquoi la pouliche perdait ses pouvoirs quand Mrs. Fonda ne voyait pas la main de Rhine.

Plus récemment, le magicien américain James Randi, surnommé « le Stupéfiant », est devenu « le fléau du monde psi ». Son tableau de chasse comprend le fameux Uri Geller, grand tordeur de cuillers devant l'Éternel. Le Stupéfiant a montré sans aucun doute possible que même pour un médium de la classe de Geller, la meilleure façon de tordre une cuiller consiste à conjuguer la force psychique avec la force du poignet. Le don paranormal se ramène à détourner de ce coup de pouce musculaire l'attention des spectateurs. Chaque année, Randi récompense les plus doués à ce petit jeu en leur remettant le « prix Uri », dont le trophée est une petite cuiller tordue reposant sur un socle de plastique.

Le coup le plus rude porté aux pouvoirs psi par le Stupéfiant fut l'affaire du « projet Alpha », sur laquelle Broch livre des détails croustillants. En 1979, James MacDonnel, président de la firme aéronautique Mac-Donnel-Douglas, fit une donation d'un demi-million de dollars à l'université Washington de Saint Louis, Missouri, afin de financer la création d'un laboratoire d'études paranormales. Peter Phillips, un professeur de physique qui s'intéressait à la question depuis de longues années, prit la direction des opérations.

Randi lui proposa ses services pour l'aider à démasquer d'éventuels imposteurs. Phillips ne voulut rien entendre. Il était assez grand pour se débrouiller tout seul. Il recruta par petites annonces deux jeunes sujets psi, Steven Shaw et Michael Edwards, et entreprit de les tester.

Très vite, Shaw et Edwards se révélèrent extrêmement brillants. Ils étaient capables de deviner par télépathie le contenu d'une enveloppe scellée, de tordre des tiges de métal sans les toucher, de faire sauter les plombs par la seule force de leur pensée. Un jour, Steven réussit à faire changer l'image d'une caméra vidéo par imposition des mains. Une autre fois, les expérimentateurs placèrent divers objets dans un aquarium retourné, boulonné et cadenassé sur une table, le tout installé dans une pièce fermée à clef. Phillips portait les clefs de la porte et du cadenas autour du cou.

Le lendemain, le personnel du laboratoire découvrit les objets contenus dans l'aquarium tordus, brisés, déplacés par les forces métapsychiques. Des signes cabalistiques avaient même été tracés dans une couche de café sur laquelle reposaient certains objets !

Phillips ignorait un petit détail. Shaw et Edwards étaient deux prestidigitateurs engagés par le Stupéfiant. L'opération — nom de code « projet Alpha » — avait pour but de démontrer que des professionnels du trucage pouvaient duper des scientifiques. Phillips et ses collaborateurs se méfiaient si peu qu'ils facilitèrent beaucoup la tâche des agents de Randi. Convaincus de la réalité du psi, ils négligèrent des précautions élémentaires. Par exemple, les enveloppes du test de télépathie n'étaient « scellées » que par des agrafes. Shaw et Edwards n'avaient qu'à les retirer délicatement pour savoir d'un coup d'œil — et sans le moindre don de voyance — quel dessin se trouvait

166

dans une enveloppe. En remettant les agrafes dans les trous originaux, la manip ne laissait pas de traces.

Le coup de l'aquarium était encore plus gros. Les deux compères avaient tout simplement laissé une fenêtre ouverte. Ils pénétrèrent nuitamment dans la pièce réputée inexpugnable, ouvrirent l'aquarium cadenassé et se livrèrent à leurs facéties habituelles.

Pendant près de quatre ans, Shaw et Edwards ne cessèrent de tricher au nez et à la barbe de Phillips, qui ne s'en aperçut jamais. Pourtant, Randi essaya de l'alerter en laissant filtrer des rumeurs sur le projet Alpha. Randi envoya même à Phillips une bande vidéo où il expliquait comment obtenir de faux effets PK. Sur une autre bande, prise au laboratoire MacDonnel, Randi montra à Phillips les moments où ses sujets fraudaient. Impressionné, Phillips n'en continua pas moins les expériences.

Finalement, Randi dévoila le pot aux roses début 1983. Même alors, certains parapsychologues se rabattirent sur un argument paradoxal : Shaw et Edwards mentaient lorsqu'ils prétendaient tricher ! Phillips, pour sa part, déclara dans une lettre à Randi qu'il avait « un grand respect pour la manière dont le projet Alpha avait été mené ». Mais, plus tard, il reprocha au Stupéfiant d'avoir manqué à l'éthique en faisant pénétrer des brebis galeuses dans son laboratoire. Aux dernières nouvelles, les recherches se poursuivent...

Les psirites à la rescousse

Les expériences de Randi prouvent que non seulement les effets paranormaux sont faibles, mais qu'ils ne résistent pas à l'examen d'un observateur attentif. Faut-il se résigner à ce triste constat ? Ce serait oublier qu'un imposteur digne de ce nom ne renonce jamais. Le colloque de Cordoue n'a pas seulement consacré les gourous de secours dont nous avons parlé dans la leçon précédente. Il a surtout scellé une alliance inattendue entre les tables tournantes et la plus sophistiquée des théories scientifiques modernes, la mécanique quantique — qui rend compte de tous les phénomènes physiques se déroulant à l'échelle atomique.

Par une troublante coïncidence — mais en est-ce vraiment une ? — la lettre grecque psi, chère aux tordeurs de petites cuillers, est également utilisée en mécanique quantique, où elle désigne la fonction d'onde d'une particule telle qu'un électron. Il n'en a pas fallu beaucoup plus pour qu'une poignée de physiciens hétérodoxes « découvrent » que la télépathie et la psychokinèse se déduisaient des équations quantiques. Jean-Marc Lévy-Leblond, également physicien mais résolument opposé à de telles extrapolations, a surnommé « psirites » ces nouveaux émules de Joseph Rhine.

Bien que peu nombreux, les psirites disposent d'arguments convaincants, du moins aux yeux d'un public non averti et crédule. Pour commencer, l'argument d'autorité : ce sont des chercheurs de haut niveau, qui ont acquis une compétence reconnue dans des domaines de pointe. Le plus titré est l'Américain Brian Josephson, prix Nobel 1973 pour ses travaux sur la supraconductivité. Josephson pense que nous possédons un « corps astral » qui s'étend à travers le temps et l'espace, ce qui est très pratique pour faire de la télépathie. Il est évident que dans la bouche d'un prix Nobel, de telles élucubrations acquièrent une crédibilité qu'elles ne méritent pas forcément.

Les psirites s'appuient sur une thèse chère aux gourous de secours (du reste les deux catégories sont cousines) : l'interaction entre l'observateur et ce qu'il observe. Fritjof Capra, le célèbre physicien taoïste, pose clairement le problème : « Ma décision consciente concernant la façon d'observer... un électron, en employant mes instruments de telle et telle manière, déterminera jusqu'à un certain point les propriétés de l'électron. Autrement dit, l'électron ne possède pas de propriétés indépendantes de mon esprit. En physique atomique, la nette coupure cartésienne entre l'esprit et la matière, entre le moi et le monde, n'a plus cours[1]. »

Les psirites prennent ce genre d'énoncé à la lettre. Si bien que l'interaction entre l'observateur et le phénomène observé devient, à l'échelle atomique, un argument en faveur du paranormal. Les psirites pensent que l'esprit exerce une action directe sur une particule comme l'électron. *A priori*, cela ne constitue pas un énorme progrès du point de vue de la psychokinèse. La masse d'un électron est inférieure à 1 gramme divisé par 1 milliard de milliards de milliards. Voilà qui pulvérise le facteur de 1 million mis en évidence par Broch. Avec une intensité du pouvoir psychokinétique aussi dérisoire, les statues de l'île de Pâques peuvent assurément dormir sur leurs deux oreilles !

Eh bien, ce n'est pas si sûr que ça. Si faible soit-il, l'effet psi quantique ouvre la voie à la première théorie scientifique du paranormal. D'autre part, n'oublions pas que les petites cuillers, les statues de l'île de Pâques et notre propre corps sont faits de particules. Que la force spirituelle puisse en mouvoir une seule, et rien n'exclut qu'elle en déplace plusieurs, voire un nombre aussi grand qu'on veut. Après tout, il n'y a que le premier pas qui coûte.

Reste qu'il y a loin de la théorie à la pratique. Le Français Olivier Costa de Beauregard, l'un des psirites les plus ébouriffants, a travaillé autrefois avec Louis de Broglie, l'un des pionniers de la mécanique quantique. Depuis, il s'est reconverti dans la « télégraphie spatio-temporelle », et prétend qu'il est possible d'envoyer des signaux dans le passé ou dans le futur. Cette possibilité découlerait des équations de la mécanique quantique. Einstein lui-même s'en serait aperçu avec horreur, ce qui expliquerait les nombreuses critiques qu'il formula à l'encontre de la nouvelle physique.

Costa de Beauregard ne précise pas s'il a télégraphié au grand Albert pour lui demander son avis. De plus, il

1. Fritjof Capra, « Le Tao de la physique », *in Science et conscience, op. cit.*

ne dispose pas de beaucoup de faits concrets pour étayer ses spéculations : en matière d'effets psi, sa référence la plus sérieuse est Joseph Rhine, dont nous avons vu — leçon 2 — que les résultats étaient pour le moins sujets à caution.

A la suite de Costa de Beauregard, le Danois Richard Mattuck — professeur de physique à l'université de Copenhague — a élaboré une « théorie quantique de l'interaction entre la conscience et la matière ». Lui aussi considère les effets paranormaux comme fermement établis. Les preuves ? Dans la communication qu'il a faite au colloque de Cordoue, Mattuck cite les prouesses de Ninel Koulaguina et celles de Jean-Pierre Girard, un tordeur de barres métalliques émule de Uri Geller, qui fut, lui aussi, épinglé par Randi...

Mattuck mentionne aussi sa propre investigation de PK, qui se résume au récit suivant : « J'ai trouvé au Danemark une jeune fille qui était capable de produire un effet d'apparente PK sur un thermomètre clinique dans des conditions raisonnablement bien contrôlées. Elle tint l'extrémité du thermomètre *à l'opposé* de la boule de mercure entre le bout de ses doigts sans le secouer, et, après vingt minutes, la colonne de mercure s'était élevée de 36 °C à 40 °C. Je l'ai observée tout le temps, d'une distance de un mètre. Le mercure monta de 1/20 de degré supplémentaire lorsqu'elle me rendit le thermomètre, en contraste avec la légère chute qui se produit toujours après la montée du mercure due à la chaleur, à une secousse ou à un autre traitement physique[1]. »

Mattuck ne précise pas si cette Danoise brûlante a pu reproduire son exploit dans des conditions « raisonnablement bien contrôlées », ni si ses pouvoirs se limitent à faire ressembler notre Béatrice Dalle à un glaçon échappé de la banquise. Quoi qu'il en soit, la lecture des communications cordouanes de Mattuck et de Costa de Beauregard fait apparaître un contraste frappant entre la sophis-

---

1. Richard Mattuck, « Une théorie quantique de l'interaction entre la conscience et la matière », *in Science et conscience, op. cit.*

tication de leurs théories sur l'interaction matière-esprit, totalement hermétiques au non-initié, et l'indigence des données factuelles censées les étayer.

On ne peut s'empêcher de penser que la justification quantique des tables tournantes ressemble à un tour de passe-passe intellectuel, où les formules mathématiques ne servent qu'à faire diversion. C'est en tout cas l'opinion de Jean-Marc Lévy-Leblond qui compare les discours de Costa de Beauregard à un numéro de music-hall. La citation qui suit est extraite d'un dossier de *Science et Vie* sur le colloque de Cordoue[1] :

« Ce déplacement d'un discours scientifique hors de son contexte me rappelle... un numéro d'imitation d'un genre particulier : l'artiste imitait les langues étrangères. Il était capable de parler plusieurs langues sans en utiliser aucun vrai mot ; il jouait uniquement du bruit, de la mélodie, des intonations de la langue... Là où cela devenait vraiment impressionnant, c'est quand il "parlait"... français, car, alors, je reconnaissais parfaitement la langue, mais je me rendais compte également qu'il ne disait rien. Eh bien, des gens comme M. Costa de Beauregard, dans leurs discussions publiques sur la parapsychologie, utilisent ce genre de procédé : ils font le même bruit que s'ils "parlaient physique", et, pour un non-physicien, c'est absolument indiscernable d'un véritable discours scientifique. »

Les psirites seraient-ils des Uri Geller du concept ? Pour en juger, il nous faut examiner d'un peu plus près cette fameuse mécanique quantique qui, à en croire Patrice Van Eersel, le conteur fantastique d'*Actuel*, a ouvert « une brèche béante dans l'ancienne vision du monde ».

Un grain de folie dans la physique ?

La mécanique quantique est, avec la relativité, l'un des deux piliers de la physique moderne. Elle décrit la matière

1. Michel Eberhardt, « Les francs-tireurs de la physique moderne », *Science et Vie*, n° 750, mars 1980.

et la lumière dans leur intimité. Elle rend compte aussi bien de la conduction du courant électrique dans un fil de cuivre que des propriétés isolantes du verre ou des propriétés magnétiques de certains solides. Ses principes s'appliquent dans de nombreuses technologies : le transistor, la télévision, le laser, les photopiles solaires, le microscope électronique, les supra-conducteurs, et même une simple ampoule électrique sont des « machines quantiques ».

Bien que ses applications aient envahi la vie quotidienne, la théorie quantique reste très difficile à comprendre. Rien ne s'y passe comme dans le monde de notre expérience ordinaire, ni même comme dans celui, plus abstrait, de la physique classique. Jusqu'à la fin du XIXᵉ siècle, la physique dormait sur les deux oreilles d'un manichéisme paisible. D'un côté, il y avait le monde de la matière, constituée de particules insécables, d'atomes. De l'autre, l'univers des ondes comme la lumière. La matière avait une structure discontinue. La lumière et, en général, le rayonnement étaient intrinsèquement continus.

Au tout début de ce siècle, le physicien allemand Max Planck et, surtout, Albert Einstein introduisirent les premières lézardes dans ce bel édifice. Ils montrèrent que le rayonnement lumineux n'était pas continu. A l'échelle microscopique, l'énergie s'échangeait par paquets, par *quanta* multiples d'une minuscule quantité élémentaire appelée *h*, ou constante de Planck — d'où le terme de physique quantique. La lumière n'était donc pas seulement une onde, elle était constituée de « grains » d'énergie — que l'on appelle aujourd'hui des photons.

Vingt ans après, Louis de Broglie formulait l'idée symétrique que les particules matérielles pouvaient aussi se comporter comme des ondes. Ni tout à fait onde, ni tout à fait corpuscule, l'électron quantique apparaissait comme un « objet du troisième type ».

Les « ondes de matière » de Louis de Broglie ne ressemblent guère à des ondes classiques, telles que des ondes sonores ou des vagues sur l'eau. Ce sont des quantités abstraites qui représentent la probabilité qu'une particule se trouve en tel ou tel lieu. En 1926, l'Autrichien Erwin Schrödinger a décrit la fonction mathématique qui représente ces ondes de probabilité : c'est cette fonction d'onde que l'on désigne souvent par la lettre psi, chère aux parapsychologues.

La fonction d'onde de Schrödinger pose un délicat problème conceptuel.

Considérons un électron qui se balade dans une région de l'espace. Sa fonction d'onde est étalée dans tout l'espace, indiquant donc une probabilité plus ou moins forte de le trouver en tel ou tel endroit. Mais si l'on arrête l'électron sur un écran détecteur, on le détectera en un endroit précis. Jusqu'au dernier instant qui précède la détection, l'électron occupait virtuellement l'espace entier. Brusquement, il s'est réduit à un point. La fonction d'onde s'est « écroulée ». Les physiciens parlent de « réduction du paquet d'ondes », et les psirites de « collapse du psi ».

Qu'est-ce qui provoque la réduction ? Faut-il admettre que le seul fait d'observer l'électron modifie son comportement ? Capra a-t-il raison de dire que l'électron n'a pas de propriétés indépendantes de l'esprit de l'observateur ? Telle est en tout cas la conception dite « interprétation de Copenhague de la mécanique quantique ». Elle doit son nom au fait qu'elle a été élaborée par le physicien danois Niels Bohr, qui est, avec Einstein, Heisenberg, Schrödinger et Louis de Broglie, l'un des pères fondateurs de la théorie quantique.

Selon Bohr, il n'existe pas de réalité physique indépendante de l'observation : « Il n'y a pas de monde quantique, il n'y a qu'une description quantique abstraite. Il est erroné de penser que l'objet de la physique est de montrer comment la nature *est*. La physique se rapporte à ce que nous pouvons *dire* à propos de la nature[1]. » Par conséquent, il n'y a pas lieu de s'interroger sur ce qui provoque la réduction du paquet d'ondes. Bornons-nous à constater

---

1. Max Jammer, « Le paradoxe d'Einstein-Podolsky-Rosen », *La Recherche*, n° 111, mai 1980.

que dans telle expérience, la réduction aboutit à ce que l'électron soit détecté en un point X.

L'interprétation de Copenhague établit un lien étroit entre l'observateur et le phénomène observé : en un sens, la réalité dépend de celui qui l'observe. Utilisée sans précautions, cette idée conduit à des conclusions délirantes, comme l'illustre le paradoxe du chat de Schrödinger.

Requiem pour un matou

Pour souligner le danger de l'interprétation de Copenhague, Schrödinger avait imaginé une « expérience de pensée » assez cruelle. On enferme un chat dans une boîte où se trouve une fiole remplie d'un poison volatil. Un marteau peut briser la fiole. Le marteau est commandé par un dispositif quantique, par exemple un atome radioactif susceptible d'émettre un électron. Lorsque l'électron est émis, le marteau se déclenche, la fiole se casse et le chat meurt.

Il ne meurt pas à coup sûr. L'émission peut se produire dans une seconde ou dans 107 ans. Il n'y a aucun moyen de prédire le moment exact où elle aura lieu. Tout ce qu'on peut dire, c'est que la fonction d'onde de l'électron attribue une certaine probabilité à chaque valeur du délai d'émission.

Vous caressez le chat, vous l'installez dans la boîte, vous fermez et vous allez faire un tour. Quand vous revenez une heure plus tard, qu'est-il advenu du chat ? La physique classique — et le bon sens — disent qu'il est soit mort, soit vif. Ou bien l'électron a été émis pendant votre absence, et c'est fort dommage pour l'animal. Ou bien il n'a pas été émis, et vous évitez un procès avec la SPA.

D'un point de vue quantique, les choses sont beaucoup moins simples. Tant que vous n'avez pas ouvert la boîte, la seule donnée dont vous disposez est la fonction d'onde. Or celle-ci décrit un éventail de probabilités dans lesquelles l'électron a été ou n'a pas été émis. La fonction d'onde ne permet pas d'affirmer qu'une de ces deux possibilités s'est réalisée. Conclusion logique, bien que très étrange : la boîte contient une mixture fantomatique constituée d'une superposition d'états chat vivant-chat mort.

Mais si vous ouvrez la boîte, vous trouvez un chat réel, mort ou vif. Comment est-on passé de l'inconcevable mixture décrite par la fonction d'onde au matou ordinaire ? L'interprétation de Copenhague affirme que l'acte d'ouvrir la boîte a réduit le paquet d'ondes. Quant à l'état du chat dans la boîte fermée, on ne peut rien en dire, et il n'y a donc pas à s'en occuper.

Mais cela revient à admettre que d'une certaine manière l'observateur décide du sort du chat ! Un pas de plus, et l'on aboutit à la version psirite : la conscience du physicien provoque le collapse du psi. Ainsi, Mattuck pense que « *c'est l'interaction du système matériel et de la conscience qui provoque l'effondrement de la fonction d'onde*[1] ». Par système matériel, Mattuck entend l'ensemble formé par le chat, la boîte, la fiole de poison, le déclencheur et l'atome qui émet l'électron.

Un problème se pose immédiatement. Supposez qu'on ait installé dans la boîte des caméras et une horloge. Le chat est filmé en permanence. On peut connaître l'heure exacte à laquelle est filmé chaque plan. Au lieu de vous absenter une heure, vous partez en vacances pour une semaine, non sans avoir laissé au chat une ration d'eau et de nourriture suffisante. Quand vous revenez, vous trouvez le chat mort. Le film vous indique que son décès s'est produit 48 heures avant l'ouverture de la boîte. Donc votre conscience n'a pu intervenir qu'*après* le collapse du psi. Comment aurait-elle pu provoquer ce collapse ?

Mattuck et Costa de Beauregard répondent que l'interaction entre la conscience et la matière remonte dans le temps : une observation faite aujourd'hui à 10 heures provoque le collapse du psi deux jours plus tôt !

1. Richard Mattuck, *in Science et conscience, op. cit.*

Évidemment, cela devient très chapeau pointu. Il paraît beaucoup plus raisonnable de comparer la situation du chat à celle d'un joueur de roulette russe. Sauf que le joueur de roulette russe peut parfaitement savoir avant de tirer s'il risque sa peau ou non. Il lui suffit de regarder dans quel compartiment du barillet se trouve la cartouche. La seule différence est que le joueur de roulette russe *choisit* de ne pas regarder le barillet, alors que, dans le cas du chat, on ne peut pas, de toute façon, regarder le barillet quantique.

Est-ce vraiment un problème ? Si je joue au loto, je ne peux pas non plus savoir quels numéros vont sortir de la machine à boules. Je n'en conclus pas pour autant qu'entre l'achat du billet et le tirage, je suis un être indéfinissable constitué d'une superposition de milliardaires passibles de l'impôt sur les grandes fortunes et de contribuables fauchés menacés par la majoration de 10 p. 100 ! En d'autres termes, je peux établir une séparation entre ma condition personnelle et le fonctionnement aléatoire de la machine du loto. De la même façon, ne peut-on pas distinguer le sort du chat des étranges effets quantiques du déclencheur à électron ?

Einstein critique la théorie quantique

Cette question nous ramène au problème de l'observateur et du phénomène observé. La réalité physique existe-t-elle indépendamment de l'observateur ? Ce problème ne se posait pas aux physiciens classiques : pour eux, il était clair que le fait d'observer un phénomène physique ne modifiait pas ce phénomène. Certes, les appareils de mesure pouvaient introduire de légères perturbations : par exemple le fait de placer un thermomètre dans un récipient d'eau modifie très légèrement la température de l'eau, si le thermomètre est un peu plus froid ou plus chaud que l'eau.

Mais pour le physicien classique, cela signifie seulement que toute mesure est entachée d'une certaine imprécision, que l'on peut en principe rendre aussi minime qu'on le souhaite, en perfectionnant les instruments de mesure. En revanche, le problème de l'observation en mécanique quantique ne se réduit pas à une question de précision des appareils. D'abord parce que, comme l'illustre le paradoxe du chat, tout se passe comme si le seul fait de réaliser une observation influençait très fortement le phénomène observé. Ensuite parce que, si précis que soient les appareils, on ne peut avoir qu'une connaissance limitée de l'état d'une particule quantique.

Ainsi, en physique classique, il est toujours possible de connaître simultanément la position et la vitesse d'un corps en mouvement. Il en va tout autrement pour une particule quantique comme un électron : on ne peut pas mesurer à la fois sa vitesse et sa position. Ces deux variables forment un couple de quantités « conjuguées », qui, d'après la théorie, ne peuvent être connues simultanément. Le célèbre principe d'incertitude de Heisenberg est une relation mathématique qui exprime, justement, l'incertitude liée à la mesure de quantités conjuguées telles que la vitesse et la position.

Bien qu'il puisse être considéré comme le créateur de la physique quantique, Albert Einstein ne s'est jamais satisfait de cette situation. Il pensait que si l'on ne pouvait pas définir exactement l'état d'un électron, c'était parce que la théorie était incomplète. En 1935, Einstein résuma sa critique de la théorie quantique dans un article rédigé en commun avec ses amis Boris Podolsky et Nathan Rosen. L'argument développé dans cet article est connu sous le nom de « paradoxe EPR », selon les initiales des trois auteurs.

En quoi consiste le paradoxe EPR ? Einstein considère un système de deux particules quantiques, A et B, qui interagissent jusqu'à un instant t, à partir duquel elles se séparent et n'ont plus d'interaction. Une situation de ce type se produit, par exemple, lorsqu'un atome excité revient à son état stable en émettant une paire de photons « en cascade ». Ces photons « jumeaux » ont interagi au départ, mais se séparent ensuite.

La théorie quantique décrit le système formé de A et B par une fonction d'onde unique. L'état de chaque particule peut être caractérisé par sa position et son moment, quantité qui, comme la vitesse, ne peut pas être déterminée en même temps que la position, d'après le principe de Heisenberg.

Supposons qu'à un instant t' postérieur à t, on mesure le moment de A. Sans faire aucune autre mesure, la fonction d'onde permet alors de calculer le moment de B. De même, si l'on mesure la position de A, le résultat permet de prédire la position de B. Pour Einstein, cela signifiait que le moment de la particule B comme sa position correspondaient à des réalités physiques. En effet, Einstein, Podolski et Rosen donnaient de la réalité physique la définition suivante : « Si sans perturber d'aucune façon un système, on peut prédire avec certitude la valeur d'une quantité physique, il existe un élément de réalité physique (relatif à cette quantité) qui correspond à cette quantité physique *(principe de réalité)*[1]. »

Comme la particule B n'a été nullement perturbée par les mesures effectuées sur A, son moment et sa position doivent donc correspondre à des éléments de réalité physique. Or, du fait du principe de Heisenberg, ces éléments de réalité n'ont pas de contrepartie dans la théorie quantique. C'est pourquoi Einstein estimait que la théorie était incomplète.

Bien sûr, l'argument réside entièrement dans le sens qu'Einstein attribue au mot « réalité » en physique. Bohr était en total désaccord avec le point de vue d'Einstein. Pour lui, il n'existait pas de réalité indépendante de l'observation. Spéculer sur des grandeurs physiques qu'on ne pouvait mesurer ne relevait pas de la science, mais de la métaphysique. Pourtant, métaphysique ou pas, la position d'Einstein se rapprochait beaucoup plus du sens commun que celle de Bohr. Si un arbre tombe dans une forêt, il fait du bruit, même si personne n'est là pour l'entendre tomber. C'est ainsi que raisonne Einstein. Bohr

---

1. Max Jammer, *op. cit.*

prétend qu'on ne peut parler du bruit de l'arbre si la chute s'est produite sans témoin.

Cela paraît farfelu, mais la réalité quantique *est* farfelue. Même si Einstein nous paraît convaincant, le fait est que dans les forêts quantiques, on n'a aucun moyen de savoir quel bruit font les arbres en tombant. Tout comme on ne peut pas connaître à la fois la vitesse et la position d'un électron.

A situation déconcertante, philosophie déconcertante : telle est l'attitude de Bohr. Einstein pense que Bohr se contente d'une interprétation *ad hoc*, que les bizarreries quantiques tiennent à notre connaissance imparfaite de la réalité. C'est ce qu'exprime sa fameuse boutade : « Dieu ne joue pas aux dés. » Néanmoins, malgré tous ses efforts, Einstein n'a jamais réussi à « compléter » la théorie quantique comme il l'espérait. Aujourd'hui, la très grande majorité des physiciens pense que Dieu joue vraiment aux dés.

Pourtant certains physiciens, notamment Louis de Broglie, Jean-Pierre Vigier et David Bohm, ont considéré comme Einstein que la théorie quantique était incomplète. En termes imagés, ils supposent que chaque particule quantique est munie d'une sorte de boîte noire. Cette boîte contient toutes les informations relatives à l'état de la particule, lequel est parfaitement défini à chaque instant. De plus, les boîtes noires de toutes les particules quantiques sont commandées par un système général, de sorte que leur comportement n'est indéterminé qu'en apparence.

Si les physiciens décrivent les objets quantiques en termes d'équations d'onde et de probabilités, c'est simplement parce qu'ils ne peuvent pas ouvrir la boîte noire. Ainsi, la théorie quantique ne reflète qu'une connaissance imparfaite de la réalité, comme le pensait Einstein.

Il y a plusieurs versions de la boîte noire quantique. La forme la plus générale est l'ordre impliqué de David Bohm, dont nous avons déjà parlé dans la leçon 5. L'ordre impliqué se rapporte à la totalité de l'univers, mais Bohm était parti d'une idée moins ambitieuse, celle des « variables cachées », formulée initialement par Louis de Broglie. Selon cette conception, l'état d'un électron — ou de toute autre particule quantique — est entièrement déterminé par des variables cachées, inaccessibles à l'expérience mais possédant une existence bien réelle. Einstein ne fut jamais très favorable à l'hypothèse de ces variables fantômes, qu'il jugeait naïve. Comme, par définition, on ne pouvait pas les détecter, l'ensemble des physiciens s'en désintéressa.

Les choses changèrent en 1964, lorsque John Bell, un physicien irlandais, démontra par un argument statique que, dans certaines situations expérimentales, le comportement d'une particule munie d'une boîte noire ne serait pas tout à fait le même que celui d'une particule sans boîte noire. Des particules avec boîte noire devaient respecter une certaine relation mathématique, dite inégalité de Bell. Or la théorie quantique prédisait que l'inégalité de Bell pouvait être violée dans certaines conditions expérimentales précises.

Il devenait donc possible de tester l'hypothèse des variables cachées. Plusieurs expériences ont été réalisées à cet effet. La plus sophistiquée a été montée entre 1975 et 1981 par Alain Aspect, physicien à l'Institut d'optique d'Orsay. Toutes ont abouti à la même conclusion : la violation de l'inégalité de Bell. Ce qui, comme nous allons le voir, ouvre des perspectives très étranges.

La télépathie des photons jumeaux

On trouvera une excellente présentation de l'expérience d'Aspect dans *Le Cantique des quantiques*[1], de Sven Ortoli et Jean-Pierre Pharabod. Décrivons sommairement le dispositif. Dans un récipient cylindrique où a été fait le vide, on injecte des atomes de calcium. On les excite à coups de faisceaux lasers. En revenant à leur état stable,

---

1. Sven Ortoli et Jean-Pierre Pharabod, *Le Cantique des quantiques*, La Découverte, Paris, 1984, et dans Le Livre de Poche n° 4066.

les atomes émettent des paires de photons « jumeaux » analogues aux deux particules corrélées du paradoxe EPR. Les photons sont émis dans tous les sens, mais les jumeaux d'une même paire partent toujours en sens opposés.

De part et d'autre du cylindre sont disposés deux tubes conduisant à des appareils qui mesurent la polarisation des photons. Il y a en tout quatre polariseurs, deux de chaque côté. Sur la myriade de paires de photons émis, un certain nombre s'engagent dans les tubes et parviennent à l'un ou l'autre des polariseurs, selon une répartition totalement aléatoire. Chaque fois qu'un photon aboutit à un polariseur, le résultat de la mesure est enregistré.

Aspect constate une corrélation entre les mesures enregistrées par les différents polariseurs.

Si l'on admet que la polarisation d'un photon est fixée avant la mesure par des variables cachées, et ne change plus ensuite, la corrélation ne doit pas dépasser une certaine limite déterminée par l'inégalité de Bell. Or Aspect constate que les photons jumeaux violent l'inégalité de Bell.

Conclusion : ou il n'y a pas de variables cachées, ou il faut admettre que le photon d'un côté modifie sa polarisation au dernier moment en fonction de son jumeau, et que cette modification s'opère de manière à violer les inégalités de Bell.

La seconde hypothèse semble assez saugrenue : elle implique que le photon parvenant sur un polariseur est « sensible » à ce qui se passe à l'autre bout de l'appareillage. Or, les deux extrémités des deux tubes d'Aspect sont distantes de plusieurs mètres. Ce n'est pas énorme, mais du point de vue de la théorie, c'est comme s'ils étaient aussi éloignés l'un de l'autre que Paris et New York. De plus les mesures sont enregistrées de manière indépendante sur chaque polariseur. Pourquoi devraient-elles être corrélées ? On est alors conduit, pour « sauver » les variables cachées, à supposer une sorte de « communication » entre les photons jumeaux, après leur séparation.

Seulement voilà : cette « communication » hypothétique nécessiterait l'échange, entre les photons jumeaux, d'un signal physique transportant de l'information. Un tel signal ne peut se propager plus vite que la lumière. Abandonner ce principe revient à abandonner la relativité et la théorie quantique, et on peut alors aussi bien laisser tomber toute la discussion. Donc, si les photons jumeaux communiquent, c'est à une vitesse au maximum égale à celle de la lumière. Or, Aspect a conçu son dispositif de telle manière que si les photons jumeaux échangeaient de l'information, celle-ci devrait circuler plus vite que la lumière. Comme c'est impossible, il en résulte que les photons ne communiquent pas, qu'il n'y a pas de variables cachées, et qu'on n'a pas expliqué la violation des inégalités de Bell.

Bohr dirait sans doute qu'il n'y a pas à se demander pourquoi les observations sont corrélées. Bornons-nous au phénomène observé, et ne spéculons pas sur une réalité inobservable. Mais cela revient à dire que les objets quantiques obéissent au formalisme quantique parce qu'ils sont quantiques, point à la ligne. Peut-on se contenter d'une telle tautologie sans dénier à la physique toute valeur explicative ?

Alain Aspect, un nouveau Tex Avery ?

C'est pour sortir de ce guêpier que Bohm a mis au point sa théorie de l'ordre impliqué. Mais — au moins sous sa forme actuelle — l'ordre impliqué relève plus d'une vision mystique que de la physique théorique. En fait, il a aussi des implications psirites, comme le soulignent John Briggs et David Peat dans *L'univers miroir* — un livre dont nous reparlerons dans la leçon 9 : « Bien que Bohm demeure plus ou moins en désaccord avec ses collègues..., sa théorie a déjà donné une impulsion considérable à une certaine branche de la recherche : le paranormal... Le concept d'un ordre implicite non local... semble fait sur mesure pour l'étude des réalités psychiques et de la perception extrasensorielle. »

Selon Briggs et Peat, Bohm aurait participé à des

expériences avec Uri Geller, mais affirme que ce genre d'expérience court un « risque d'auto-illusion ». On ne le lui fait pas dire...

La théorie psirite de Costa de Beauregard ne vaut guère mieux. Notre auteur affirme que l'on peut « télégraphier indirectement dans l'ailleurs en prenant un relais soit dans le passé soit dans le futur[1] ». Costa de Beauregard raconte que lorsqu'il soumit son idée de zigzag temporel à Louis de Broglie, celui-ci la jugea « littéralement folle ». La télégraphie dans l'ailleurs évoque ces *cartoons* de Tex Avery, où l'on voit deux personnages se poursuivre à toute vitesse, dépasser le panneau « fin », et « rentrer dans le dessin » en freinant des quatre fers.

Si l'on intègre l'observateur et sa réduction du paquet d'ondes, on obtient des scénarios encore plus farfelus. La conscience de l'observateur provoque le collapse du psi ? C'est comme si vous étiez en train de regarder sur l'écran le lapin de Tex Avery et que vous vous retrouviez soudain à l'intérieur du dessin, poursuivi par un ours furieux. Avec une expérience du type de celle d'Aspect, qui met en jeu deux mesures, donc deux observateurs, ça se corse encore davantage. Un ours projeté à Londres vous poursuit dans un cinéma parisien, tandis que le lapin discute tranquillement avec le projectionniste du film londonien. Mais que fait donc la police ?

Costa de Beauregard comme Mattuck considèrent comme acquise l'hypothèse que le temps physique est réversible. Une telle conception du temps aboutit inévitablement à un univers à la Tex Avery.

A la poursuite de l'écureuil fou

Dans un des meilleurs dessins de Tex Avery, un écureuil fou est poursuivi par un chien « attrapeur d'écureuils fous ». Soudain l'écureuil, sur le point d'être rattrapé, se

---

1. Olivier Costa de Beauregard, « Cosmos et conscience », *in Science et conscience, op. cit.*

183

dédouble en deux écureuils identiques qui partent dans des directions opposées. Le chien a un moment de panique, mais avant de devenir lui-même fou, il se dédouble à son tour, si bien que l'on a maintenant deux chiens qui poursuivent deux écureuils. Finalement, les deux branches se rejoignent et tout s'arrange.

Cette histoire illustre la plus farfelue des solutions aux paradoxes de la mécanique quantique : la théorie des univers parallèles. Revenons au chat de Schrödinger. Avant l'ouverture de la boîte, il est dans une superposition inconcevable d'états chat mort-chat vivant. Après, la fonction d'onde s'est réduite, et nous trouvons, par exemple, un chat mort. La réduction nous permet de retrouver une situation conforme à l'idée que nous nous faisons de la réalité. L'ennui, c'est qu'elle implique des raisonnements aussi fous que l'état du chat dans la boîte fermée.

Plusieurs physiciens américains — Everett, Graham, Wheeler, DeWitt — ont imaginé qu'il n'y a tout simplement pas de réduction du paquet d'ondes. Lorsqu'on ouvre la boîte, l'univers se scinde en deux branches : l'une où le chat est mort, l'autre où il est vivant. Chaque branche poursuit son déroulement temporel comme si de rien n'était.

Bien que cette idée paraisse plus démente que toutes les autres réunies, elle présente plusieurs avantages. D'abord, elle est cohérente avec la théorie quantique, et celle-ci s'est avérée jusqu'ici d'une telle efficacité qu'il paraît plus irrationnel de la rejeter que d'en accepter les conséquences extrêmes. Ensuite, nous ne sommes plus obligés d'accepter la construction *ad hoc* de l'interprétation de Copenhague. En particulier, le rôle démesuré qu'elle attribue à l'observateur. Dans la vision de Bohr, si le chat est mort, c'est plus ou moins parce que l'observateur l'a vu mort. Sa conscience choisit la réalité observée.

« C'est une sorte de tricherie pour éviter la branche où le chat est vivant », estime le physicien Marcel Froissart, professeur au Collège de France. « L'observateur ne peut pas être transcendant. Il faut bien qu'il fasse partie de la réalité qu'il observe. Si le chat est mort, cela veut dire que l'observateur est dans la branche où le chat est mort. Il est pris dans cette branche de temps. »

Le point important est que cette conception n'implique pas de retour dans le temps ni d'effets paranormaux. Notre perception est structurée de telle manière que nous ne pouvons vivre qu'une histoire à la fois. La mémoire ne se souvient que de son passé. Nous avançons sur l'axe temporel comme un train sur ses rails. Le train peut certes changer de voie en traversant un aiguillage, mais le même train ne peut pas rouler simultanément sur deux voies. Remonter dans le passé pour tuer son grand-père reviendrait à scier la branche de temps sur laquelle nous sommes assis.

La théorie de l'univers en branches permet — mieux que la réduction du paquet d'ondes — de comprendre pourquoi plusieurs observateurs se mettent d'accord. Dans la branche où le chat est mort, il est mort pour tous les observateurs.

Peut-on tester cette théorie étrange ? *A priori*, on ne voit pas très bien comment, puisque aucun observateur ne peut se trouver à la fois sur deux branches temporelles. Mais la construction d'Everett et DeWitt n'est pas un jeu de l'esprit totalement gratuit. Elle offre une solution logique à des paradoxes vertigineux, et cette solution ne passe pas par la torsion psychokinétique des petites cuillers.

A l'heure où j'écris ces lignes, il y a peut-être un autre univers où je suis mort d'un cancer. Ce ne serait d'ailleurs pas étonnant, si l'on considère la synergie de facteurs cancérogènes que constituent mes deux paquets de cigarettes quotidiens, le nuage de Tchernobyl et les discours de Charles Pasqua. Il y a peut-être même — mais je préfère ne pas y penser — un univers où je soigne mon cancer selon les recettes de Rika Zaraï, à coups de bains de siège et de cataplasmes d'argile.

Retour à la Terre plate

Rassurez-vous, cher lecteur : dans l'univers où vous me lisez, je n'en suis pas encore là. Ce que je préfère dans la théorie des mondes parallèles, c'est qu'elle n'a pas d'effets pratiques. Pas plus que n'en ont, à notre échelle, les facéties quantiques de l'expérience d'Aspect. Le fait est que dans le monde des particules élémentaires, il se passe des choses très étranges. Mais ce n'est pas une raison pour raconter n'importe quoi.

Costa de Beauregard et Mattuck ne s'intéressent au « collapse du psi » que pour donner une pseudo-explication scientifique des tours grossiers d'Uri Geller ou de Nelya Mikhaïlova, la femme qui séparait le jaune d'œuf du blanc par la force mentale. Il est douteux qu'une version rocambolesque de l'interprétation de Copenhague explique la psychokinèse. De toute façon, la PK s'explique beaucoup mieux par des trucs de prestidigitateurs que par n'importe quelle théorie physique.

Idem pour la télépathie. Ce n'est pas parce que les photons ont l'air de « communiquer » à distance que nous pouvons, nous, télégraphier à Charlemagne ! Ou que nous avons conservé en mémoire les souvenirs de l'homme de Cro-Magnon. Qui plus est, les photons ne communiquent pas. Le fait que des objets soient corrélés n'implique pas qu'ils échangent de l'information. Pour prendre une comparaison simpliste, un observateur parcourant une plage au mois d'août trouve plus de taches de rousseur sur les peaux claires que sur les mates. Il n'en déduit pas que les taches sont dues au fait que les blonds et les roux communiquent entre eux.

Les physiciens appellent « non-séparabilité » l'aptitude bizarre des photons jumeaux à rester corrélés quelle que soit la distance qui les sépare, et quels que soient les mauvais traitements qu'on leur fait subir. Personne ne peut aujourd'hui expliquer clairement en quoi consiste la non-séparabilité, mais une chose est sûre : il s'agit d'un effet très ténu, très subtil. Invoquer de tels effets pour prétendre que tout est dans tout, et que les individus eux-mêmes sont « non séparables », relève de l'extrapolation abusive et de l'imposture. Les psirites et les gourous de secours prennent leurs désirs pour des réalités, et leur public pour une assemblée de gogos.

A cet égard, le discours de Brian Josephson, la *guest star* nobélisée de Cordoue, est exemplaire. D'après Josephson, il n'y a pas besoin de se fatiguer avec l'interaction conscience-matière pour expliquer les phénomènes psi. Tout en se référant à la physique quantique, il appelle en renfort le corps astral : « En accord avec le mysticisme en tant qu'expérience vécue, non seulement on a un corps physique, mais toute une série de corps à différents niveaux. Le corps qui serait responsable de la vision à distance serait justement l'un d'eux, celui que la pensée hindoue appelle quelquefois le corps astral[1]... »

Josephson assure que ce corps astral s'étend « à travers le temps et l'espace », et permet par conséquent d'expliquer « des phénomènes relevant d'une métapsychologie sans soulever aucune contradiction ».

Certes, le corps astral est présent dans les philosophies orientales. Mais c'est une notion symbolique, qui ne se réduit certainement pas à l'interprétation simpliste de Josephson. En revanche, le corps astral de Josephson ressemble beaucoup plus à celui dont parle Lobsang Rampa dans *Le Troisième Œil*[2], un best-seller paru en Grande-Bretagne en 1956 et traduit en français dans les années soixante. En fait, *Le Troisième Œil* est le premier volume d'une série romanesque qui raconte les aventures extraordinaires de moines tibétains. On trouve ces livres dans toutes les bonnes gares.

Les exploits de Rampa — présentés comme autobiographiques — ont bercé mon adolescence. J'ai même tenté de voyager avec mon corps astral, en suivant les conseils de Rampa qui décrivait en détail son initiation. Or, voici le plus piquant : en 1958, selon Broch, des journalistes du

1. Brian Josephson, intervention lors d'une des discussions du colloque de Cordoue, *op. cit.*
2. Lobsang Rampa, *Le Troisième Œil*, Flammarion, Paris, 1968.

Times découvrirent que Lobsang Rampa se nommait en réalité Cyril Henry Hoskins, qu'il était né dans le Devonshire et que son père exerçait la profession de plombier-zingueur à Londres. Quant à notre lama tibétain, il n'avait jamais — en 1958 — mis les pieds hors de Grande-Bretagne, et il ne la quitta que pour s'installer en Irlande, puis au Canada, afin d'échapper au fisc.

Josephson a-t-il lu les romans très divertissants de Rampa-Hoskins ? Ce qui est sûr, c'est que son corps astral évoque beaucoup moins les philosophies orientales que le folklore bien de chez nous des tourneurs de tables et tordeurs de cuillers. Dans le discours des psirites et des gourous de secours, l'orientalisme joue le même rôle que l'ésotérisme des équations quantiques : un trompe-l'œil, une diversion analogue aux passes d'un prestidigitateur.

Une autre démarche consiste — à la manière de Rhine et de Phillips — à monter des protocoles expérimentaux pour tester les hypothèses parapsychologiques. L'Américain Harold Puthoff — lui aussi présent à Cordoue — a depuis des années délaissé son domaine initial, les lasers, pour se lancer dans le psi. Après quelques études sur Uri Geller, il a mené des expériences dans lesquelles il demande à ses sujets de « voir » à distance des objets enfermés dans des conteneurs métalliques. Puthoff prétend que les résultats « dépassent le seuil raisonnable des probabilités ».

A mon avis, c'est surtout le seuil du raisonnable qui est dépassé. Il faudrait se mettre dans la tête une bonne fois que les étrangetés quantiques ne signifient pas que la physique moderne soit moins contraignante pour le réel que la physique classique. Au contraire, elle l'est beaucoup plus. Ce n'est sûrement pas avec des manips aussi bébêtes que celles de Puthoff que l'on va transformer l'espace en passoire à esprits frappeurs. Comme le dit Marcel Froissart, « il faut se lever de très bonne heure pour mettre en évidence la non-séparabilité et la violation des inégalités de Bell ».

Certes, le monde appartient à ceux qui se lèvent tôt. Mais on vit plus confortablement en faisant la grasse matinée. La paresse est souvent meilleure conseillère qu'une logique utilisée sans garde-fou. Un paresseux qui marche dans la Beauce peut admettre que la Terre est plate. En toute rigueur, elle est ronde. N'empêche qu'il serait absurde de tenir compte de la rotondité de la planète pour choisir le meilleur chemin entre Chartres et Lucé. Pourtant, à une autre échelle, le navigateur qui calcule sa route pour faire le tour du monde ne peut pas négliger la courbure de la Terre.

Tout est affaire de mesure. Dans la vie courante, le petit grain de folie introduit dans la physique par la constante de Planck ne joue pas un rôle décisif. Il est plus économique de considérer que $h = 0$, de faire monter les blancs en neige avec un mixeur plutôt qu'en s'attachant sur un fauteuil. Le jour où le lapin de Tex Avery sortira de son dessin pour nous serrer la pince, il faudra peut-être prendre au sérieux les psirites. En attendant, on peut continuer à faire comme si la Terre était plate et à casser des œufs sur le bord de la table.

Exercices

1. Inventez une machine permettant d'accroître de plusieurs ordres de grandeur la constante de Planck, de telle manière que les phénomènes se déroulant à notre échelle obéissent aux lois facétieuses de la mécanique quantique.

Remarque : cette idée fournit le scénario d'un très amusant roman de science-fiction, *Maître de l'espace et du temps*[1], de Rudy Rucker.

2. Si vous ne savez pas comment réaliser la machine de l'exercice 1, la théorie de Costa de Beauregard vous permet de résoudre le problème : effectuez un saut dans le futur, et rejoignez le moment où la machine est *déjà*

---

1. Rudy Rucker, *Maître de l'espace et du temps*, Denoël, Paris, 1986.

construite. Examinez-la, faites-en le plan, puis retournez dans le passé et construisez-la selon ce plan.

3. Pourquoi ce type de paradoxe temporel ne peut-il pas se produire dans la théorie de l'univers en branches de Graham et DeWitt ? Si vous ne trouvez pas la réponse, relisez l'avant-dernière section.

LEÇON 7

Les faits, tu manipuleras

Le 18 décembre 1912, Charles Dawson et Arthur Smith Woodward firent une communication fracassante devant la société géologique de Londres. Smith Woodward, conservateur au British Museum, était un gros bonnet de la paléontologie britannique. Dawson, qui exerçait la profession d'avoué, était surtout connu pour ses talents d'archéologue amateur. Il comptait déjà à son actif plusieurs trouvailles intéressantes, mais la découverte que Dawson et Smith Woodward présentèrent ce jour-là les enfonçait toutes : d'une sablière située à Piltdown, dans le Sussex, ils avaient déterré un crâne et une mâchoire constituant, d'après eux, les premiers fragments fossiles du fameux chaînon manquant entre le singe et l'homme !

L'*Eoanthropus dawsoni*, ou Homme de Piltdown, était né. Pour la paléontologie d'outre-Manche, il représentait une formidable revanche : Alors que la France s'enorgueillissait des célèbres hommes de Néanderthal et de Cro-Magnon, la Grande-Bretagne était restée désespérément pauvre en fossiles humains. « L'homme de Piltdown venait à point nommé pour retourner la situation », écrit Stephen Jay Gould dans *Le Pouce du panda*[1]. « Il semblait

1. Stephen Jay Gould, *Le Pouce du panda*, Grasset, Paris, 1982.

191

considérablement plus vieux que les néanderthaliens. » Adam était anglais ! « La race de Néanderthal, déclara Smith Woodward, était un rameau dégénéré alors que l'homme moderne survivant doit provenir directement de cette source primitive dont la découverte du crâne de Piltdown fournit la première preuve. »

Certes, les restes de l'« homme de l'aurore » — tel est le sens d'*Eoanthropus* — avaient toute l'apparence du très grand âge. Fortement teintés, le crâne comme la mandibule semblaient contemporains du sable ancien. Mais certaines bizarreries tempéraient l'enthousiasme chauvin de Smith Woodward. La mâchoire paraissait aussi simiesque que le crâne avait l'air humain ! Disparité d'autant plus étonnante que la mâchoire avait conservé deux molaires présentant une usure plate, chose commune chez les humains, mais jamais vue chez les singes.

« Malheureusement, explique Gould, la mâchoire était cassée exactement aux deux endroits qui auraient pu établir de façon formelle son rapport avec le crâne : la zone du menton, avec tous les signes qui y distinguent le singe de l'homme, et l'articulation avec le crâne. »

Dans les années qui suivirent, Dawson et Smith Woodward opposèrent à leurs détracteurs une série de découvertes qui finirent par emporter le morceau. En 1915, Dawson trouva, à trois kilomètres du premier site, deux nouveaux fragments de crâne humain associés à une dent simienne usée comme une dent humaine, soit exactement la même combinaison que la première fois. Coïncidence que le paléontologue américain Osborn jugea un peu trop belle pour être vraie : « S'il y a une Providence intervenant dans les questions d'hommes préhistoriques, écrivit-il, elle s'est de toute évidence manifestée ici, car les trois fragments du second homme de Piltdown trouvés par Dawson sont exactement ceux qu'on aurait choisis si l'on avait désiré confirmer la comparaison avec le type originel. »

Osborn ne croyait pas au Père Noël de la paléontologie. Son scepticisme, partagé par d'autres spécialistes, n'empêcha pas l'*Eoanthropus dawsoni* de figurer pendant trois décennies dans tous les traités de paléontologie. Peut-être y serait-il encore, si Kenneth Oakley ne s'en était mêlé...

Mystification ou canular ?

Au cours du temps, les ossements fossiles s'imprègnent du fluor contenu dans le sol et les roches où ils gisent. En dosant le fluor, on peut donc dater le moment où un fossile a été enfoui. En 1949, Oakley soumit les vestiges de l'*Eoanthropus* à ce test. Il ne découvrit que d'infimes traces de fluor, à peine décelables. Conclusion : les ossements découverts par Dawson ne pouvaient avoir séjourné longtemps dans les sables de Piltdown.

Oakley pensa d'abord que les ossements, bien qu'authentiques, n'avaient été enterrés que récemment. Mais en y regardant de plus près, Oakley, aidé par Le Gros Clark, finit par se rendre à l'évidence : l'homme de l'aurore était un faux ! Le crâne et la mâchoire avaient été teintés au bichromate de potassium. On avait limé les dents pour simuler une usure humaine. L'étrange association d'une mâchoire de singe et d'un crâne humain s'expliquait le plus simplement du monde : la boîte crânienne appartenait à un homme moderne, la mandibule à un orang-outan...

Qui était l'auteur du truquage ? Gould retient deux hypothèses principales. La première, qu'il juge la plus plausible, met en cause Dawson lui-même. L'archéologue amateur se trouve en effet à l'origine de toute l'affaire. C'est lui qui, en 1912, allécha Smith Woodward en lui présentant les fragments du premier homme de Piltdown. Jusque-là, le conservateur du British Museum n'avait jamais soupçonné l'existence de fossiles préhominiens à Piltdown. Bien qu'il se soit associé aux découvertes ultérieures, celles-ci furent surtout le fait de Dawson. Au fond, le rôle de Smith Woodward s'est résumé à accréditer l'*Eoanthropus dawsoni* aux yeux de la communauté scientifique.

Pourquoi Dawson aurait-il monté cette mystification ?

C'était un amateur connu et respecté. Gould note cependant qu'il « faisait preuve d'un enthousiasme excessif et de peu de sens critique ». A-t-il agi pour la gloire ? Pour accéder au monde des professionnels ? Nul ne le sait.

La seconde hypothèse de Gould, beaucoup plus amusante, a une saveur quelque peu sacrilège. Elle fait de Piltdown un canular monté par Dawson avec la complicité du théologien et paléontologue Pierre Teilhard de Chardin ! En 1908, Teilhard était un jeune jésuite venu parfaire ses études au collège de Hastings, situé comme Piltdown dans le Sussex. Il s'était lié à Dawson et participa, avec Smith Woodward, aux recherches sur l'*Eoanthropus*. A la fin de sa vie, Teilhard a laissé l'image d'une grande figure austère et mystique. Mais à cette époque, il était encore un étudiant qui aimait s'amuser. Voici comment Gould se représente les choses :

« (Teilhard) rencontra Dawson trois ans avant que Smith Woodward entrât dans l'histoire. D'une première affectation en Égypte, il a fort bien pu ramener les ossements de mammifères (provenant probablement de Malte ou de Tunisie) qui firent partie de la faune "importée" à Piltdown. Je m'imagine aisément Dawson et Teilhard, au cours des longues heures qu'ils passaient ensemble sur le terrain ou au pub, fomentant leur complot. Ils pouvaient avoir pour cela plusieurs raisons : Dawson pour mettre au jour la crédulité de ces professionnels qui se donnaient de grands airs ; Teilhard pour se gausser une nouvelle fois des Anglais qui ne possédaient aucun fossile humain légitime, alors que la France s'enorgueillissait d'une surabondance qui en faisait la reine de l'anthropologie. Peut-être ont-ils travaillé ensemble sans jamais se douter que les plus gros pontes de la science anglaise mordraient à l'hameçon ? Peut-être espéraient-ils tout révéler mais en furent-ils empêchés ? »

La Première Guerre mondiale contraignit Teilhard à quitter l'Angleterre, où il ne put retourner avant de longues années. Entre-temps, Dawson avait mis au jour les vestiges du second homme de Piltdown. Mais un an plus tard, les choses prirent une tournure tragique :

Dawson tomba malade et mourut en 1916. Le canular échappait à ses auteurs. Les trois grosses têtes de la paléontologie britannique — Arthur Smith Woodward, Grafton Eliott Smith et Arthur Keith — avaient joué leur carrière sur l'*Eoanthropus*, qui allait leur valoir à tous trois le titre de *sir*.

Gould ne présente ce scénario que comme une simple possibilité. Mais il semblerait que Teilhard se soit trahi dans une lettre écrite à Kenneth Oakley après que celui-ci eut dévoilé la mystification. Dans cette lettre, Teilhard félicite Oakley pour sa perspicacité, bien que « sentimentalement parlant, cela gâche l'un de mes premiers et de mes plus brillants souvenirs paléontologiques ». Teilhard poursuit en s'interrogeant sur l'auteur de la mystification. Il met hors de cause Smith Woodward, en accord avec tous ceux qui se sont penchés sur l'affaire. Il disculpe également Dawson, excluant « qu'il ait pu tromper systématiquement son associé pendant plusieurs années ».

Mais un petit détail fait problème : Teilhard déclare explicitement dans sa lettre que Dawson l'avait emmené sur le second site et lui avait parlé de la dent et du crâne qu'il y avait découverts. La scène se passe en 1913. Mobilisé l'année suivante, Teilhard ne reverra plus jamais Dawson, qui meurt en 1916. Dawson annonce à Smith Woodward la découverte du nouveau crâne début 1915, et celle de la dent en juillet de la même année. Smith Woodward n'obtiendra aucune précision supplémentaire sur ces trouvailles.

Or voici, d'après Gould, le point crucial : « Si Dawson n'a "officiellement" découvert la molaire qu'en juillet 1915, comment Teilhard pouvait-il être au courant *à moins d'avoir participé à la supercherie* ? » Difficile de croire que Dawson ait montré le matériel en 1913 à un Teilhard innocent, et l'ait ensuite dissimulé à Smith Woodward pendant deux ans. A tout moment, les deux savants pouvaient confronter leurs notes et découvrir le pot aux roses. Dawson agissant seul aurait-il pris un tel risque ?

En 1918, Teilhard ne pouvait plus avouer le canular

sans ruiner une carrière prometteuse, qui devait culminer avec la découverte de l'homme de Pékin, authentique celui-là. Selon la suggestion de Gould, Teilhard aurait donc suivi le conseil du psalmiste : « Sois calme, et sais. » Aphorisme qui devint plus tard la devise de l'université du Sussex, établie à quelques kilomètres de Piltdown...

Éloge de l'*Eoanthropus*

On ne connaîtra peut-être jamais le fin mot de l'histoire. Mais est-ce vraiment important ? Je pense comme Gould que la question la plus fructueuse est la suivante : pourquoi a-t-on cru à l'homme de Piltdown ?

Dès le début, plusieurs indices firent suspecter une supercherie. Ainsi, Lyne, spécialiste de l'anatomie dentaire, observa qu'une canine trouvée par Teilhard avait l'apparence d'une dent jeune, qui aurait percé juste avant la mort de l'homme de Piltdown. Son taux d'usure était inconciliable avec son âge supposé !

Mais le plus surprenant, c'est que les meilleurs paléontologistes britanniques aient accepté cette énormité : un crâne humain associé à une mâchoire de singe ! Certes, le faussaire avait eu l'astuce de laisser de côté le menton et l'articulation, c'est-à-dire les deux parties qui auraient rendu l'anomalie évidente. Cela n'empêcha pas l'anatomiste Franz Weidenreich d'écrire, une dizaine d'années avant que la mystification fût officiellement reconnue : « L'*Eoanthropus* devrait être éliminé du catalogue des fossiles humains. C'est la combinaison artificielle de fragments de la boîte crânienne d'un homme moderne avec une mandibule et des dents de type orang-outan. »

N'importe quel savant objectif et compétent aurait dû arriver à la même conclusion que Weidenreich. Pourtant, Sir Arthur Keith, loin de se ranger à ses arguments, lui répondit sèchement : « C'est une façon de se débarrasser de faits qui n'entrent pas dans une théorie préconçue : généralement le moyen utilisé par les hommes de science consiste, non pas à se débarrasser des faits, mais à concevoir une théorie qui s'y accorde. »

En l'occurrence, la seule théorie qui s'accordait aux faits était celle de la fraude. Gould attribue le succès de l'*Eoanthropus* à quatre raisons qui toutes « s'inscrivent en faux contre les mythes concernant la pratique scientifique : les faits priment et ont la vie dure et le savoir scientifique s'accroît grâce au recueil patient et à l'examen minutieux des données objectives de pure information. »

1° *Une forte espérance l'emporte sur des preuves douteuses.* Les savants britanniques ont tellement envie d'avoir « leur » fossile humain qu'ils sont prêts à avaler l'aberration biologique que constitue l'homme de Piltdown. Leur attitude rappelle celle de Rhine (*cf.* leçon 2) et de Phillips (*cf.* leçon 6), si convaincus de la réalité du paranormal qu'ils se laissent prendre aux tours grossiers du premier prestidigitateur venu.

Dans la fraude de Cyril Burt (*cf.* leçon 2), le mécanisme de la conviction intime joue en sens inverse : avec ses jumeaux imaginaires, Burt n'hésite pas à fabriquer de toutes pièces les « preuves » de l'hérédité de l'intelligence, moins par malhonnêteté que parce qu'il est persuadé d'avoir raison.

2° *L'influence des préjugés culturels.* « Aujourd'hui l'association d'un crâne humain et d'une mâchoire de singe nous semblerait suffisamment incohérente pour qu'on la mette tout de suite en doute », écrit Gould. Mais en 1913, de nombreux paléontologistes de premier plan conservaient un *a priori* en faveur de la primauté du cerveau dans l'évolution humaine. Ils croyaient que l'homme devait son statut privilégié dans le règne animal à un développement cérébral qui aurait entraîné le reste à sa suite.

Ce préjugé était lié à une idéologie raciale : les Blancs auraient accédé à la véritable humanité avec les Noirs et les Jaunes, grâce à l'essor de leur cerveau. Ce qui impliquait que les premiers spécimens d'humanité authentique fussent des fossiles retrouvés en terre blanche, de préférence en Europe.

Assez ironiquement, l'évolution a suivi le chemin inverse. Ce n'est pas par le cerveau que l'homme a franchi le seuil décisif. Il a commencé par se dresser sur les pieds. La bipédie l'a différencié du singe. Il n'a pris la grosse tête qu'après. Nos ancêtres les plus anciens, les australopithèques, connaissaient déjà la station verticale, mais leur QI volait encore assez bas. Quant à l'antériorité supposée des Blancs, de nombreux spécialistes situent aujourd'hui le berceau de notre espèce assez loin du Sussex, en plein cœur de l'Afrique...

3° *L'art d'accommoder les faits.* Smith Woodward, Keith et Smith ont pu être partisans d'une nette avance du cerveau dans l'évolution humaine. Mais, comme le note Gould, « aucun n'aurait songé à une indépendance si complète que le cerveau serait devenu humain avant que la mâchoire ait subi la moindre transformation ! »

En principe, les défenseurs de l'homme de Piltdown auraient dû modeler leur théorie à ces faits gênants. Ils préférèrent modeler les faits. Ils soutinrent que le crâne de l'*Eoanthropus* présentait, malgré sa modernité, des caractères résolument simiens, et qu'à l'inverse la mâchoire d'orang-outan avait des aspects humains. Ce qui démontre que même les savants sont sujets aux hallucinations.

4° *Certaines pratiques font obstacle aux découvertes.* Au début du siècle, on n'accédait pas facilement aux collections du British Museum. La règle en usage était : « regarder mais ne pas toucher ». Dans l'affaire de Piltdown, Gould note que les chercheurs ont souvent dû se contenter de manipuler des moulages en plâtre, sur lesquels on ne pouvait détecter l'abrasion artificielle des dents ou la coloration des ossements. La situation ne changea vraiment que lorsque les fossiles de Piltdown furent placés sous la garde de Kenneth Oakley, celui-là même qui mit en évidence la mystification.

Aujourd'hui, les chercheurs ne rencontrent plus guère ce genre d'obstacle. Mais l'accès plus facile à l'information s'est accompagné d'un gigantesque accroissement des informations disponibles. Il en résulte une pratique scientifique de plus en plus spécialisée, qui favorise l'imposture. Un géophysicien ou un astrophysicien peuvent démolir en un quart d'heure la théorie de la Terre gonflable soutenue par Owen (*cf.* leçon 3). Seulement voilà : Owen, paléontologue, n'a aucune « culture physique », comme bon nombre de ses supporters.

Le problème de la fragmentation du savoir et de la pratique scientifiques se pose de manière aiguë dans les domaines où seul un nombre très restreint de spécialistes peut évaluer une recherche. A l'évidence, une éventuelle fraude sera d'autant plus difficile à détecter que peu de gens sont capables d'en juger.

Si l'analyse de Gould nous intéresse ici, c'est que l'homme de Piltdown n'est nullement un cas isolé. Au contraire, tout au long de cette leçon, nous verrons que certains scientifiques n'ont rien à envier aux prestidigitateurs qui ont berné Rhine et Phillips. En étudiant les fraudes scientifiques, nous serons conduits à brosser le portrait d'une science mue par l'espoir irrationnel, les préjugés, la quête de la gloire, la rivalité, les enjeux idéologiques et les intérêts économiques autant que par la recherche de la vérité.

Aussi décevant que cela puisse paraître, les savants ne correspondent pas à l'image d'Épinal fabriquée par l'école et les médias. Ce sont d'abord des êtres humains, ni pires ni meilleurs que d'autres. L'*Eoanthropus* mérite toute notre reconnaissance, pour avoir contribué à dissiper l'illusion d'une science désincarnée, exercée par de purs esprits dans un monde idéal.

Du bon usage de la tricherie

L'histoire de la génétique fournit l'exemple paradoxal d'une fraude au service de la vérité. En 1865, le moine morave Gregor Mendel publia ses *Expériences sur les plantes hybrides*, où il exposait les lois de l'hérédité qui portent aujourd'hui son nom. Chacun sait que Mendel a découvert ses lois en étudiant la transmission des caractères biologiques sur des petits pois. Mais il y a un petit détail sur lequel les manuels se montrent assez discrets : bien que les lois de Mendel soient exactes, elles ont été formulées sur la base d'expériences truquées !

Dans un dossier de *La Recherche* sur les fraudes scientifiques, Marcel Blanc, Georges Chapouthier et Antoine Danchin écrivent : « Le célèbre statisticien et biologiste britannique, R.A. Fischer, a clairement montré en 1936 que Mendel n'avait pu obtenir les proportions statistiques qu'il donna pour justifier les lois sur l'hérédité qui portent son nom : ses résultats serrent de trop près les prévisions théoriques, ils sont trop beaux pour être vrais. Et Fischer suggéra que quelque assistant, qui connaissait trop bien le résultat qu'attendait le maître, aurait pu réaliser la fraude. Un autre biologiste britannique, Sir Alister Hardy, suggéra à son tour, en 1965, que c'étaient peut-être les jardiniers qui avaient été à l'origine de cette perfection trop grande des résultats : sachant que Mendel attendait une proportion donnée, et la voyant se dessiner sous leurs yeux, tandis qu'ils dénombraient les petits pois, il était bien tentant de modifier un peu dans le sens prévu l'inventaire des échantillons, afin de s'épargner du travail[1] ! »

Mendel, sans doute meilleur biologiste que statisticien, ne s'étonna pas de ces résultats trop beaux pour être vrais. Si bien que, pour une fois, la fraude a probablement servi la science, en confortant le moine morave dans sa théorie. Mais que serait-il arrivé si, par malheur, les lois de Mendel avaient été fausses ?

Le crapaud accoucheur de Paul Kammerer

Un bûcheron transmet-il ses gros biceps à ses enfants ? Cette vieille idée de l'hérédité des caractères acquis possède un charme quasi irrésistible. Ne serait-il pas

1. Marcel Blanc, Georges Chapouthier et Antoine Danchin, *op. cit.*

merveilleux que les êtres vivants transmettent à leurs petits l'héritage des efforts d'adaptation qu'ils ont accompli au cours de leur vie, comme des parents lèguent à leurs enfants les biens qu'ils ont acquis à la sueur de leur front ou à la lumière de leur intelligence ?

Traditionnellement, cette conception est désignée par le terme de « lamarckisme ». En fait, Lamarck n'en était certainement pas l'inventeur, et Darwin y croyait aussi, comme la plupart des biologistes de l'époque. C'est l'Allemand August Weismann qui a démontré, à la fin du siècle dernier, la non-hérédité des caractères acquis. Mais la génétique moderne a mis longtemps à s'imposer. Au début de ce siècle, la polémique faisait encore rage entre lamarckiens et partisans de la théorie de Weismann.

Le crapaud accoucheur — *Alytes obstetricans* — du biologiste viennois Paul Kammerer s'est mouillé jusqu'au bout des pattes dans cette querelle. Situation paradoxale pour ce batracien qui mène une vie essentiellement terrestre. En particulier, l'*Alytes* s'accouple à pied sec, contrairement à de nombreuses espèces de grenouilles et crapauds qui forniquent dans l'eau. Les mâles des variétés aquatiques possèdent sur leurs mains et leurs avant-bras des brosses copulatrices, sorte de protubérances munies de spicules.

A l'époque de Kammerer, on raisonnait systématiquement en termes finalistes. Les biologistes pensaient donc que les brosses n'étaient pas là par hasard : le mâle s'en servait pour assurer son étreinte pendant l'acte sexuel. Autrement, le corps humide de la femelle lui aurait glissé entre les mains telle une savonnette dans une baignoire. En accord avec ce schéma bêtement utilitariste, le crapaud accoucheur ne présentait pas de brosses copulatrices : il n'en avait pas besoin, puisque s'accouplant au sec, la peau de la femelle offrait un coefficient d'adhérence satisfaisant.

Kammerer entreprit une expérience cruelle : il contraignit des crapauds accoucheurs à faire l'acte dans l'élément liquide. Apparemment, ils y réussirent malgré l'absence de brosses, mais comme le dit Nietzsche, « tout ce qui est décisif ne naît que *malgré* ». En l'occurrence, le point décisif, selon Kammerer, était que les mâles ainsi traités — ou plutôt maltraités — acquéraient des brosses copulatrices. Qui plus est, ils transmettaient ce caractère à leurs descendants. A la cinquième génération, tous le possédaient.

Une controverse s'engagea entre Kammerer et William Bateson, généticien britannique partisan des thèses de Weismann. En 1923, Kammerer apporta en Angleterre le dernier exemplaire de ses crapauds transformés. Ce fut une tempête dans un bocal de formol. Selon Blanc, Chapouthier et Danchin, « partisans et adversaires de Kammerer ne purent se mettre d'accord sur ce qu'ils voyaient dans ce crapaud ».

Match nul, donc. Mais, en 1926, G.K. Noble, conservateur au Musée américain d'histoire naturelle de New York, fut autorisé à examiner le fameux crapaud. Noble ne trouva pas trace de brosse. En revanche, lorsqu'il disséqua la patte avant gauche, il s'aperçut qu'on y avait injecté de l'encre de Chine, apparemment pour simuler les boursouflures copulatrices. Noble publia sa découverte dans une correspondance à la revue *Nature*, le 7 août 1926. L'affaire tourna au drame. Le 23 septembre, Kammerer se suicida, laissant une lettre dans laquelle il jurait qu'il n'était pas l'auteur de la fraude.

Personne ne sait si Kammerer s'est vraiment suicidé à cause de cette affaire. Dans *L'Étreinte du crapaud*, Arthur Koestler suggère que « la décision fatale de mettre fin à sa vie a peut-être été influencée par le fait qu'une artiste viennoise, proche de son cœur, ne put se résoudre à le suivre à Moscou[1]. » Kammerer avait en effet été invité par le gouvernement soviétique à poursuivre en Russie ses recherches sur l'hérédité des caractères acquis.

Quelques années plus tard, le régime stalinien fera de Lyssenko le promoteur d'une nouvelle biologie, alternative à la génétique réactionnaire et bourgeoise de Weismann. En fait de nouveauté, le lyssenkisme n'était qu'une

1. Arthur Koestler, *L'Étreinte du crapaud*, Calmann-Lévy, Paris, 1972.

application du lamarckisme à l'agriculture. La science socialiste devait transformer l'Union soviétique en un immense grenier fertile. Son résultat le plus concret fut l'emprisonnement des meilleurs généticiens du pays, dont le plus connu, Vavilov, mourut en déportation au cours de l'année 1942.

Qui a truqué le crapaud de Kammerer ? Koestler imagine que, dans la Vienne des années vingt, un militant nazi aurait fort bien pu commettre la fraude, pour déshonorer un homme connu pour ses sympathies socialistes. A moins que le biologiste ait été victime de la jalousie crapuleuse d'un collègue. Jalousie sans fondement, du reste : en 1924, on a découvert dans la nature un crapaud accoucheur qui possédait des brosses copulatrices. Ceux de Kammerer pouvaient donc avoir des brosses par suite d'un hasard génétique, et non à cause de leur régime sans sec. Dans ce cas, les expériences de Kammerer ne prouveraient rien et, fait unique dans la nature, des crapauds auraient accouché d'une souris...

Gould soutient une autre hypothèse : Kammerer aurait fait sans le savoir une expérience de sélection darwinienne. Admettons que les brosses représentent réellement un avantage pour les espèces qui s'accouplent dans l'eau. Le crapaud accoucheur, qui descend d'un ancêtre aquatique, les a perdues peu à peu. Mais il a gardé sa capacité génétique à les fabriquer, comme le prouve l'existence du spécimen découvert en 1924. Autrement dit, le gène ancestral des brosses s'est conservé, mais ne s'exprime que rarement.

Kammerer oblige les crapauds à s'accoupler dans l'eau. Outre que cet acte est contraire aux droits des animaux, il crée une forte pression sélective en faveur des gènes qui encouragent la reproduction aquatique. Et donc, en particulier, du gène des brosses. Il est possible qu'au bout de plusieurs générations Kammerer ait ainsi augmenté la fréquence — faible dans la nature — des crapauds accoucheurs munis des protubérances copulatrices.

Hasard ou pression sélective ? Une chose est sûre : ceux

qui espèrent prouver le lamarckisme avec les expériences de Kammerer peuvent se brosser...

Les canards de Gif-sur-Yvette

L'histoire des sciences est pleine de coïncidences ironiques. A peu près au moment où Kammerer se suicidait, et où Lyssenko engageait la biologie soviétique sur une voie de garage, l'Américain Thomas Morgan portait le coup de grâce à l'hérédité des caractères acquis. En étudiant les mutations de la mouche drosophile, il découvrait dans ses chromosomes les gènes, support cellulaire de l'hérédité. Les lois de Mendel n'étaient plus une grammaire abstraite, elles traduisaient le comportement d'entités physiques. Le bûcheron ne pouvait transmettre ses gros biceps à ses enfants : abattre des arbres développe les muscles, mais ne modifie pas les gènes.

De quoi étaient faits les gènes ? Il fallut attendre 1953 pour comprendre, grâce au modèle de la double hélice de Crick et Watson, qu'ils étaient constitués d'ADN. La biologie moléculaire était née. Dans la décennie qui suivit, elle révolutionna les sciences de la vie, notamment grâce aux travaux de Monod, Jacob et Lwoff qui contribuèrent à élucider les mécanismes par lesquels les gènes transmettent leur message, ce qui leur valut le prix Nobel en 1965.

C'est au cœur de cette période cruciale — entre 1957 et 1960 — que « l'affaire des canards » défraya la chronique. Le principal protagoniste était un jésuite, le père Leroy, chercheur au laboratoire d'histophysiologie du Collège de France. Revenant d'un long séjour en Chine, le père Leroy éprouvait quelques difficultés à s'intégrer à l'équipe. Le directeur du labo, le professeur Jacques Benoît, décida de lui confier une mission quelque peu marginale : tester une « idée du samedi soir », autrement dit le genre d'idées dont les chercheurs discutent parfois pendant leurs heures de loisirs, sans trop les prendre au sérieux.

En l'occurrence, il s'agissait de savoir si une injection d'ADN étranger pouvait induire chez un animal des mutations transmissibles à ses descendants. Après tout, l'ADN n'était-il pas la molécule de l'hérédité ? Évidemment, l'hypothèse avait un désagréable relent de lamarckisme, ce qui n'était pas fait pour enthousiasmer les jeunes chercheurs du labo. Mais Leroy, lui, s'était immédiatement passionné pour l'idée du samedi soir. Le jésuite injecta à des canetons de la race Pékin de l'ADN provenant d'une autre race, les canards Khaki. Les injections étaient faites dans le péritoine, à partir du huitième jour suivant la naissance et pendant dix-neuf semaines. Un beau jour, Leroy annonça qu'il s'était passé quelque chose : parmi les descendants des canards traités, une proportion importante avaient le bec noir, ou rose, alors qu'il aurait dû être jaune. La couleur des pattes était aussi modifiée. Aucune de ces anomalies n'apparaissait sur le groupe témoin, non traité.

Intéressé mais prudent, le Pr Benoît envoya une note scellée à l'Académie des sciences. Ainsi, il préservait l'antériorité d'une éventuelle découverte, mais se couvrait au cas où les résultats se révéleraient faux. L'enjeu était énorme : si Leroy avait raison, cela signifiait que l'on pouvait modifier une espèce sans passer par un mécanisme de sélection — naturelle ou artificielle. Aujourd'hui, cette possibilité ne nous étonne plus : les manipulations génétiques nous ont habitués à des souris géantes, des moutons-chèvres, des chimères caille-poulet, et autres contrepèteries animales.

Mais il y a vingt ans, les résultats de Leroy relevaient de la science-fiction. D'autant qu'il n'avait, en aucun cas, réalisé une manipulation génétique : injecter de l'ADN après la naissance, ce n'est pas du tout la même chose que bricoler des cellules d'embryons. Si le Pr Benoît avait eu une formation de biologiste moléculaire, il se serait tout de suite rendu compte que quelque chose clochait.

Mais il appartenait à une école d'histologie classique, qui n'avait jamais accordé à la biochimie la place qu'elle méritait. Schématiquement, la biologie moléculaire a été importée en France, aux alentours de la Seconde Guerre mondiale, par de jeunes chercheurs qui avaient fait leurs classes dans les universités américaines. Monod, par exemple, passa l'année 1936 dans le laboratoire de Morgan, au California Institute of Technology. Ces jeunes chercheurs rompaient avec la tradition, d'où un conflit de générations au sein de la biologie française.

Cela explique que le Pr Benoît n'ait pu consulter que des généticiens classiques, qui ne le dissuadèrent pas de poursuivre les expériences. « Attendez, lui dirent-ils, on ne sait jamais. » Là-dessus, le père Leroy déboula un matin dans le bureau de Benoît, brandissant un article du *Figaro* qui racontait que des généticiens américains avaient changé la couleur d'un oiseau en lui injectant de l'ADN ! Les chercheurs français allaient-ils se faire griller par leurs collègues d'outre-Atlantique ? Benoît téléphona au *Figaro*. On était en juillet, le chroniqueur scientifique avait pris ses vacances...

Sous la pression du jésuite, le Pr Benoît décida de présenter à l'Académie des sciences le contenu de sa note scellée. Toute la grande presse assistait à la communication. D'habitude, les journalistes de *Paris-Match* ou de *Marie-Claire* ne sont guère friands des séances de l'Académie. Qui les avait prévenus ? Et d'où provenait l'information initiale du *Figaro* ? Lorsque Benoît réussit enfin à joindre l'auteur de l'article, celui-ci lui laissa entendre que son information était erronée. Apparemment, il s'était produit une confusion — involontaire ? — entre les généticiens américains et ceux de Gif-sur-Yvette...

Bizarre, bizarre. L'explication la plus vraisemblable fait du père Leroy la source de la fausse information sur les oiseaux mutants, de même qu'il aurait avisé les journalistes de la séance à l'Académie. Sans doute Leroy éprouvait-il un besoin de reconnaissance un peu trop fort, au point de se livrer à des manipulations indélicates. Mais le Pr Benoît, homme d'une grande intégrité, et aussi victime de ses préjugés, n'admit jamais qu'un jésuite ait pu mentir. En revanche, dans une attitude chevaleresque tout à son honneur, il s'entêta jusqu'au bout à couvrir son subordonné, en dépit des attaques de la communauté scientifique.

Car les attaques ne tardèrent pas à pleuvoir. Les médias faisaient un battage monstre sur l'affaire. D'autre part, le directeur du CNRS accorda au Pr Benoît un important crédit pour monter à Gif-sur-Yvette un élevage de mille canards. Tout cela fit grincer des dents. Les adversaires de Benoît commencèrent à répandre la rumeur que les expériences étaient truquées, d'autant qu'on ne put les reproduire. Jacques Monod réclama une commission d'enquête qui conclut à l'erreur. A une majorité écrasante, la commission décida d'arrêter tout.

Les choses auraient pu en rester là. Mais Monod — qui réglait certains comptes — voulut obtenir une sorte de condamnation morale du Pr Benoît, coupable à ses yeux de « légèreté ». Le président de la commission objecta que des scientifiques n'avaient pas à porter de jugements moraux sur leurs collègues. Monod se fâcha tout rouge... et fut battu d'une voix.

Ce détail illustre à quel point la recherche peut être prise dans des guerres de clans. L'affaire des canards a assombri la fin de carrière du Pr Benoît. Elle lui valut d'être « barré » plusieurs fois à l'Académie des sciences, où il ne fut élu que bien plus tard.

Entre-temps, le père Leroy se répandait, dans les journaux à grand tirage, en affabulations sur le sectarisme des biologistes. Finalement, le président de la commission d'enquête réussit à s'entendre avec le provincial des jésuites pour mettre un terme à ces agissements. En deux heures, le problème fut réglé : Leroy n'écrivit plus une ligne dans aucun journal.

Venons-en maintenant à l'aspect le plus paradoxal de toute l'affaire : contrairement aux rumeurs qui circulaient, les expériences de Leroy n'étaient pas truquées ! Le jésuite avait manipulé son directeur, il n'avait pas manipulé les faits. Ses canards traités étaient réellement différents des canards témoins ! Comment est-ce possible ?

L'explication la plus plausible est liée à l'origine des canards de Leroy. Ils étaient issus d'un élevage de Touraine. Or, les éleveurs sélectionnaient leurs animaux en fonction d'une norme. A l'état sauvage, les canards ont parfois spontanément le bec noir ou rose. Mais les éleveurs ne retenaient que les becs jaunes, et tuaient les autres.

Au cours de l'expérience de Leroy, les caractères occultés par les éleveurs sont ressortis chez les canards qu'il traitait. L'effet n'avait donc rien à voir avec les injections d'ADN. Pourquoi la même chose n'est-elle pas arrivée aux témoins ? Il semble que Leroy ait directement importé les témoins de l'élevage d'origine, alors que ses canards traités se trouvaient déjà dans le labo au moment où l'expérience avait commencé. Il est clair que Leroy faisait ainsi une erreur méthodologique : il comparait un groupe non sélectionné avec un groupe témoin sélectionné.

Les faits scientifiques ne parlent jamais d'eux-mêmes. Il faut savoir les lire. Il n'y aurait pas eu d'affaire des canards si le Pr Benoît avait utilisé la bonne clef de lecture. Il ne l'a pas fait, et pourtant, aucun chercheur objectif ne soutiendrait que Benoît était un mauvais scientifique. Mais il a été victime d'une imbrication complexe de facteurs : son attitude chevaleresque et ses préjugés qui l'ont empêché de voir clair dans le jeu du jésuite, la personnalité de ce dernier, les luttes de clans et les conflits de générations entre biologistes. Dans un monde idéal, les choses se seraient peut-être passées autrement.

Deux histoires de souris

En 1973, l'immunologiste américain William Summerlin publia des résultats spectaculaires : il avait réussi à faire prendre des greffes de peau de souris blanches sur des souris grises ! Normalement, une telle greffe entraîne une réaction de rejet. Lors d'une greffe cardiaque, par exemple, on neutralise le rejet par un traitement qui diminue les défenses immunitaires du receveur. Inconvénient : le sujet résiste moins bien aux infections ou aux tumeurs.

Summerlin prétendait que si l'on mettait en culture les morceaux de peau avant de les greffer, ils ne susciteraient plus de rejet, même en l'absence de traitement immuno-dépresseur. De fait, ses souris grises présentaient des plages de poils blancs à l'endroit de la greffe. Summerlin avait aussi greffé des fragments de peau d'une femme blanche sur un homme noir. Ces résultats, s'ils se confir-maient, révolutionneraient le traitement des brûlés.

Hélas ! Summerlin ne réussit pas à renouveler ses exploits. Pire, il fut surpris en flagrant délit de fraude : dans la nuit du 27 mars 1974, on le trouva occupé à maquiller des souris grises avec un colorant blanc. L'effet de ces greffes de peinture fut une violente réaction de rejet de la communauté scientifique. Summerlin perdit son emploi, et sa réputation.

Dommage pour le fraudeur, mais aussi pour la science. Bizarrement, l'idée de Summerlin n'était pas si farfelue que ça. Ses premiers résultats étaient sans doute exacts, mais il les avait mal interprétés : les plages persistantes de poils blancs sur les souris grises ne provenaient pas de la greffe elle-même, mais d'un effet — toujours inexpliqué — de la greffe sur la peau de la souris receveuse. Depuis, plusieurs groupes de chercheurs ont repris les expé-riences de Summerlin, semble-t-il avec succès.

L'affaire Illmensee, qui a défrayé la chronique au début des années quatre-vingts, touche un domaine encore plus sensible que celui de Summerlin : le clonage des mam-mifères. Le clonage consiste à réaliser par manipulation génétique la copie conforme d'un être vivant. Ce qui ouvre la perspective inquiétante de milliers de jumeaux identiques, comme dans *Le Meilleur des mondes* d'Aldous Huxley. Dans son principe, le clonage est assez simple, et on sait depuis longtemps faire des grenouilles jumelles en série.

Pourtant, on n'a toujours pas réussi à mettre au point une méthode fiable pour cloner des mammifères. Presque toutes les tentatives ont échoué. En 1984, l'Anglais Willadsen a fait naître trois agneaux après clonage ; depuis, il n'a pu malgré tous ses efforts obtenir d'autres naissances, ce qui prouve le rendement très faible de son procédé. Le problème est que, si l'on sait manipuler les embryons de mammifères, on ne maîtrise pas le développement ultérieur de ces embryons bricolés, qui meurent presque à tout coup.

En somme, les jumeaux de Huxley relèvent encore de la science-fiction — et c'est sans doute heureux. Une telle situation suscite les coups de bluff de certains chercheurs. Karl Illmensee, biologiste à l'université de Genève, est le plus tristement célèbre de ces bluffeurs. En 1981, dans un article publié par la très influente revue *Cell*, il prétendait avoir obtenu la naissance après clonage de trois souriceaux. Mais personne n'a jamais réussi à refaire ce clonage, et Illmensee lui-même ne s'en est pas vanté une nouvelle fois.

Il s'en est vanté d'autant moins que trois de ses collaborateurs — dont le biologiste Kurt Bürki — l'ont accusé de fraude en janvier 1983 ! « Une fraude grave s'il en est, puisqu'il aurait tout simplement fait état de résultats d'expériences qu'il n'aurait jamais réalisées[1] », écrit Martine Barrère dans *La Recherche*. En fait, il ne s'agit pas ici du fameux clonage, mais d'expériences conduites en solitaire par Illmensee en 1982. Or, ces expériences mettent en jeu le même type de manipulation que celle des souriceaux.

Quelques semaines après avoir mis en cause son patron, Bürki transmet au doyen de l'université un rapport accablant pour Illmensee. Parallèlement, l'intéressé signe sous la pression de trois « amis » une déclaration où il reconnaît avoir manipulé des protocoles d'expérience en 1982. Une commission d'enquête conclut, le 15 février 1984, par un jugement mi-chèvre mi-chou. Pas de preuve évidente de tricherie, mais une accumulation d'erreurs et de contradiction, qui « jette un doute grave sur la validité

1. Martine Barrère, « L'affaire Illmensee : fraude ou pas fraude ? », *La Recherche*, n° 156, juin 1984.

des conclusions à tel point que la série d'expériences ne présente scientifiquement aucune valeur ». Ce qui revient à reconnaître implicitement la fraude.

En l'absence de preuve flagrante, Illmensee n'a pas été exclu de l'Université. Mais ce chercheur, qui fut le biologiste le plus envié de Genève, est aujourd'hui un homme seul. Sa manie du secret, son refus de partager ses techniques avec ses collaborateurs ont jeté le doute sur l'ensemble de ses recherches, y compris le clonage de souris. Comment savoir si Illmensee, considéré autrefois comme « un manipulateur aux doigts d'or », a vraiment réalisé une expérience très difficile que l'on n'a pu reproduire ensuite ?

Pourtant, le plus important est ailleurs. Comme l'écrit Martine Barrère : « Aux yeux de l'extérieur, la "pureté" de la science est désormais tachée. C'est vraisemblablement cela que les chercheurs ne peuvent pardonner à Illmensee. Comment l'un des leurs, reconnu parmi les plus grands, a-t-il pu se comporter aussi négligemment, comment a-t-il pu en arriver à la situation où un assistant ose porter publiquement une accusation sur un professeur, comment a-t-il pu trahir ses pairs ? »

Mais la « trahison » d'Illmensee exprime-t-elle autre chose que la distance entre la dure réalité et le mythe d'une science aussi virginale que l'Immaculée Conception ?

La querelle du SIDA

« La médecine est universelle. L'Amérique ne fait pas de chauvinisme scientifique. » Cette déclaration vertueuse a de quoi faire hurler de rire lorsqu'on connaît son auteur : Robert Gallo, professeur au National Cancer Institute de Bethesda. Gallo est, avec Luc Montagnier, de l'Institut Pasteur, l'un des deux principaux protagonistes de la plus grosse controverse scientifique de ces dernières années. Enjeu : à qui revient la « paternité » du virus du

SIDA ? A la clef, un brevet qui vaut 150 à 200 millions de francs de *royalties* par an.

A priori, les choses devraient être claires. Tout le monde — y compris Gallo — admet aujourd'hui que le virus a été identifié pour la première fois à Pasteur, par l'équipe de Montagnier, début 1983. En décembre de la même année, l'Institut Pasteur déposait auprès du Patent Office américain une demande de brevet concernant le test de dépistage sanguin du SIDA. Gallo a isolé son virus un an après Montagnier. Sa demande de brevet date d'avril 1984. Or, l'Américain a obtenu satisfaction dès le mois de mai 1985. A l'automne 1986, les Français attendaient toujours.

En avril 1986, le Patent Office a pris une curieuse décision : Pasteur obtiendrait le brevet sauf si le ministère de la Santé américain réussissait à prouver, avant deux ans, que les travaux de Gallo avaient le bénéfice de l'antériorité sur ceux de Montagnier.

Comment a-t-on pu en arriver à cette situation paradoxale ? Reprenons l'histoire à son début. Le SIDA apparaît en juin 1981. A cette époque, personne n'a la moindre idée de ce qui cause le « cancer gay », ainsi appelé parce qu'il semble frapper surtout les homosexuels. On a constaté depuis qu'il n'en était rien : en Afrique, le SIDA tue autant de femmes que d'hommes. Tous les médecins le considèrent aujourd'hui comme une maladie sexuellement transmissible au même titre que la syphilis, l'herpès ou la blennorragie.

Début 1982, alors que la plupart des chercheurs pataugent dans les hypothèses les plus fantaisistes, des données épidémiologiques suggèrent que le SIDA pourrait être dû à un virus récemment apparu. Extraordinaire coïncidence : Gallo a un candidat tout trouvé. En 1978, il a isolé le virus HTLV-I, ou *Human T-Cell Leukemia Virus*, qui provoque une forme rare de leucémie au Japon, aux Caraïbes et en Afrique. L'HTLV est le premier représentant humain de la famille des rétrovirus, dont on connaît des échantillons chez le chat, le singe, le cheval, le mouton et le bœuf.

Gallo et un autre chercheur, Max Essex de la Harvard School of Public Health, remarquent plusieurs points communs entre le virus du SIDA et l'HTLV. Tous deux semblent originaires d'Afrique, se transmettent par voie sexuelle ou sanguine, et s'attaquent à la même cible cellulaire : les lymphocytes T4, une catégorie de globules blancs qui joue un rôle clef dans la défense de l'organisme. Seulement, il y a une différence de taille. L'HTLV « immortalise » les lymphocytes : les cellules contaminées se reproduisent indéfiniment, et deviennent cancéreuses. Au contraire, le virus du SIDA tue les cellules. Ce génocide des lymphocytes paralyse les défenses immunitaires du malade. Des infections normalement anodines deviennent dévastatrices ; de jeunes hommes succombent à des maladies de vieillards cacochymes.

Essex et Gallo ne se laissent pas arrêter par la contradiction : chez le chat, un rétrovirus cousin de l'HTLV provoque tantôt des leucémies, tantôt un effondrement immunitaire semblable au SIDA. Pourquoi l'HTLV ne serait-il pas l'analogue humain du virus de la leucémie féline ? Gallo fonce sur la piste de ce présumé coupable. Mais il tombe sur un bec : impossible d'attraper, dans l'organisme des malades du SIDA, ce satané virus qui détruit ses cellules-hôtes. Les cultures meurent avant qu'on puisse isoler la sale bête. Pourtant, début 1983, Gallo croit avoir gagné : les lymphocytes de trois patients contiennent l'HTLV ! Apparences trompeuses. C'est parce que leurs défenses sont déjà affaiblies que les malades portent le virus de Gallo. Sa présence est la conséquence, non la cause du SIDA.

Un drame épistémologique se noue alors. L'analogie SIDA-leucémie féline fournissait une piste féconde, à condition de ne pas la suivre à la lettre. Gallo refuse de se rendre à l'évidence : le virus du SIDA ne peut pas être l'HTLV, c'est un autre rétrovirus. Au lieu de modifier son hypothèse, Gallo s'enferre. Comme les paléontologues britanniques de l'affaire Piltdown, il modèle les faits en fonction d'une théorie fausse.

Pendant ce temps, une nouvelle étape se joue à Paris.

Courant 1982, un groupe de travail français sur le SIDA s'est constitué, comprenant notamment les docteurs Françoise Brun, Jean-Baptiste Brunet, David Klatzmann, Jacques Leibowitch et Willy Rozenbaum. Ces médecins ont une idée ingénieuse : intercepter le virus au tout début de la maladie, avant qu'il n'ait détruit ses cellules-hôtes. Un jeune patient de Rozenbaum se trouve dans ce cas de figure. Il n'a pas de SIDA déclaré, mais un enflement des ganglions qui constitue souvent l'un des premiers symptômes.

Rozenbaum contacte le groupe de Luc Montagnier, à Pasteur. Après de longues discussions, les chercheurs acceptent, sans trop y croire, de monter une manip pour dépister l'hypothèse rétrovirus dans les ganglions du patient. Nous sommes en janvier 1983. Au bout de quinze jours, c'est le succès, quasi miraculeux ! L'enzyme caractéristique des rétrovirus est détectée. Pour la première fois, on va pouvoir tirer le portrait au microscope électronique du plus recherché des agents pathogènes.

Gallo a perdu le second set. « Si vous avez raison, je le ferai savoir », dit-il à Montagnier. Le 20 mai 1983, la revue *Science* publie cinq articles sur le virus du SIDA. Quatre émanent des groupes de Gallo et d'Essex, et appuient la thèse HTLV. Le cinquième, signé notamment par Luc Montagnier, Jean-Claude Chermann et Françoise Barré-Sinoussi, contient la première description du véritable agent du SIDA. Les Français présentent leur virus comme un cousin de l'HTLV, mais refusent de l'associer à la leucémie. Pour eux, il s'agit d'un nouveau rétrovirus.

Dans les mois suivants, l'équipe de Montagnier se rend compte que son virus est en fait très différent de l'HTLV, et décide de le baptiser LAV — *Lymphadenopathy Associated Virus*. Côté américain, c'est le silence. Et puis, le 23 avril 1984, coup de théâtre : en présence de Margaret Heckler, secrétaire d'État américain à la Santé, Gallo donne une spectaculaire conférence de presse à Washington. Il annonce que la cause du SIDA a été identifiée : c'est un nouveau rétrovirus, baptisé HTLV-III (le numéro 2 est déjà pris par un virus proche de l'HTLV-I, mais très rare). Gallo remercie l'Institut Pasteur pour sa « collaboration ». Quant à l'agent LAV, motus et bouche cousue. A croire que Montagnier et ses collègues ont photographié un extra-terrestre !

Plus que Gallo lui-même, c'est l'Amérique reaganienne qui a emporté, à l'arraché, cette troisième manche. En pleine campagne électorale, l'administration républicaine veut récupérer les bénéfices politiques des millions de dollars investis dans la lutte contre « l'ennemi public n° 1 » Tant pis pour le *fair-play*. Le comble, c'est qu'un document du Congrès américain publié en février 1985 démontrera que Reagan n'a pas été aussi généreux dans ce domaine qu'il l'avait laissé entendre au cours de sa campagne.

Janvier 1985 : Gallo et Montagnier publient les séquences génétiques de leurs champions respectifs. Ô surprise ! Les frères ennemis se ressemblent comme deux jumeaux. Un quatrième set commence, beaucoup plus âpre que les précédents. En décembre 1985, Pasteur porte plainte devant la *Court of claims* américaine, pour faire reconnaître l'antériorité française. Parallèlement à cette démarche officielle, une rumeur se répand, largement alimentée par Montagnier et son entourage : Gallo serait coupable de fraude !

Robert Gallo a-t-il triché ?

Disons-le tout net : Montagnier soupçonne Robert Gallo de lui avoir volé son virus. Plusieurs chercheurs pastoriens sont du même avis. A l'heure actuelle, aucune preuve formelle n'étaie cette grave accusation. Mais il existe un faisceau de présomptions, dont j'ai exposé les grandes lignes dans *L'Événement du jeudi* du 23 janvier 1986, avec la bénédiction de Montagnier. Dans mon article, je n'envisageais la fraude américaine que comme une simple hypothèse. Quelques mois plus tard, *Science et Vie* a publié un papier intitulé « SIDA : la fraude[1] ? » Ce texte, nettement plus virulent que le mien, était signé Éric Mason, pseudonyme d'un membre de l'équipe pastorienne.

Les soupçons des chercheurs français se fondent sur trois éléments principaux :

1° *Une coïncidence troublante.* Lorsqu'on publia les séquences des virus LAV et HTLV-III, leur ressemblance n'étonna personne : on conclut simplement qu'il s'agissait de deux échantillons du même virus. Plus tard, on s'aperçut que le virus possédait une très grande variabilité. Les séquences de deux souches différentes pouvaient diverger de 10 à 20 p. 100. Or l'écart entre LAV et HTLV-III est beaucoup plus faible : 1,5 p. 100 d'après Gallo, moins de 1 p. 100 si l'on en croit "Éric Mason".

Pour Gallo, il s'agit d'une pure coïncidence. N'a-t-il pas isolé, chez deux malades qui n'avaient eu apparemment aucun contact, des virus encore plus proches que LAV et HTLV-III ? Les pastoriens s'interrogent. Pourquoi le hasard aurait-il voulu que ce soit précisément le premier virus isolé par Gallo qui ressemble au LAV, alors que tous les petits frères ultérieurs étaient différents ? N'est-il pas plus plausible que LAV et HTLV-III soient réellement jumeaux ? Autrement dit, HTLV-III ne serait rien d'autre que le produit de la souche LAV, cultivée dans le laboratoire de Bethesda.

2° *Une méthode bizarre.* L'hypothèse est étayée par les conditions particulières dans lesquelles Gallo a isolé son virus. En 1983, lorsque Montagnier n'était pas encore brouillé avec l'Américain, il lui avait envoyé — dans le cadre d'une collaboration normale entre chercheurs — une souche LAV. D'autre part, l'HTLV-III a été isolé à partir d'une culture dans laquelle avaient été mélangées plusieurs souches virales. Méthode inhabituelle : pourquoi mélanger des isolats différents, alors qu'il faudra ensuite purifier la souche pour l'étudier ? Selon Éric Mason, « un

1. Éric Mason, « SIDA : la fraude ? », *Science et Vie*, nº 824, mai 1986.

tel mélange revient à créer une botte de foin d'où il est plus difficile de purifier un virus ».

Quelle était la composition exacte du mélange ? Sur ce point, Gallo se montre discret. Accidentellement ou non, le virus français a-t-il atterri dans la culture américaine ? Dans cette hypothèse, il n'y aurait rien d'étonnant à ce qu'elle en soit ensuite ressortie, à peine modifiée...

3° *Une histoire de photo.* Sur le point précédent, Gallo réplique par un argument choc : la souche offerte par Montagnier était si pourrie qu'il n'a jamais pu la cultiver que « de manière transitoire ». Le LAV aurait-il mal supporté le climat des États-Unis ? Pourtant, le malade sur lequel il fut isolé avait sans doute été contaminé à New York...

Toute la question est de savoir ce que Gallo entend par « transitoire ». Dans l'article de *Science* où il présentait pour la première fois son virus — 4 mai 1984 —, on pouvait admirer de superbes photos de la bête. La légende indiquait clairement qu'il s'agissait de l'HTLV-III. Or, en avril 1986, Gallo publiait un rectificatif : par suite d'une malencontreuse erreur, ce n'était pas le portrait de l'HTLV-III qui était paru dans *Science*, mais celui du LAV ! Par conséquent, Gallo avait quand même pu cultiver le LAV assez longtemps pour en tirer d'excellentes photos...

Ce qui prouve au moins une chose : lorsque Gallo annonça sa découverte en 1984, il avait toutes les raisons de supposer que Montagnier l'avait devancé. Comment LAV et HTLV-III auraient-ils pu avoir une morphologie similaire au point d'être confondus sur des photos, et appartenir à deux espèces différentes ? Par conséquent, même si Gallo n'a pas volé, au sens propre, le virus de son rival français, il se l'est approprié moralement. Ce n'est pas très délicat. Mais laissons la parole à la défense.

Les arguments de Gallo

Dans une longue interview réalisée par Martine Barrère et Marcel Blanc pour *La Recherche*[1], Robert Gallo démonte point par point les accusations portées contre lui. Pourquoi n'a-t-il pas cherché plus tôt à vérifier que les virus étaient les mêmes ? Réponse de Gallo :

« Oui, nous aurions pu prendre la peine de le faire pour notre premier article sur HTLV-III. Mais, mettez-vous à ma place : auriez-vous pensé à l'époque que ce travail de comparaison fût un sujet si brûlant ? Fin février 1984, je me suis rendu à l'Institut Pasteur où j'ai tenu une conférence. J'ai dit à Montagnier et Chermann : c'est peut-être le même virus que celui que vous avez identifié l'an dernier. Finalement, Luc Montagnier est venu aux États-Unis, à un colloque tenu à Denver dans le Colorado, en juin 1984, un mois après notre publication dans *Science*. Nous avons fait à ce moment une conférence de presse commune et nous avons annoncé que nous avions identifié la même espèce de virus provisoirement dénommé HTLV-III/LAV. Mais déjà nos relations s'étaient détériorées. Il s'est passé quelque chose en mars ou avril, je ne sais pas quoi ; depuis ce moment, ils ont perdu confiance en moi. »

Qu'a-t-il bien pu se passer ? Oh ! juste un petit détail : la fameuse conférence de presse du 23 avril, où Gallo apparaissait devant les médias du monde entier comme l'homme qui avait capturé l'agent du SIDA. Si Montagnier et Chermann avaient apprécié le show, cela aurait relevé d'un masochisme pathologique ! Une autre remarque : quand Gallo dit que la comparaison des virus ne lui paraissait pas un sujet brûlant, il montre à quel point il était aveuglé par ses *a priori*. Car à l'évidence, s'il y avait un sujet brûlant, c'était bien celui-là. Si Montagnier avait raison, cela ruinait l'hypothèse HTLV, puisque les chercheurs de Pasteur affirmaient depuis le début que l'agent

---

1. Martine Barrère et Marcel Blanc, « SIDA : Robert Gallo s'explique », *La Recherche*, n° 180, septembre 1986.

du SIDA était un nouveau rétrovirus, très différent de celui de la leucémie !

Le point crucial, c'est que Gallo aurait pu isoler le virus du SIDA bien avant le groupe de Montagnier s'il ne s'était pas entêté dans sa logique de départ. Il s'attendait à ce que le virus provoquât, comme l'HTLV, un effet de cancérisation des lymphocytes. Si cela s'était produit, Gallo aurait pu cultiver le virus beaucoup plus tôt. Les échecs répétés de ses premières tentatives ne lui ont pas ouvert les yeux, parce qu'il était trop ancré dans son hypothèse.

En réalité, c'est l'équipe française qui a compris la première que l'effet caractéristique du virus était de tuer les cellules, et non de les immortaliser. Et il est évident que Gallo s'est rendu compte de son erreur en grande partie grâce aux travaux de Pasteur. A partir de 1984, le L de HTLV change d'ailleurs de signification dans les publications de l'Américain : tantôt il est mis pour *leukemia*, tantôt pour *lymphotropic* (ce dernier terme exprimant que le virus a pour cible les lymphocytes).

Dans la suite, Gallo se livrera à des tours de passe-passe rhétoriques pour montrer qu'il avait quand même raison. Dans un article paru dans *Nature* du 3 octobre 1985, Gallo énumère 17 similarités entre HTLV-I et HTLV-III/LAV. Entre autres : il s'agit de deux rétrovirus humains, ayant pour cible les lymphocytes T, se transmettant par voie sanguine ou sexuelle, probablement originaires d'Afrique, avec des cousins chez les singes... Commentaire d'Éric Mason : « Le cerveau et le foie existent aussi chez le singe, ce qui prouve la ressemblance de ces organes. »

Gallo sait très bien que de tels syllogismes ont peu de valeur. En véritable père abusif, l'Américain veut absolument faire de l'agent du SIDA le dernier-né de « sa » famille HTLV. Ce qui le conduit à minimiser l'apport français. Tout porte à croire que Gallo s'est servi du LAV, beaucoup plus qu'il ne veut bien l'admettre.

Mais cela ne constitue pas une fraude. Voici un extrait de l'interview de *La Recherche* où Gallo réfute les principales attaques dont il fait l'objet :

« Maintenant, je vais vous montrer qu'il n'est pas possible que nous ayons voulu "détourner" le LAV envoyé par Luc Montagnier. Si telle avait été notre intention, nous n'aurions pas répondu à Luc Montagnier que nous l'avions reçu, nous aurions dit qu'il s'était perdu à l'aéroport. De même, pour la photo du LAV malencontreusement glissée dans notre article de *Science*, nous n'aurions pas écrit dans notre lettre adressée au service de microscopie électronique : cet échantillon est celui du LAV, qui vient de France. Et puis, est-ce que cela n'aurait pas été une grossière erreur de publier sous le nom de HTLV-III de souche B précisément la séquence de l'échantillon envoyé par Luc Montagnier, alors que nous avons cultivé en même temps plusieurs autres échantillons de HTLV-III, comme par exemple le HTLV-III de souche RF. La séquence de ce dernier diffère de 1 100 nucléotides de celle du LAV. Personne ne parle jamais de celui-ci, qui a été cloné, séquencé, qui a fait l'objet de publications, servi de base au test de dépistage du SIDA. A l'Institut Pasteur, on sait que nous avons aussi cette souche de virus, très différente du LAV. C'est déloyal à mon égard. »

En se mettant ainsi dans la peau d'un fraudeur hypothétique, Gallo joue un jeu un peu ambigu. Il raisonne comme si la fraude avait été préméditée. Or Gallo n'aurait certainement pas décidé à l'avance de détourner le LAV, puisqu'il doutait que le virus de Montagnier fût réellement celui du SIDA. Mais que s'est-il passé ensuite ? Gallo — ou plus exactement un de ses collaborateurs, Mikulas Popovic — a reçu la souche LAV en septembre 1983. Popovic a tenté de cultiver le LAV, en même temps que d'autres isolats recueillis par le groupe américain. Aucune de ces cultures n'a tenu, mais il a quand même été possible de réaliser des photo des échantillons.

A ce propos, une explication est nécessaire : les photos n'ont pas été faites chez Gallo, mais dans un autre laboratoire, celui de Matthew Gonda, spécialisé dans la microscopie électronique. C'est à cela que Gallo fait allusion lorsqu'il déclare que s'il avait voulu tricher, il n'aurait pas indiqué au service de microscopie électronique qu'il lui transmettait un échantillon du LAV provenant de Pasteur.

Le 14 décembre 1983, Gonda envoya à Popovic les photos de 33 échantillons, parmi lesquelles se trouvaient les fameuses photos du LAV introduites par erreur dans l'article de *Science*. Gonda avait joint une lettre où il expliquait que seul le LAV avait infecté les cultures de cellules. Apparemment, les avocats de Montagnier — ou plutôt de l'Institut Pasteur — ont trouvé cette lettre et découvert ainsi la méprise.

En novembre 1983, donc un peu avant de recevoir les photos de Gonda, Popovic a enfin résolu le problème de la culture du virus. Jusque-là, on n'obtenait que des cultures transitoires, selon le terme de Gallo, parce que le virus tuait les cellules. Popovic a mis au point une lignée cellulaire spéciale qui résistait au virus. C'est dans cette lignée — dite H9 — que Popovic a introduit le mélange d'isolats d'où est sortie la souche de HTLV-III que Gallo appelle B. Question de *La Recherche* : cette souche pourrait-elle être issue d'une contamination imprévue par l'échantillon du LAV ?

Gallo ne le nie pas formellement : « On ne peut pas prouver que c'est un accident de contamination et je ne peux pas non plus prouver que ce n'en est pas un. » Le seul point clair est que Gallo possédait plusieurs souches de virus. Plus obscures sont les raisons qui ont amené Popovic à préparer son cocktail. La lettre de Gonda suggère que le LAV était peut-être plus apte à la culture que les autres isolats. Faut-il en conclure que le mélange de Popovic avait pour principale fonction de noyer le poisson, ou plutôt le virus ? C'est sans doute aller trop loin, d'autant que Popovic a vainement tenté, en février 1984, d'infecter sa lignée H9 avec différents isolats, dont le LAV. Ce dernier avait pourtant infecté les lignées précédentes.

Mais revenons au raisonnement par lequel Gallo entend démontrer qu'il n'a pas détourné le LAV. Il décrit une fraude hypothétique qui relève du crime parfait : prétendre qu'il n'avait jamais reçu le LAV, s'en servir et, plus tard, publier sous le nom d'HTLV-III une séquence au-dessus de tout soupçon. Pour agir de la sorte, il fallait savoir dès le début que la ressemblance entre LAV et HTLV-III risquait de poser problème. A l'époque, Gallo ne connaissait pas les séquences des virus. Il ignorait que le virus était très variable. Comment aurait-il pu deviner que la souche RF — qu'il a reçue à peu près en même temps que celle de Montagnier — était plus « présen-table » que la souche B ? Ce n'est que vers la fin 1984 qu'il s'est rendu compte de la diversité génétique des virus du SIDA.

Dans un article de *Science* (7 décembre 1984), Gallo et plusieurs chercheurs de son groupe montrent en parti-culier que la souche RF diverge fortement de la souche B. Mais, dans l'hypothèse du détournement, il était alors trop tard pour revenir en arrière. De toute façon, Gallo était obligé de publier la séquence de son virus de référence, le HTLV-III B, qu'il avait décrit dans ses articles de mai 1984. Par conséquent, le scénario de « crime parfait » que décrit Gallo n'aurait pas pu se réaliser.

Je ne veux pas dire par là que Gallo exprime son regret inconscient de n'avoir pu réaliser la fraude idéale. De toute façon, en l'absence de preuves réelles, il devrait être présumé innocent. Cela dit, dans sa rhétorique défensive, Gallo en fait comme d'habitude un peu trop. Mais il n'est pas le seul. Il est quand même surprenant que les avocats de Pasteur aient eu accès à la correspon-dance de Gallo et Popovic. En outre, Montagnier et certains de ses collègues ont favorisé des rumeurs qui, si elles se révèlent fausses, auront injustement sali la répu-tation de l'Américain. C'est pourquoi, en fin de compte, je suis tenté de renvoyer Gallo et Montagnier dos à dos. Le premier, parce qu'il a manqué de *fair-play*. Le second, parce que sa méfiance à l'égard de Gallo frise la paranoïa.

A la décharge de Montagnier, certains papiers scienti-fiques semblent aller dans son sens. Dans *Science* du 22 novembre 1985, un article compare la structure de douze souches de virus du SIDA, et souligne assez perfi-dement que toutes ont des signatures fort différentes, sauf

LAV et HTLV-III... Bien sûr, les auteurs — parmi lesquels se trouvent plusieurs compatriotes de Gallo — ont peut-être seulement voulu indiquer une bizarrerie de la nature. Mais, dans cette guerre de clans qu'est devenue la recherche sur le SIDA, il est vraisemblable que Gallo a aussi des ennemis américains.

Qu'est-ce qu'un « bon scientifique » ?

La science, c'est un peu comme certains restaurants : on vous sert des plats très alléchants, mais si vous alliez faire un tour aux cuisines avant de vous mettre à table, vous risqueriez de perdre l'appétit. Vue de près, la petite cuisine du SIDA n'est guère ragoûtante : chauvinisme, guerres de clans, gros sous, concurrence déloyale, indé-licatesses, soupçons, tout y est.

Pourtant, du côté de la salle à manger, le plat ne manque pas d'attrait. En moins de cinq ans, on a isolé le virus d'une maladie nouvelle, on l'a décrit en détail, on a ébauché les pistes d'un traitement et d'un vaccin. Jamais, dans l'histoire de la médecine, on n'avait observé un progrès aussi rapide. Dans une lettre adressée en réponse à l'article où je le mettais en cause, Gallo déplore la tragicomédie d'une polémique qui nuit à la science et aux patients victimes de cette terrible maladie. Air connu : pendant que les savants se querellent, les malades trinquent. Ne vaudrait-il pas mieux une recherche digne et paisible, où tout le monde collaborerait sans autre intérêt que le bien commun ?

Je me méfie des vœux pieux et des visions angéliques. Ils ne correspondent pas aux situations réelles : Gallo est le premier à déclarer, dans l'interview déjà citée, qu'il n'est pas question d'élaborer des « projets communs » ou de « fabriquer ensemble un vaccin ». En outre, je ne suis pas sûr que les querelles soient forcément un obstacle au progrès scientifique. Paradoxalement, l'histoire du SIDA semble montrer le contraire : plus les chercheurs se crêpent le chignon, plus ils progressent rapidement.

Si Gallo, Montagnier et bien d'autres ne s'étaient pas passionnés pour la course au virus, qui aurait fait le boulot ? Bien sûr, la passion aveugle souvent, et elle est rarement désintéressée. Mais c'est aussi un formidable moteur. On ne fait pas avancer la science sans faire monter le taux d'adrénaline. Même les erreurs sont productives. Gallo a eu tort de voir des HTLV partout, mais la piste des rétrovirus était bonne. Après coup, nous pouvons dire que l'Américain n'aurait pas dû s'obstiner à chercher un effet du genre leucémie. Seulement, si l'on veut trouver quelque chose, il faut bien partir d'une hypothèse. Au risque de se tromper.

L'un des mythes entretenus par la vision scolaire de la science, c'est que les découvertes surgissent toutes faites du cerveau de leur auteur. En réalité, la science marche souvent au culot. Lorsque Darwin écrivit *L'Origine des espèces*, sa théorie de l'évolution et de la sélection naturelle était pleine de trous. Sans les lois de Mendel, sans les travaux de Morgan, sans la génétique moléculaire et la double hélice de Crick et Watson, le darwinisme serait une théorie à la noix. Toute la force de Darwin a résidé dans sa conviction inébranlable que la noix n'était pas creuse.

« Ce qui distingue Darwin, écrit l'historien des sciences Pierre Thuillier, ce n'est pas tant la découverte de nouvelles idées qu'un extraordinaire acharnement à les articuler entre elles, à en tirer les conséquences et à les confirmer par une incroyable quantité de faits bien choisis. Ces démarches, assurément, exigeaient des qualités proprement intellectuelles. Mais une fois de plus est vérifiée la justesse du mot d'Einstein : seul un monomaniaque obtient des résultats. Bref, Darwin a eu la foi[1]. »

La foi ne met pas à l'abri des erreurs. Tout le monde peut se tromper, comme disait le hérisson qui redescendait d'une brosse à chaussures. Darwin s'est trompé plus souvent qu'à son tour. Pour boucher les trous de sa

---

1. Pierre Thuillier, « Darwin était-il darwinien ? », *La Recherche*, n° 129, janvier 1982.

théorie, il a admis l'hérédité des caractères acquis, et un certain nombre d'autres fariboles telles que l'« hérédité intermédiaire ». Selon cette conception, les caractères hérités des deux parents se mélangent comme des liquides chez la progéniture. Une tulipe blanche croisée avec une tulipe rouge donnera une tulipe rose... Si c'était vrai, il serait impossible, par exemple, que l'enfant d'un père aux yeux noirs et d'une mère aux yeux bleus ait lui-même les yeux bleus.

En caricaturant, on pourrait raconter le darwinisme comme une imposture qui a bien tourné. On a fini par boucher les trous, mais on les a bouchés après. C'est l'histoire qui départage les bonnes théories des balivernes. Au départ, les bonnes théories contiennent souvent beaucoup d'erreurs, qu'on rectifie ensuite. Ce qui caractérise les grands savants, et en général les bons scientifiques, ce n'est pas d'avoir toujours raison, c'est d'assumer les risques de l'erreur. Lorsqu'ils se trompent, ils corrigent la copie. A l'inverse, l'imposteur préfère nier le réel plutôt que d'admettre une erreur. En somme, l'imposture est une erreur non assumée. Elle est sans doute inévitable, parce que la science est faite par des êtres humains. Mais, comme le dit Gould : « Je ne m'afflige pas de voir l'ordre humain voiler toutes nos interactions avec l'univers, car le voile est translucide, aussi solide que soit sa texture. »

Exercices

1. Concevez, puis mettez en œuvre, une expérience permettant de casser trois pattes à un canard. Pour être significative, l'expérience doit porter sur un nombre conséquent de canards non boiteux.

2. En quoi cette expérience confirme-t-elle l'hérédité des caractères acquis ?

Réponse : les descendants des canards maltraités n'ont que deux pattes, ce qui démontre qu'une intervention extérieure a modifié l'hérédité des palmipèdes.

3. Ceci est une question ouverte : à votre avis, pourquoi des gens comme Rémy Chauvin et Rupert Sheldrake croient à la fois à l'hérédité des caractères acquis et à la réalité des phénomènes paranormaux ? Quels liens discernez-vous entre ces deux croyances ?

Suggestions : 1° Les deux systèmes s'accordent avec la notion qu'une force spirituelle peut modeler la matière ; 2° Dans les deux cas, il y a un mépris évident des faits objectifs, avérés et constatés.

LEÇON 8

Des pièges du langage, tu abuseras

« Groucho n'était pas sorti de l'enfance qu'il était déjà le professeur de ses frères ; et il n'était pas encore très fort sur l'orthographe, qu'il réussissait déjà à aborder la géographie de façon originale.

« Lorsqu'il demanda à Harpo quelle était la forme de la Terre, Harpo (qui ne s'était pas encore tourné exclusivement vers la pantomime) lui répondit avec candeur qu'il ne savait pas. Sur quoi Groucho essaya de lui suggérer la réponse : "Voyons, lui demanda-t-il, quelle est la forme de mes boutons de manchettes ?

« — Carrée, dit Harpo.

« — Je veux dire les boutons de manchettes que je porte le dimanche, pas ceux de tous les jours ? Hein ? Alors, quelle est la forme de la Terre ?

« — Ronde le dimanche, carrée les jours de semaine", répondit Harpo qui, peu de temps après, se vouait professionnellement au silence[1]. »

1. *Correspondance de Groucho Marx*, Champ Libre, Paris, 1971.

Les agents doubles du langage scientifique

L'anecdote ci-dessus est extraite de l'introduction rédigée par Arthur Sheekman à la *Correspondance de Groucho Marx*. A mon avis, Sheekman se montre très injuste envers Harpo. Il a l'air de sous-entendre qu'après une telle perle, Harpo n'avait rien d'autre à faire que de « se vouer professionnellement au silence ». Pourtant, Harpo mériterait au minimum le titre de docteur *honoris causa* de l'université internationale des cancres pour avoir mis en évidence ce problème épistémologique capital : une notion scientifique, aussi élémentaire soit-elle, ne s'acquiert pas sans un processus d'abstraction, sans une rupture avec la connaissance immédiate.

Pour le physicien américain Banesh Hoffmann, passer de la Terre plate à la Terre ronde nécessite un saut conceptuel aussi important que passer de la physique classique à la quantique : « Quand (les hommes) proclamèrent pour la première fois que la Terre n'était pas plate, ne proposèrent-ils pas par là un paradoxe aussi diabolique que n'importe lequel de ceux que nous avons rencontrés dans notre histoire des quanta ? Cette conception dut sembler au début absolument fantastique à la plupart des gens ; cette conception qui est maintenant si facilement et si aveuglément admise par les enfants, contre la claire évidence de leurs sens immédiats, qu'ils ont tôt fait de tourner en ridicule le maniaque isolé qui s'obstine à déclarer que la Terre est plate ; leur seul souci, s'ils en ont un, a pour objet le bien-être des pauvres gens des antipodes qui — suivant leur raisonnement si vivant — sont voués à passer leur vie entière à marcher sur la tête[1]. »

Conceptualiser la rotondité de la Terre suppose un système de représentation qui rompt avec « la claire évidence des sens immédiats ». Le souci pour les gens des antipodes montre bien que la rupture ne s'opère pas

1. Banesh Hoffmann, *L'Étrange Histoire des quanta*, Le Seuil, Paris, 1981.

facilement. Si les enfants ridiculisent le maniaque isolé, c'est davantage en raison de son isolement que parce qu'ils ont vraiment compris en quoi il se trompe. L'échec pédagogique de Groucho ne vient pas tant de ce que sa métaphore est maladroite. Il vient, d'abord, de ce qu'aucune métaphore du langage courant ne suffit à rendre compte de la Terre sphérique. Quant à Harpo, le niveau d'abstraction de sa pensée se situe nettement en dessous de l'horizon planétaire.

Mais attention : si Harpo ne comprend pas ce que veut lui dire Groucho, il comprend quand même quelque chose. Les mots d'une « langue naturelle » — telle que l'anglais, le français ou le serbo-croate — ont le pouvoir fantastique de produire un sens immédiatement partageable, même si les interlocuteurs ne partagent pas toujours le même sens. On peut contester l'expression « langue naturelle », utilisée par les théoriciens du langage : le langage n'est jamais naturel. Mais l'expression traduit bien le rapport immédiat et familier que nous entretenons avec notre langue, en dépit de son ambiguïté.

Les langues naturelles ont une formidable efficacité, en ce sens qu'elles permettent à des groupes humains très nombreux de communiquer. Mais elles sont imprécises. Elles produisent des énoncés aux sens multiples. Pour décrire le réel avec précision, les scientifiques utilisent des langages « artificiels », formalisés. Ce type de langage n'a pas l'ambiguïté d'une langue naturelle. Une équation de mécanique, une fois définis ses variables et paramètres, ne se comprend que d'une seule façon. Mais, pour la comprendre, il faut passer par un apprentissage qui n'est pas du même ordre que l'apprentissage de l'anglais ou du français.

Cette coupure entre langues naturelles et langages artificiels ne poserait aucun problème si les deux systèmes étaient autonomes l'un par rapport à l'autre. On peut très bien vivre sans comprendre les lois de Kepler ou les équations de la relativité. N'y a-t-il pas des gens payés pour s'occuper de ces formules ésotériques ? Chacun son métier. Il y a ceux qui ont la bosse des maths et les autres, les littéraires et les artistes, sans oublier les manuels, car il faut de tout pour faire un monde.

En réalité, cette division n'a rien d'anodin, et joue un rôle crucial dans la réussite des impostures scientifiques, comme nous le verrons à la fin de cette leçon. Bornons-nous provisoirement au constat d'échec qui amène un grand nombre de gens à formuler des sentences comme celle-ci : « Pour moi, les maths c'est du chinois. » Un tel énoncé, généralement admis comme allant de soi, ne reflète pas la situation réelle. Pour une raison que La Palice n'aurait eu aucun mal à élucider : les mathématiciens français ne sont pas chinois.

Personnellement, je ne connais pas un mot de chinois, ni un seul caractère de l'écriture chinoise. Devant une édition originale du *Quotidien du peuple*, je me sens aussi désarmé qu'un phoque qui aurait trouvé une bicyclette.

J'admets que l'effet est à peu près le même pour un cancre qui se trouve en présence de l'identité, supposée remarquable, « $(a + b)^2 = a^2 + 2\,ab + b^2$ ». Mais considérez la phrase suivante : « La condition nécessaire et suffisante pour qu'un machin donné quelconque puisse être défini (à un isomorphisme près) par une machination est évidemment que ce machin possède un système fini de générateurs[1]. » Contrairement aux apparences, cette phrase n'est pas extraite d'un sketch de Raymond Devos. En fait, il s'agit d'une proposition relativement élémentaire de la théorie des fonctions récursives, sur laquelle je ne m'étendrai pas.

Un point me paraît toutefois au moins aussi remarquable que l'identité précitée : à peu près tous les mots de la proposition ont un sens dans la langue française ordinaire. Bien sûr, le sens mathématique de « machin » et « machination » n'est pas le sens habituel. Reste que la situation diffère de celle du Français non sinologue face à un texte chinois. Ici, un peu comme Harpo face au

1. J.-L. Destouches, « Théorie des fonctions récursives et applications », *Séminaire de logique mathématique*, 1959.

discours de Groucho, le « profane » comprend sans comprendre.

Les mathématiciens, les physiciens, les chimistes, les biologistes ne sont pas des extra-terrestres. Pour fabriquer leurs langages artificiels, ils empruntent beaucoup de mots à la langue commune. Les maths fourmillent de tribus, clans, groupes, corps, anneaux, etc. La physique des particules est riche en couleurs, saveurs, charme et beauté. Si bien que, malgré l'ésotérisme des équations différentielles et des intégrales triples, il subsiste des passerelles entre le langage scientifique et celui de tous les jours.

Mais ces passerelles sont des planches savonneuses. Elles favorisent les glissements de sens et les dérapages sémantiques incontrôlés. Une équation différentielle ne trompe pas son monde : comme un caractère chinois, on sait la lire ou on ne sait pas. En revanche, le vocabulaire d'emprunt des scientifiques constitue une véritable pépinière d'agents doubles, avec, justement, toute la duplicité que cela implique. Le physicien Jean-Marc Lévy-Leblond l'illustre avec humour dans cet extrait d'un entretien accordé à *Science et Vie* :

« Essayez donc d'expliquer à un manœuvre que, s'il monte un sac de ciment au cinquième étage et qu'il le redescend, il n'aura effectué aucun travail contre la pesanteur... Il vous regardera d'un drôle d'œil ! Toute tentative de transposer à l'extérieur une idée intérieure à la physique, en jouant sur l'ambivalence d'un mot qui désigne, d'une part, un concept de la théorie physique et, d'autre part, une réalité de la vie courante, peut conduire aux pires égarements[1]. »

Le seul moyen d'éviter ces égarements est de connaître le contexte précis dans lequel les physiciens parlent de « travail ». Cela passe inévitablement par l'apprentissage de la physique. C'est pourquoi la vulgarisation scientifique ne peut prétendre transmettre réellement le savoir, mais seulement l'évoquer. Le vulgarisateur ne dit pas la science,

1. Michel Eberhardt, *op. cit.*

il raconte des histoires de science (*cf.* leçon 4). C'est évidemment une situation inconfortable pour un vulgarisateur qui se voudrait — au moins un peu — pédagogue.

Mais quelle aubaine pour les joueurs de pipeau ! Avec la complicité de mots qui n'ont pas choisi leur camp, ils tissent leurs contes des mille et une nuits sémantiques. Ces maîtres de la rhétorique abusent des doubles sens et abusent les sens de qui les écoute. Des élucubrations psirites aux fantasmagories d'*Actuel*, les découvertes sensationnelles et les machines merveilleuses brillent de l'éclat que leur confère la plus puissante des magies : celle du langage, faite de jargon cabalistique, de calembours amphigouriques, de métaphores paraboliques et d'analogies hyperboliques.

Comment nourrir le fumeux du discours

Dans un petit livre fort drôle, *Le Roland-Barthes sans peine*, Michel-Antoine Burnier et Patrick Rambaud ironisent — non sans une certaine cruauté — sur les préciosités de style de l'auteur du *Degré zéro de l'écriture*, et surtout de ses imitateurs. L'un des procédés que moquent Burnier et Rambaud est celui de la « surponctuation », qui consiste en « un afflux de ponctuation décorative et de fioritures : italiques, parenthèses, barres, guillemets, tirets, points d'interrogation, capitales, etc.[1] ».

Prenons un passage du roman de H.G. Wells, *Les Premiers Hommes dans la Lune* : « Une masse de fumée et de cendres et un carré de substance bleuâtre et brillante se précipitèrent vers le zénith. » Surponctué, cela donne : « Une *masse* de fumée (et de cendres ?), et un « carré de substance » bleu-âtre (et/ou) brillante se pré(cipi)tèrent, *vers le zénith.* »

A quoi sert la surponctuation ? D'abord, cela fait joli, ensuite cela jette le brouillard sur une phrase trop simple :

1. Michel-Antoine Burnier et Patrick Rambaud, *Le Roland-Barthes sans peine*, Balland, Paris, 1978.

« La surponctuation orne et brouille les phrases du système barthésien : elle nourrit le *fumeux* du Texte. »

L'abus du jargon constitue l'équivalent, dans le discours pseudo-scientifique, de la surponctuation, comme l'illustre ce passage de Rupert Sheldrake : « Les champs moteurs de niveau supérieur comprennent non seulement les organes sensoriels, le système nerveux et les muscles, mais encore des objets *extérieurs* à l'animal. Considérons par exemple le champ moteur de l'alimentation. Ce processus — la capture et l'ingestion de nourriture — est en fait un type spécial de morphogenèse par agrégation (*cf.* Section 4.1). L'animal affamé est la structure du germe et il entre en résonance morphique avec les formes finales précédentes de ce champ moteur, c'est-à-dire les animaux antérieurs similaires, y compris avec lui-même dans un bon état nutritionnel. Dans le cas d'un prédateur, l'acquisition de cette forme finale dépend de la capture et de l'ingestion de la proie. Le champ moteur de la capture se prolonge dans l'espace autour de l'animal, et inclut la forme virtuelle de la proie (*cf.* Fig. 11). Cette forme virtuelle est achevée quand une entité correspondante suffisamment proche d'elle approche du prédateur : la proie est reconnue, et la chréode de capture induite. Sur un plan théorique, le champ moteur affecte des événements probabilistes dans n'importe lequel des systèmes qu'il comprend, y compris les organes sensoriels, les muscles, la proie. Mais dans la plupart des cas, son influence semble susceptible de ne concerner que la modification d'événements probabilistes dans le système nerveux central, en dirigeant les mouvements de l'animal vers l'actualisation de la forme finale, dans le cas de la capture de la proie[1]. »

Quelque part au niveau du vécu, Sheldrake nous livre quatre découvertes sensationnelles : 1° lorsqu'un animal a faim, le meilleur remède est de manger ; 2° pour un prédateur, la nourriture la plus adéquate est une proie ;

1. Rupert Sheldrake, *op. cit.*

3° pour manger la proie, il faut d'abord la capturer ;
4° après avoir bouffé, on a moins faim qu'avant.

Évidemment, ces truismes ne font pas progresser la biologie à pas de géant. Mais une fois habillés de champs moteurs, de résonance morphique, de chréodes et d'événements probabilistes, ils prennent l'allure d'énoncés scientifiques. La première fonction du jargon sheldrakien n'est donc pas de signifier, mais d'établir une distance par rapport au langage quotidien, censée correspondre à la distance qui sépare la science du sens commun.

Autrement dit, Sheldrake ne fait rien d'autre que mettre en œuvre un processus décrit par Roland Barthes dès les premières lignes du *Degré zéro de l'écriture* :

« Hébert ne commençait jamais un numéro du *Père Duchêne* sans y mettre quelques "foutre" et quelques "bougres". Ces grossièretés ne signifiaient rien, mais elles signalaient. Quoi ? Toute une situation révolutionnaire. Voilà donc l'exemple d'une écriture dont la fonction n'est plus seulement de communiquer ou d'exprimer, mais d'imposer un au-delà du langage qui est à la fois l'Histoire et le parti qu'on y prend. »

Cet « au-delà du langage » que signale le jargon pseudo-scientifique, c'est la relation de distance au savoir qui est censée séparer l'imposteur de son public. Dans un véritable énoncé scientifique, cette distance est réelle. Ici, elle est artificiellement créée par le degré zéro du discours pseudo-scientifique, autrement dit par des mots creux qui jettent le brouillard sur un propos banal. Notons au passage qu'en dépit des moqueries de Burnier et Rambaud, Barthes avait compris bien avant eux le rôle de la surponctuation.

Le brouillard du jargon ne sert pas seulement à donner une apparence compliquée à des choses trop simples. Il permet aussi de masquer les abus de langage. Ainsi, en accolant l'adjectif « morphogénétique » au substantif « germe », Sheldrake peut amalgamer en une même notion des « germes » qui n'ont rien à voir : tantôt il s'agit du noyau d'un atome, tantôt du germe d'un cristal, tantôt du noyau d'une cellule, et ainsi de suite. Au fond, le « germe morphogénétique » ne représente rien de concret. C'est un trompe-l'œil destiné à nourrir l'illusion que Sheldrake parle d'atomes, de cristaux ou de cellules réels.

De ce point de vue, le discours de Sheldrake s'apparente à la théorie synergétique de Vallée. Considérons, par exemple, deux passages de l'article de *Science et Vie*[1] consacré à cette théorie (*cf.* leçon 3) :

« L'hypothèse synergétique conduit à considérer l'espace physique comme un substrat constitué de vibrations électromagnétiques, au sens de Maxwell, formant la trame de l'univers non matériel ; ce qui revient à dire que chaque onde se propage dans un milieu non matériel constitué par toutes les autres et qui, par la logique même des choses, est éternel. »

« L'interaction entre matière et énergie était connue depuis la relativité, mais elle trouve là une explication beaucoup plus satisfaisante. Tout d'abord le vide, au sens géométrique, n'existe pas ; ce n'est qu'un concept commode en mathématiques. En réalité, tout l'espace est traversé sans cesse par une pluie de rayonnements venant de toutes les directions et transportant beaucoup plus d'énergie que le rayonnement solaire, bien qu'étant fondamentalement de même nature, c'est-à-dire électromagnétique. »

En réalité, le Soleil n'émet pas seulement un rayonnement électromagnétique. Sa couronne est la source d'un écoulement de particules chargées, essentiellement des protons, des électrons et des ions d'hélium, que l'on appelle le « vent solaire ». Mais le texte ne contient pas seulement des inexactitudes de détail ; pris dans son ensemble, il ne signifie rien.

Dire qu'une onde électromagnétique se propage dans un milieu non matériel est un truisme : la lumière, contrairement, par exemple, aux ondes acoustiques, circule dans le vide. C'est justement pour cela que nous voyons la lumière du Soleil. Comme il y a dans l'univers des milliards et des milliards d'étoiles, il est évident que

1. Renaud de la Taille, *op. cit.*

le « vide » interstellaire est traversé par le rayonnement de ces astres. Il n'en est pas moins vide, en ce sens qu'il ne contient pas, ou presque pas de matière. L'équivalence entre matière et énergie exprimée par la célèbre relation $E = mc^2$ de la relativité ne signifie pas que la matière soit la même chose que l'énergie. Quant à affirmer que les vibrations électromagnétiques forment « la trame de l'univers non matériel », et que ce dernier est éternel « par la logique même des choses », c'est seulement une manière de remplir le vide... du discours !

Bref, le jargon de Sheldrake et de Vallée ne fait qu'alimenter le bruit de fond du monologue pseudoscientifique. Question : ce jargon ne risque-t-il pas de rebuter le public ? Il s'agit d'un problème bien connu des vulgarisateurs. A partir de quelle dose de mots savants le lecteur se détourne-t-il avec fureur d'un texte imbuvable ? L'expérience prouve qu'il n'y a aucune limite : plus ça jargonne, mieux ça passe. Un texte de vulgarisation trop facile à comprendre risque même de paraître suspect. S'il n'est pas « surponctué » de jargon ésotérique, si la distance au savoir n'est pas signalée, le lecteur sera tenté de ne pas le prendre au sérieux. Ce qui est certainement l'attitude la plus saine qu'on puisse adopter vis-à-vis de la vulgarisation.

A l'évidence, l'imposteur cherche à être pris au sérieux. Il n'a donc pas le choix : il doit faire compliqué, à la fois pour emporter l'adhésion et parce que, sur le fond, il n'a rien à dire. C'est ainsi que le jargon nourrit le fumeux du discours pseudo-scientifique.

Comment bâtir une théorie sur un calembour

Certains détracteurs du psychanalyste Jacques Lacan ont lourdement ironisé sur son utilisation systématique des jeux de mots comme outil d'exploration de l'inconscient. Cette critique a donné lieu à un livre parodique de François George, *L'Effet yau de poêle*, dont le titre traduit bien les intentions. Or, les théories pseudo-scientifiques font un usage immodéré de l'effet « yau de poêle ». Ainsi, le discours de Sheldrake peut être considéré, dans une large mesure, comme un enchaînement de calembours exploitant la polysémie de mots tels que forme, germe, résonance et champ.

Mais je ne voudrais pas donner au lecteur l'impression que je m'acharne sur la même cible. Intéressons-nous plutôt à la « théorie de la relativité complexe » du physicien Jean E. Charon. Je doute fort que Charon soit physicien au sens où on l'entend habituellement. Mais, dans le texte qui figure au dos de son dernier livre — *Les Lumières de l'invisible*[1] — cette qualité lui est attribuée, ainsi que le titre de directeur du CERCLE, ou centre de recherche sur la relativité complexe.

Personnellement, je serais plutôt enclin à présenter Charon comme une sorte de gourou de secours. Sa relativité complexe, qu'il développe depuis une trentaine d'années, est censée prolonger la relativité générale d'Einstein. En fait, elle repose sur une variante inédite — et plutôt ésotérique — de l'effet « yau de poêle » : le calembour mathématique.

De quoi s'agit-il ? En mathématiques, on appelle « nombres complexes » certains nombres composés d'une partie « réelle » et d'une partie « imaginaire ». Ces dénominations ont une origine historique et ne doivent pas être prises à la lettre. La partie imaginaire possède un carré négatif, contrairement au carré d'un nombre « réel » qui est toujours positif. Par exemple, le carré de 3, comme celui de –3 égale 9. En termes de relations algébriques, il n'y a aucun inconvénient à ce qu'un carré soit négatif. Mais lorsqu'on a inventé les nombres complexes, l'idée paraissait si saugrenue qu'on a préféré rejeter ces carrés négatifs dans les limbes de l'imaginaire.

Un nombre complexe quelconque s'écrit $a + ib$, où a est la partie réelle et ib la partie imaginaire (i au carré égale –1). Charon en déduit cette formule magique, qui résume la relativité complexe : UNIVERS = RÉALITÉ

1. Jean E. Charon, *Les Lumières de l'invisible*, Albin Michel, Paris, 1985.

+ IMAGINAIRE. Ça n'a l'air de rien, mais ça va très loin, car il en résulte que certaines particules matérielles possèdent imagination, mémoire et intuition ! Dès le chapitre II de son livre, Charon nous propose un « voyage sur le dos de la psychomatière » ! Les objets inanimés ont enfin une âme. Mais ne le savait-on pas depuis longtemps ?

Dans *Les Savoirs ventriloques*, Pierre Thuillier observe que Charon reprend à son compte l'hypothèse de Teilhard de Chardin, qui conjecturait l'existence rudimentaire de quelque « psyché » dans tout composant de la matière. « L'originalité de Charon, toutefois, vient de ce qu'il réinterprète ces idées "mystiques" dans un cadre qui est expressément présenté comme *scientifique*[1] », écrit Thuillier. « L'espace-temps a un "dehors" et un "dedans" : les protons et les neutrons sont situés au-dehors, tandis que les électrons, eux, sont situés au-dedans. Or le "dedans" est le domaine de l'Esprit, ce qui explique que les électrons soient sans volume et possèdent une nature elle-même spirituelle. » Quant à l'esprit de l'homme, il est pratiquement immortel, vu qu'il est constitué de l'Esprit d'électrons dont l'âge atteint quinze milliards d'années environ, soit en gros l'âge estimé de l'univers.

Tout cela est très poétique. Reste qu'en termes scientifiques, additionner le réel à l'imaginaire, c'est comme ajouter des carottes et des navets. Une opération relativement complexe...

Comment filer la métaphore

« Imaginer qu'une explication scientifique puisse être métaphorique, c'est prendre les théories scientifiques pour des paraboles bibliques[2] », écrit le physicien et philosophe argentin Mario Bunge. Le discours des joueurs de pipeau fourmille de paraboles métaphoriques, ou de métaphores paraboliques. Frank Hatem, l'auteur de *La*

---

1. Pierre Thuillier, *Les Savoirs ventriloques*, Le Seuil, Paris, 1983.
2. Mario Bunge, *Philosophie de la physique*, Le Seuil, Paris, 1975.

Réincarnation, certitude scientifique (*cf.* leçon 1), compare la passion amoureuse à l'attraction entre des pôles magnétiques opposés. Sheldrake compare son champ de forme aux plans d'une maison. David Bohm compare le monde à un hologramme. Tous trois recourent au même procédé que Groucho avec ses boutons de manchettes. Ils n'expliquent pas, ils illustrent.

Pourquoi utiliser une méthode pédagogique qui suscite la confusion ? Tout simplement parce que le discours pseudo-scientifique, s'il est fait pour être écouté, ne cherche pas à être entendu — au sens de compris — mais à provoquer, justement, des effets de sens qui dépassent l'entendement. Si bien que la réponse de Harpo est exactement ce que recherche le joueur de pipeau. Dans la mesure où, sur le fond, le discours pseudo-scientifique est inintelligible, il ne peut produire de sens que transposé en paraboles.

Mais pourquoi l'explication scientifique ne peut-elle pas être métaphorique ? Pourquoi Groucho n'obtient-il pas le résultat qu'il recherche ? En posant la question, je suppose implicitement que Groucho sait vraiment ce qu'il faut entendre par : « La forme de la Terre est approximativement sphérique. » En réalité, rien n'est moins sûr. Groucho sait seulement que, pour ne pas s'exposer au ridicule, il faut dire que la Terre est ronde.

Mais même si Groucho savait exactement de quoi il parle, le meilleur résultat qu'il pourrait obtenir, c'est que Harpo lui réponde : « La Terre est ronde. » Or, il y a une grande distance entre cette simple phrase et ce qu'elle recouvre en termes scientifiques. Pour conceptualiser la rotondité de la Terre, il faut d'abord posséder la notion géométrique de sphère. Ensuite, il faut avoir une idée de la différence d'échelle qui sépare la taille d'un corps humain du rayon terrestre. La première culmine aux alentours de 2 mètres, le second vaut environ 6 000 kilomètres. C'est parce que le rayon terrestre est très grand par rapport à notre taille que la Terre nous paraît plate, du moins dans une région non accidentée.

Ceci met en cause la notion de plan tangent en un

point d'une sphère : compte tenu de la différence d'échelle, lorsque je me trouve en un point donné du globe terrestre, disons dans Paris, je peux assimiler *grosso modo* la surface qui m'entoure à une portion du plan tangent en ce point. Autour de moi, la Terre est *localement* plate. Maintenant, pour comprendre pourquoi les Australiens ne marchent pas sur la tête, il faut tenir compte de l'adverbe « localement » : l'Australien fait la même chose que moi, il assimile son environnement proche au plan tangent local.

Cela n'est clair que si l'on a saisi l'idée de symétrie sphérique. Mais il y a plus : tout le raisonnement repose sur le fait qu'une surface sphérique peut être décrite comme la limite d'une surface polyédrique régulière, lorsque l'aire de chaque face du polyèdre tend vers zéro. Par conséquent, si l'on va au fond des choses, comprendre réellement la rotondité de la Terre suppose les notions de base du calcul différentiel et intégral. Je doute fort qu'elles aient jamais appartenu au bagage conceptuel du marxisme tendance Groucho.

Et encore, nous n'avons traité jusque-là que l'aspect géométrique du problème. Reste à comprendre l'aspect physique. Pourquoi sommes-nous attirés vers le centre de la Terre ? Pourquoi la force centrifuge ne nous envoie-t-elle pas balader dans l'espace ? Pourquoi la gravitation obéit-elle à la symétrie sphérique, de sorte qu'un habitant de Sydney, par rapport à un Parisien, « tombe vers le haut » ?

J'espère vous avoir convaincu, cher lecteur, du fait que la rotondité de la Terre n'est pas tellement plus simple que la mécanique quantique. Et surtout, qu'elle ne peut se traduire en utilisant uniquement les représentations du langage courant. D'une certaine manière, le passage de la Terre plate à la Terre ronde ne peut pas se représenter du tout : on démontre mathématiquement qu'un polyèdre régulier tend vers une surface sphérique lorsque l'aire de chacune de ses faces tend vers zéro, mais cela ne se « voit » pas, du moins pas complètement. Comme le dit Bachelard : « On démontre le réel, on ne le montre pas. »

Cette situation a quelque chose d'insoutenable. Philippe

Roqueplo écrit, dans *Le Partage du savoir* : « A la limite les mots (du langage scientifique) ne réfèrent "à rien" ; ils n'ont pas de "contenu" : ils désignent leur insertion opératoire au sein d'un contexte que la pratique vérifie dans sa globalité. Or ceci est intolérable ; quelle qu'en soit la raison, nous avons besoin que les mots désignent "quelque chose"[1]. »

Aussi la science est-elle une grande productrice de métaphores, en dépit de l'affirmation de Bunge ci-dessus. Au début de la physique atomique, on décrivait l'atome comme un microscopique système solaire où les électrons jouaient le rôle des planètes et le noyau celui du soleil. Ce modèle ne tenait pas compte de la double nature, à la fois corpusculaire et ondulatoire, de l'électron et des particules quantiques. Mais dire que l'électron est tantôt une bille, tantôt un paquet d'ondes, c'est une nouvelle métaphore. L'électron est *autre chose*, et cet autre chose ne se définit clairement que dans le formalisme de la théorie quantique.

Pourtant, les manuels de physique quantique recourent très souvent aux métaphores de la petite bille ou du paquet d'ondes. Mais, au moins en principe, on sait que ce n'est qu'une façon de parler, un procédé pédagogique qui permet de se familiariser avec des objets inhabituels. Si les scientifiques se servent de métaphores, ils se gardent bien de les prendre à la lettre. Agir autrement reviendrait à tomber dans le piège des boutons de manchettes de Groucho.

En somme, le langage scientifique abstrait fournit le squelette logique, le garde-fou qui évite de se faire piéger par les métaphores. A leur tour, celles-ci mettent un peu de chair autour du squelette, un peu de sens dans les relations sèchement opératoires. On ne peut pas vraiment « comprendre » une théorie physique : on ne peut que la vérifier par l'expérience, la décrire dans un langage plus ou moins abstrait et l'interpréter à l'aide de métaphores plus ou moins adéquates.

1. Philippe Roqueplo, *Le Partage du savoir*, Le Seuil, Paris, 1974.

Lorsqu'une discipline scientifique est à ses débuts, que son squelette logique est encore peu développé, elle produit beaucoup de métaphores et de discours spéculatif. Ensuite, on se met à accumuler des faits, et on jette les métaphores à la poubelle. Ces déchets ne sont pas perdus pour tout le monde : les imposteurs s'en saisissent, et en tirent des paraboles, des « contes de la science vague », pour pasticher le titre d'un film de Mizoguchi.

Les contes de la science vague sont des visions globalisantes, des pseudo-explications qui donnent l'impression qu'on a tout compris alors qu'on n'a rien compris du tout. L'exemple type du conte de la science vague est la théorie des trois cerveaux à la sauce Koestler (*cf.* leçon 4). En fait, depuis les débuts de la neuro-anatomie, le cerveau a fourni aux conteurs de la science vague un filon particulièrement riche.

Au XIXᵉ siècle, on mesurait l'intelligence au poids des circonvolutions, un peu comme si l'on avait « mesuré » la valeur littéraire d'un roman au nombre de pages. Plus tard, on dressa la carte des fonctions cérébrales : aires du langage, de la vision, du raisonnement. Cela donna le cerveau-mappemonde. La découverte de la dissymétrie des hémisphères cérébraux a fourni matière à de jolis contes, qui prospèrent encore de nos jours. Par exemple, l'idée que nous avons un cerveau analytique et calculateur dans l'hémisphère gauche, un cerveau émotif et artiste dans l'hémisphère droit.

En allant plus loin, on a cru déduire la division sexuelle du travail de la dissymétrie des hémisphères. Les femmes seraient moins latéralisées que les hommes, ce qui conduit le Dr Escoffier-Lambiotte à écrire dans *Le Monde* que les femmes peuvent « moins bien que les hommes dissocier leur comportement analytique, logique, rationnel, verbal, de leur comportement émotionnel ». Ce qui expliquerait « pourquoi les femmes sont si peu représentées dans les métiers qui impliquent des aptitudes spatiales préférentielles, tels que ceux d'architecte, d'horloger, de mécanicien de précision, d'artiste, de physicien, requérant une manière de penser et de percevoir l'espace spécifiquement traitée chez l'homme par l'hémisphère droit[1] ».

Marie Curie ignorait-elle qu'elle faisait de la physique ? Bien sûr, dans les contes de la science vague, comme dans toutes les légendes, il y a un fond de vérité. Les hémisphères sont réellement dissymétriques, mais ils sont aussi reliés par des millions de fibres. Ils échangent en permanence des flots d'informations. De plus, les neuro-hormones et autres médiateurs ne s'embarrassent pas des frontières hémisphériques. A l'heure actuelle, la représentation d'un cerveau découpé en couches ou en hémisphères n'est plus qu'un lieu commun réducteur et sans intérêt. Sa transposition sociologique, une interprétation métaphorique abusive.

Après le cerveau-mappemonde est apparu le cerveau-machine. Il s'agit, à l'évidence, d'une « machine » effroyablement compliquée : 50 milliards de neurones connectés chacun à des centaines ou des milliers d'autres, plus des dizaines de messagers chimiques qui se baladent un peu partout. Aussi les représentations du cerveau ont-elles évolué en fonction des progrès technologiques : on a comparé le cerveau à un central téléphonique, puis à un ordinateur. Avec Karl Pribram, on a aujourd'hui le cerveau holographique (*cf.* leçon 5).

Toutes ces métaphores peuvent nous donner l'impression de comprendre ce qu'est le cerveau. Raison de plus pour s'en méfier : Harpo n'a-t-il pas l'impression de comprendre ce que lui dit Groucho ?

Comment pousser l'analogie

Le raisonnement analogique est un excellent catalyseur des découvertes scientifiques. Lorsque Louis de Broglie associe une fonction d'onde à l'électron, sa démarche est analogique : puisque les ondes lumineuses ont un aspect

1. *Le Monde*, 3 novembre 1982.

corpusculaire, pourquoi les particules de matière n'auraient-elles pas un aspect ondulatoire ?

Mais, en science, l'analogie, comme la métaphore, ça se jette après usage. Et l'usage doit être modéré par le contexte de la théorie. Pratiqué sans garde-fous, le raisonnement analogique conduit à des conclusions absurdes, comme le montre le petit exemple qui suit.

Pourquoi les pierres tombent-elles ? Parce qu'elles sont attirées par la Terre. Pourquoi sont-elles attirées ? Parce qu'elles possèdent un caractère particulier, « le « géotropisme », qui se traduit par une attirance pour notre planète. Toutes les pierres possèdent-elles ce caractère ? Non, mais les pierres qui ne sont pas géotropes partent dans l'espace. Les pierres qui tombent ont été sélectionnées par le géotropisme. Les autres ne tombent pas. Et voilà comment la sélection naturelle explique l'attraction terrestre.

Ce raisonnement est formellement cohérent, mais il extrapole abusivement le schéma de la sélection naturelle à un domaine où il n'est pas pertinent. Pour être sélectionné, il faudrait que le géotropisme soit un caractère transmis par l'hérédité, ce qui suppose au minimum que les pierres soient des organismes vivants. Bien sûr, l'exemple est caricatural, mais pas plus que le raisonnement analogique par lequel Sheldrake définit ses champs morphogénétiques : de même que la masse d'un corps détermine son champ gravitationnel, ou qu'une charge électrique immobile détermine un champ électrostatique, la forme d'un germe morphogénétique détermine son champ.

L'argument est purement formel, c'est le cas de le dire. Et encore : l'analogie ne fonctionne que parce qu'elle est formulée en termes de langage ordinaire. En réalité, la masse est une variable physique qui se définit dans un cadre mathématique précis. Dans la physique newtonienne, le champ gravitationnel d'un corps C est tel que : 1° la force attractive exercée par C sur un corps quelconque X est proportionnelle à la masse de C ; 2° la même force est inversement proportionnelle au carré de la distance qui sépare C de X. Pour les charges électrostatiques, on a un champ du même genre, sauf qu'il faut en plus tenir compte de deux catégories de charges, positives et négatives.

Il est évident que pour les champs de Sheldrake, les relations mathématiques qui caractérisent un champ gravitationnel ou électrostatique n'ont pas d'équivalent. Comment un champ pourrait-il être proportionnel à une forme ? Sheldrake a raison de dire que ses champs de forme ne correspondent à aucun des champs physiques connus, mais il pourrait ajouter qu'ils ne correspondent à rien du tout. Si ce n'est à une projection du champ de conscience de leur inventeur...

Une autre manière d'abuser de l'analogie consiste à plaquer une authentique théorie scientifique sur un domaine où elle ne s'applique pas. Un exemple type est fourni par la « théorie des catastrophes » du mathématicien français René Thom. En 1958, Thom a reçu la médaille Fields — équivalent pour les mathématiques du prix Nobel, qui n'existe pas dans cette discipline — pour des travaux sur les variétés différentiables, objets tout à fait respectables, mais peu prisés par le commun des mortels. Thom a ensuite développé ce qui allait devenir la théorie des catastrophes, en termes techniques une théorie des « singularités » de certaines équations différentielles.

En simplifiant beaucoup, les catastrophes de Thom sont des changements de forme, comme par exemple un pli sur un tissu. Si la « forme » considérée est définie dans un espace-temps à quatre dimensions, une singularité peut s'interpréter comme un changement brutal dans le déroulement d'un processus, une rupture d'équilibre, en un mot une catastrophe. L'intérêt de la chose est que dans l'espace à quatre dimensions, il n'y a que 7 types de singularités possibles, auxquels Thom a donné des noms poétiques : le pli, la fronce, la queue d'aronde, le papillon...

Il y a des choses très intéressantes dans les idées de Thom mais, appliquées sans précautions, elles conduisent à des catastrophes... conceptuelles ! En effet, le sens ordinaire du mot catastrophe est beaucoup plus général que celui que lui attribue Thom. Pour qu'un processus entre dans le cadre de la théorie de Thom, il faut qu'il puisse être décrit par une équation différentielle à quatre variables — trois d'espace et une de temps — et que cette équation réponde à certains critères bien précis. Or, Thom applique — à mon avis abusivement — sa théorie à la description de la naissance et de l'évolution des formes biologiques.

Cela n'empêche pas Thom d'être un grand mathématicien. En revanche, des vulgarisateurs trop enthousiastes mettent la théorie des catastrophes à toutes les sauces. Ils voient des fronces et des queues d'aronde dans la naissance d'une ville, l'éclosion d'une fleur et, pourquoi pas, dans la passion amoureuse : « Même la rencontre entre un homme et une femme reste un modèle simple de bascule : si le saut est immédiat, on parle de coup de foudre. Le reste du temps, le point d'équilibre se promène encore sur une fronce, les deux variables de contrôle étant la trajectoire approcher-éviter propre à chacun des partenaires[1] », écrit Renaud de la Taille dans *Science et Vie*.

En matière d'analogie, c'est comme pour le reste : il ne faut pas trop pousser.

Quel est l'âge du capitaine ?

Les pièges du langage que nous avons étudiés sont assez grossiers. Pourtant, l'expérience montre qu'ils sont efficaces. Certains éditeurs vivent très bien grâce à des collections entières de livres du même tonneau que ceux de Charon et Sheldrake. Et il n'est pas indifférent que le second ait été publié en français quatre ans seulement après son édition originale en anglais. Combien de chefs-d'œuvre de la littérature anglo-saxonne — je ne parle même pas de la philosophie des sciences — attendent des

1. Renaud de la Taille, « Les sept catastrophes du monde », *Science et Vie*, nᵒ 701, février 1976.

lustres avant de connaître les honneurs de la langue de Descartes ?

En somme, les Français ne semblent guère cartésiens. Leur attitude vis-à-vis des discours pseudo-scientifiques ne relève pas précisément du doute méthodique. N'est-ce pas *France-Culture* qui a organisé cette version pédante du salon international de la voyance et de la parapsychologie que constitue le Colloque de Cordoue ? La patrie d'Auguste Comte et de Poincaré, de la raison et du positivisme, est aussi l'Eldorado des joueurs de pipeau.

Paradoxe ? A mon sens, l'une des explications — parmi d'autres — est directement liée à notre système de sélection scolaire. Ce système, qui conditionne la réussite sociale, est en grande partie fondé sur l'aptidude aux disciplines scientifiques, et particulièrement aux mathématiques, présentées comme le modèle idéal du langage scientifique. Dans la langue commune, « matheux » est quasiment synonyme de scientifique. L'image d'Épinal du savant, c'est un Cosinus polytechnicien et lunatique qui écrit des formules au tableau noir. Image qui exalte la démarche théorique abstraite au détriment de la science expérimentale, et qui contraste avec l'empirisme anglo-saxon.

La sélection par les maths crée une situation de violence qui contribue à la réussite des impostures scientifiques. Banalisée, folklorisée, cette violence n'en est pas moins réelle : nul en maths, nul tout court, zéro tout rond. Une prof de maths, Stella Baruk, s'est révoltée contre cet estampillage impitoyable. Depuis vingt ans, elle s'efforce de réparer les dégâts, à coups de leçons particulières. Elle a consacré trois livres à cette question beaucoup moins anodine qu'on ne veut bien l'admettre : comment le système pédagogique s'y prend-il pour transformer l'exercice mental le plus jouissif en un interminable cauchemar ?

Dans son livre le plus récent, *L'Age du capitaine*[1], Stella Baruk démonte avec une rigueur implacable les méca-

---

1. Stella Baruk, *L'Age du capitaine*, Le Seuil, Paris, 1985.

nismes du matraquage de l'intelligence, plus insidieux, mais en fin de compte plus dévastateur qu'une claque ou un coup de règle sur les doigts. « L'enfant qui échoue en maths est un enfant à qui on fait échec », écrit Stella Baruk qui repère dans cette mise en échec deux thèmes principaux :

1° *La stigmatisation de l'erreur assimilée à l'horreur.* On retrouve constamment ce thème dans l'imposture scientifique, qui est toujours une erreur non assumée. L'imposteur met toutes les ressources de la rhétorique au service d'une négation quasi psychotique du réel, plutôt que d'admettre qu'il ait pu se tromper. La crainte horrifiée de l'erreur motive les attitudes paranoïaques d'un Priore ou d'un Vallée, comme elle pousse certains scientifiques à truquer leurs résultats.

Stella Baruk démontre que la pathologie de l'erreur-horreur n'est nullement spécifique des imposteurs. Elle s'imprime, dès l'âge scolaire, dans notre rapport aux mathématiques, donc à la science en général — puisque les maths servent de modèle. Pas étonnant que le discours scientifique soit si souvent assimilé à une parole sacrée. Le seul moyen de lutter contre cette sacralisation serait d'introduire une véritable pédagogie de l'erreur, tant dans l'enseignement scolaire qu'universitaire. Dans leur immense majorité, les enseignants s'obstinent dans un système de dressage comportementaliste qui récompense la bonne réponse et punit la faute. Dans le meilleur des cas, la faute est occultée par une pseudo-indulgence : cela s'appelle la pédagogie « moderne », mais c'est un mépris déguisé.

Avant de marcher, on tombe. Cela s'applique aussi à l'intelligence. L'erreur est l'expression naturelle d'un esprit vivant. La prendre au sérieux, élucider ses modes de fonctionnement, constitue le meilleur antidote contre les ravages de l'échec en maths. Évidemment, la généralisation d'une telle attitude ferait apparaître cet échec comme le produit direct de la pédagogie, ce qui pourrait être gênant. D'un autre côté, une société débarrassée du mythe de la bosse des maths serait beaucoup moins sensible au pouvoir hallucinatoire des discours magiques. Ce qui embêterait non seulement les imposteurs scientifiques, mais d'une manière générale tous les professionnels de la baliverne. Dans ces conditions, il y a toutes chances que l'école continue pour un bon bout de temps à matraquer l'intelligence.

2º *La désagrégation du sens.* La terminologie mathématique emprunte beaucoup de mots au vocabulaire quotidien. Pour l'enfant qui s'initie aux ensembles, images, relations et racines carrées, ces mots ont *déjà* un sens, celui de la langue naturelle. Il les redécouvre chargés d'un nouveau contenu. On ne prend jamais la peine de lui expliquer qu'en mathématiques il doit « oublier » le sens initial, le remplacer par un autre plus spécifique. Si bien que l'enfant se trouve confronté, à un âge où il a encore une grande sensibilité au sens — ça se perd en vieillissant —, à des aberrations sémantiques.

Demandez à un mouflet de cinq ou six ans ce que signifie « ensemble ». Il vous répondra quelque chose comme : « Ça veut dire qu'on est ensemble ». Comment se débrouiller avec des ensembles qui vont chacun de son côté, voire des ensembles vides ? Dans quelle terre planter des racines carrées ? Et pourquoi entretenir des relations binaires qui n'ont rien d'amical ?

Conséquence, d'après Stella Baruk : l'enfant, privé de l'usage de ses sens, et de celui du sens, se transforme en « automathe ». Il renonce à exercer son intelligence sur des énoncés *a priori* inintelligibles : « Pour l'écrasante majorité de la population scolaire, ce n'est pas une fois "résolu" mais avant même qu'il soit formulé qu'un quelconque énoncé de mathématiques, d'emblée et d'entrée de jeu, est dépourvu de sens. » Ce qui signifie qu'un énoncé insensé sera aussi recevable qu'un énoncé sensé, comme le démontre l'anecdote de l'âge du capitaine.

Un jour de l'année 1980, un professeur de Grenoble a eu l'idée de proposer à des enfants de CE 1 et CE 2 — sept-huit ans — le problème suivant (dont l'énoncé initial est dû à Flaubert) : « Sur un bateau, il y a 26 moutons et 10 chèvres. Quel est l'âge du capitaine ? »

Sur les 97 enfants interrogés, 76 ont donné la réponse en combinant les nombres de l'énoncé. L'âge de raison devrait-il en réalité s'appeler âge de déraison ? Eh bien non, justement. La folie n'est nullement en cause dans ces réponses folles, comme le souligne Stella Baruk : « Des enfants qui sont comme vous et moi, c'est-à-dire comme ceux que nous avons été ou comme ceux qui sont les nôtres, des petits Français du dernier quart du XXᵉ siècle qui ne sont ni en IMP ni en IMPP, ni en hôpital de jour ni en hôpital psychiatrique, des enfants donc "normaux" et destinés à devenir les citoyens de l'an 2000, pour obtenir l'âge du capitaine ont accouplé des moutons et des chèvres. »

Comment fait-on rentrer dans l'ordre ces relations contre nature ? En noyant le poisson. « Le sens est là, espace tangible et rassurant, et on peut toujours espérer qu'avec des exhortations à travailler, de la patience, des qualités de bon pédagogue et de la conscience profession-nelle, on finira par y faire accéder tous ceux qui le méritent. Quant aux autres, ceux qui restent en dehors du sens, malgré toute la bonne volonté et tous les efforts qu'on aura déployés pour les y faire rentrer, eh bien, que voulez-vous : tout le monde ne peut pas devenir polytech-nicien, il y a des destins, des fatalités, comment voulez-vous, avec le milieu dans lequel il ou elle vit..., il faut bien qu'il y ait des travailleurs manuels, il n'y a pas de sot métier. »

Mais toute violence a son prix. Les poissons noyés remontent toujours à la surface. Il ne suffit pas d'allumer les clignotants de la normalité pour dissiper la nuit sémantique où errent les damnés de l'algèbre. L'intelli-gence niée ressurgit en bêtise active. La revanche du cancre, c'est le triomphe de Rika Zaraï, des gourous de secours et des psirites. Quand on a appris à écouter avec une paire d'oreilles en fer-blanc, on ne sait pas recon-naître un air de pipeau. L'automathisme est le meilleur catalyseur de l'imposture.

Récapitulons : l'école nous enseigne tout à la fois que la science dit toujours vrai, et que ses énoncés ne veulent rien dire, en tout cas rien d'intelligible. Après avoir passé son enfance à additionner des carottes et des navets, et à les multiplier par des mètres cubes de non-sens, on a l'estomac solide. La Terre peut bien changer de forme pendant le week-end, les boulangères de Prague se transformer en ours des Carpates et les basses fréquences nous catapulter dans la cinquième dimension. Rien n'est trop dur à avaler, si c'est la science qui le dit.

Quant à savoir s'il s'agit de science effective, il faudrait être vraiment maso pour s'en soucier. Dans un monde où 2 et 2 font tantôt 3 chèvres et tantôt 5 canards, seuls quelques névrosés s'obstinent à prétendre que 2 et 2 font 4.

Exercices

1. J'ai 4 sucettes dans ma poche droite et 9 caramels dans ma poche gauche. Quel est l'âge de mon papa ?

2. Dans une bergerie, il y a 125 moutons et 5 chiens. Quel est l'âge du berger ?

3. Un berger a 360 moutons et 10 chiens. Quel est l'âge du berger ?

4. Dans une classe, il y a 12 filles et 13 garçons. Quel est l'âge de la maîtresse ?

5. Dans un bateau, il y a 36 moutons. 10 tombent à l'eau. Quel est l'âge du capitaine ?

6. Il y a 7 rangées de 4 tables dans la classe. Quel est l'âge de la maîtresse ?

Remarque : Stella Baruk rapporte que ces exercices ont été proposés par écrit aux élèves de sept classes de cours élémentaire et de six classes de cours moyen, assortis de la question : que penses-tu de ce problème ? Sur 171 élèves de cours élémentaire, 20 disent qu'on ne peut pas répondre, et sur 118 de cours moyen, 74. Ferez-vous mieux qu'eux ?

LEÇON 9

La carte et le terrain, tu confondras

« La science et sa sœur, la technologie, sont pleines de surprises — tant qu'il devient difficile d'être encore surpris. Trous noirs, ingénierie génétique, puces d'ordinateur microscopiques — et ensuite ? Nous sommes prêts à tout. Les théories et les produits de la science se sont depuis longtemps fermement établis dans notre paysage, proliférants et changeants comme le profil d'une cité sur le ciel. Nous devenons tous les habitants de cette cité. (...)

« Mais ces derniers temps, faiblement, le sol a grondé, la lumière a changé : signes mystérieux. D'étranges témoignages nous parviennent de gens qui travaillent dans le sous-sol, dans les structures les plus profondes de la cité, annonçant qu'ils ont peut-être découvert quelque chose, mis en branle des processus qui pourraient transformer radicalement la cité et tous ceux qui l'habitent. Ces théoriciens qui nous apportent ces témoignages, nous les appelons les hommes de la science du miroir... (Leur message) est en fait assez simple : l'univers fluide et tourbillonnant est un miroir. »

« Nous nous glissons par la fissure ouverte dans la

vision traditionnelle de la science jusqu'à un étroit tunnel, et nous avançons la tête dans un paysage enveloppé de brume — miroitant, infiniment subtil, et nouveau. »

Dans ce paysage brumeux, « observateur et observé semblent s'influencer mutuellement, l'homme de science pareil à un tourbillon essayant d'étudier l'écoulement de l'eau. Ici, nous avons laissé derrière nous... un univers où l'observateur *observe* l'observé, pour entrer dans un miroir, un univers où, d'une certaine façon (c'est une région que nous ne distinguons encore que très confusément), *l'observateur est l'observé.* »

« En découvrant cet univers, Bohm a également découvert une surprenante relation entre carte et terrain. Pour le miroir, il ne peut y avoir de carte définitive, car nos cartes *sont* le miroir. Notre cartographie change le terrain même, et le terrain à son tour change notre carte. Cartes, cartographies et terrains tournoient l'un autour de l'autre comme le tourbillon dans une rivière qui exprime le tout. »

Car, dans le monde du miroir, « tout est cause de tout le reste. Ce qui se passe n'importe où affecte ce qui se passe partout ». L'observateur peut faire des expériences, mais « il *est* également ces expériences. Il est aussi l'observé, le visage dans le miroir ».

La carte n'est pas le terrain

Ce montage de citations est tiré de *L'Univers miroir*[1], de John Briggs et David Peat, que l'on peut considérer — après *Le Matin des magiciens* et *Histoire naturelle du surnaturel* — comme le plus récent manifeste du « réalisme fantastique » à la sauce Bergier-Pauwels. Le livre est paru aux États-Unis en 1984, sa traduction française en 1986. On y retrouve les références chères aux chroniqueurs d'*Actuel* — David Bohm, Rupert Sheldrake et Karl Pribram —, ainsi que cette attitude désinvolte qui met

1. John Briggs et David Peat, *op. cit.*

sur le même plan la spéculation et le fait démontré, le charlatanisme et l'expérience authentique. « Nous sommes prêts à tout », donc à avaler n'importe quoi, comme par exemple ceci :

« Bien que Bohm demeure plus ou moins en désaccord avec ses collègues dans le domaine de la physique, sa théorie a déjà donné une impulsion considérable à une certaine branche de la recherche : le paranormal. Les raisons en sont évidentes. Le concept d'un ordre implicite non local et non manifeste situé au-delà des choses, d'un ordre qu'on puisse explorer (rendre explicite), semble fait sur mesure pour l'étude des réalités psychiques et de la perception extrasensorielle. Bohm lui-même a participé à quelques expériences avec le célèbre médium Uri Geller. »

Ce passage borne singulièrement l'horizon des ambitions de Briggs et Peat. Partis pour découvrir, dans un paysage nouveau, les prémisses d'une transformation radicale, nous atterrissons au pays des petites cuillers tordues ! Une fois de plus, la montagne du discours pseudoscientifique accouche d'une souris, et la grenouille joueuse de pipeau veut se faire aussi grosse que le bœuf.

Pourtant, *L'Univers miroir* fournit une excellente matière à réflexion, car il réfléchit certains paradoxes logiques qui marquent les limites de la pensée rationnelle. Le livre s'ouvre sur un passage de Lewis Carroll tiré de *L'autre côté du miroir* : Alice tente vainement de partager un gâteau avec le Lion et la Licorne. Mais chaque fois qu'elle coupe les parts, celles-ci se recollent immédiatement. La Licorne fait alors observer à Alice que dans le monde du Miroir, il faut d'abord servir, et couper ensuite. Alice, très obéissante, fait circuler le plat et — ô merveille ! — le gâteau se divise en trois morceaux, après quoi il ne reste plus qu'à le couper.

Le projet affiché de Briggs et Peat consiste à développer l'idée que la réalité pourrait ressembler au monde qu'Alice découvre *De l'autre côté du miroir*. Quelle réalité ? En gros, celle de la physique quantique réinterprétée par les psirites et les gourous de secours. Une telle démarche constitue un double péché : contre la littérature, car le charabia de Briggs et Peat injurie l'écriture cristalline de Carroll ; contre l'esprit, car les auteurs ont apparemment oublié que l'inventeur d'Alice était aussi un mathématicien et un logicien de premier ordre. A ce titre, il doit se retourner dans sa tombe à la lecture des métaphores que Briggs et Peat enfilent comme des perles, sans le moindre souci de cohérence.

Récapitulons les principales images qui épaississent les brumes du paysage infiniment subtil de *L'Univers miroir* :

1° Le monde est à la fois un tourbillon et un miroir. J'espère que Briggs et Peat ne sont pas superstitieux, car je les défie de faire tourbillonner un miroir sans le briser, au risque — ce que je ne leur souhaite pas ! — de s'attirer sept ans de malheur...

2° L'homme de science est « pareil à un tourbillon essayant d'étudier l'écoulement de l'eau » : sans doute faut-il chercher là l'origine des problèmes de robinet qui servaient autrefois à l'initiation mathématique des écoliers, avant qu'on les remplaçât par des ensembles patatoïdes. De ce point de vue, *L'Univers miroir* marque incontestablement un retour aux sources.

3° L'observateur est l'observé, le visage dans le miroir : à l'évidence, la métaphore suppose que quelqu'un se regarde dans la glace. L'observateur ne peut donc pas se confondre avec l'observé, il risque seulement de se cogner le nez sur le miroir. Narcisse lui-même n'a pas réussi à étreindre son propre reflet.

4° La carte est le miroir, l'univers est le miroir, donc la carte est l'univers. Mais qui a dressé la carte ? Qui la lit ? Un observateur transcendant, situé en dehors de l'univers ? Impossible, puisque l'observateur est l'observé.

En somme, ces métaphores se reflètent les unes les autres et tourbillonnent dans le brouillard d'un discours narcissique qui ne renvoie qu'à sa propre image. Briggs et Peat concluent, comme ils ont commencé, avec un passage de *L'autre côté du miroir* : Alice a découvert, dans un livre du Miroir, le poème « Jabberwocky ». D'abord, elle ne peut pas le lire, car les lettres sont inversées. Puis

Alice comprend qu'il faut regarder le poème dans une glace pour que les mots se remettent à l'endroit. Mais sa lecture ne la laisse pas moins perplexe : « J'ai l'impression que cela me remplit la tête de toutes sortes d'idées, mais je ne sais pas trop lesquelles. »

C'est exactement l'effet recherché — et obtenu — par Briggs et Peat. S'ils avaient écrit un poème, il n'y aurait rien à redire, mais les auteurs prétendent faire de leurs jeux de miroir une « science du miroir ». Les jeux de langage de Lewis Carroll produisent des effets de sens paradoxaux qui, projetés dans la réalité, relèvent de l'hallucination. Briggs et Peat en « déduisent » une réalité hallucinatoire dans laquelle les gâteaux doivent être servis avant d'être découpés. Mais ce genre de « réalité » se rencontre dans un voyage au LSD, pas dans un laboratoire de physique.

Briggs et Peat décrivent un monde de métaphores, structuré comme le langage. Nous retrouvons le « paradigme du nombril » — cf. leçon 5 —, un univers fusionnel où il n'y a pas de coupure entre les mots et les choses. Cet univers est celui du mythe, pas celui de la science.

Rappelons-nous comment Bohr décrivait la relation entre les théories scientifiques et le monde : « Il est erroné de penser que l'objet de la physique est de montrer comment la nature *est*. La physique se rapporte à ce que nous pouvons dire à propos de la nature. » Autrement dit, une théorie physique est une description au second degré, une description d'une description. C'est une carte qui nous permet de lire un ordre dans l'univers. Elle ne peut être dressée qu'à partir d'un échafaudage logique, mathématique et expérimental. Le langage scientifique décrit cet échafaudage, non le monde lui-même.

Rabattre le second degré sur le premier, c'est confondre la carte et le terrain, le réel avec ce que nous pouvons dire du réel. Briggs et Peat revendiquent cette confusion : dans leur système, la carte *est* le terrain. Difficile de prendre en défaut un discours si parfaitement refermé sur ses propres paradoxes qu'il disqualifie d'emblée toute analyse rationnelle. On pourrait objecter que la science est censée être rationnelle, mais justement, nos auteurs prophétisent, merveille des merveilles, la « fin de la science rationnelle ». N'y a-t-il plus qu'à tirer l'échelle ? Pas tout à fait.

La science est-elle devenue folle ?

Comme tous les prophètes, Briggs et Peat voient des signes un peu partout. D'après eux, l'un des indices qui annoncent sans aucun doute possible que la raison a déserté la science date de 1931. Cette année-là, le logicien Kurt Gödel démontrait un théorème que l'on peut formuler comme suit : l'arithmétique — et en général toute théorie mathématique au moins aussi complexe que l'arithmétique — contient des propositions indécidables. Qu'est-ce qu'une proposition indécidable ? L'exemple type est le paradoxe du menteur qui dit « je mens ». Si le menteur ment tout le temps, comment pourrait-il avoir dit la vérité en affirmant qu'il ment ? Et s'il a dit la vérité, il a menti en disant qu'il ment. Bref, la proposition n'est ni vraie ni fausse : indécidable.

En mathématique, indécidable signifie : « Qui ne peut être démontré à partir des axiomes de la théorie ». Le théorème de Gödel signifie donc que l'arithmétique contient des énoncés qui ne peuvent être démontrés à partir des axiomes de l'arithmétique. L'un de ces énoncés est celui qui affirme que l'arithmétique ne se contredit pas elle-même. Autrement dit, on ne peut pas démontrer « de l'intérieur de l'arithmétique » que l'arithmétique ne se contredit pas. Pour démontrer la non-contradiction de l'arithmétique, il faut établir que ses axiomes ne se contredisent pas, et cela ne peut se faire que dans une « méta-arithmétique », une théorie qui « transcende » l'arithmétique.

On voit en quoi cette structure logique se rapproche de celle du paradoxe du menteur : on ne peut rien dire de la phrase du menteur si l'on reste à l'intérieur du système où elle est formulée. Tout énoncé auto-référent, c'est-à-dire qui fait allusion à lui-même, peut produire des effets paradoxaux, comme celui-ci : « Cette phrase n'est pas celle que vous êtes en train de lire. » Ou encore : « La phrase que vous êtes en train de lire n'est pas la dernière de son paragraphe. »

Voyons maintenant ce que devient le théorème de Gödel dans la rhétorique démente de Briggs et Peat : « Même dans le formalisme hautement rationnel des mathématiques, l'atmosphère scientifique du XXᵉ siècle prenait un tour étrange. En 1931, Kurt Gödel avait prouvé de manière convaincante que dans les mathématiques mêmes qu'utilisaient les scientifiques et qu'admirait Descartes — les systèmes axiomatiques — il y aurait toujours des assertions qui sont vraies et cohérentes, mais qui ne peuvent pas être dérivées d'un ensemble défini d'axiomes. Pour l'homme de science ou le mathématicien dotés d'une formation classique, cela revenait à dire que si on mettait un couple de lapins dans un enclos isolé et qu'on les laissait se reproduire, il pourrait y avoir plusieurs générations de lapereaux qui seraient frères ou sœurs d'autres lapins de l'enclos, mais n'auraient aucun lien de parenté avec le couple original. Certains de ceux qui ont médité la preuve de Gödel sont convaincus qu'il s'agit là de l'un des nombreux faits nouveaux annonçant la fin de la science rationnelle. »

Il doit s'agir de méditation transcendantale, surtout si l'on considère que la « preuve » de Gödel relève de la « métamathématique ». Passons sur la « manière convaincante » dont Gödel aurait « prouvé » son théorème : une démonstration mathématique n'a pas à être convaincante, elle est juste ou elle ne l'est pas. Remarquons que la formulation du théorème donnée par Briggs et Peat est inexacte, et même absurde : une proposition mathématique n'est vraie et cohérente que dans un système d'axiomes bien défini, par conséquent Gödel n'a sûrement pas démontré qu'il y a « des assertions qui sont vraies et cohérentes, mais qui ne peuvent pas être dérivées d'un ensemble défini d'axiomes ». En revanche, il a démontré que dans un système défini d'axiomes, il y a des assertions dont on ne peut pas dire si elles sont vraies ou fausses. Ce n'est pas tout à fait pareil.

Venons-en à ces lapins que Briggs et Peat sortent de leur manche à la manière de prestidigitateurs. Si l'on suit la métaphore, on doit considérer que le couple de lapins initial représente les axiomes d'une théorie. Les descendants sont tous les théorèmes et propositions que l'on peut dériver des axiomes de départ. Les lapereaux qui n'ont aucun lien de parenté avec le couple original sont les propositions indécidables, qu'on ne peut pas démontrer à partir des axiomes de la théorie. Seulement voilà : dans cette métaphore, la démonstration d'une proposition est comparée à la naissance d'un lapin. Or, les « lapins indécidables » ne peuvent pas être démontrés, ils n'existent pas dans l'enclos de la théorie. Ou, si l'on préfère, ils ne sont pas encore nés. Évidemment, à propos de ce qui n'existe pas, on peut dire n'importe quoi, ce dont Briggs et Peat ne se privent pas.

Les auteurs de *L'Univers miroir* confondent les mathématiques avec un spectacle magique, et le théorème de Gödel avec un tour de passe-passe. La suprême niaiserie de leur discours, c'est que le théorème de Gödel, ou plutôt son interprétation, loin de marquer la fin de la raison, constitue au contraire un véritable mode d'emploi de celle-ci.

En effet, quelle est la signification intuitive du théorème de Gödel ? Ceci : aucun système logique n'est « complet », c'est-à-dire autosuffisant. Autrement dit, un système logique ne peut se décrire lui-même, il ne peut être décrit que dans un métasystème. Si l'on préfère, le système possède des limites, il a un « dehors » et un « dedans ». Or cette limitation constitue le meilleur des garde-fous : une logique folle, c'est celle qui ne connaît aucune limite, qui ne renvoie qu'à elle-même, qui tourne à vide dans le vertige de l'auto-référence. Le théorème de Gödel constitue un antidote logique aux délires rhétoriques des discours « totalisants » de la pseudoscience.

Car la conséquence logique de ce qui précède est, à l'évidence, qu'il ne peut y avoir de « discours total », de théorie qui explique le réel de A à Z. Toute théorie est incomplète, au moins en ce sens qu'elle ne peut se décrire elle-même, ni démontrer sa propre vérité. Voilà pourquoi il n'y a pas de réponse définitive aux vraies questions : une telle réponse ne pourrait éviter les paradoxes de l'auto-référence.

Voilà, aussi, pourquoi la carte n'est pas le terrain : la carte renvoie inévitablement à un lecteur qui la transcende. La glose sur la fin de la division cartésienne entre l'observateur et l'observé bute sur cette évidence logique : dans toute expérience de physique — classique ou quantique — il y a un sujet qui manipule les instruments, note les résultats, les interprète, un sujet capable de faire ensuite le récit de l'expérience. Aucune facétie des photons jumeaux ne transformera jamais le physicien Alain Aspect en un tourbillon évoluant « dans une rivière qui exprime le tout ».

Quant au tout, il est justement inexprimable, du moins en termes logiques. L'une des tartes à la crème des discours pseudoscientifiques est la référence permanente au Grand Tout, à la totalité indissociable. Dans son *Histoire naturelle du surnaturel*[1], Lyall Watson cite cette phrase d'Alexander Pope : « Toutes (les cellules) ne sont que parties d'un prodigieux ensemble, dont Nature est le corps. »

Briggs et Peat sont encore plus radicaux : « Écarter de la pensée scientifique actuelle la notion de parties pourrait, dans l'avenir, permettre à une nouvelle appréhension de la totalité de se faire jour dans divers domaines de la recherche sur l'esprit et le cerveau. »

L'idée d'une totalité cosmique possède une forte charge poétique. Le seul ennui, c'est qu'on ne peut raisonner sur cette idée, car elle conduit à des paradoxes comme celui du menteur. S'il y a une totalité, notre conscience en fait partie. Réciproquement, la conscience ne peut penser la totalité sans se la représenter. Cette structure rappelle une image fascinante que tout téléspectateur a eu l'occa-

1. Lyall Watson, *op. cit.*

260

sion d'observer : sur l'écran, on voit le speaker avec, dans son dos, un écran de contrôle sur lequel on voit, en plus petit, le speaker et son écran de contrôle sur lequel..., et ainsi de suite dans les limites de la définition de l'image.

Dans l'histoire de la conscience qui pense la totalité, il n'y a même pas de limite : au sein de l'univers, l'observateur (le speaker) regarde l'univers (l'écran de contrôle), et dans cet univers qu'il contemple il se voit contemplant l'univers, et cela dure jusqu'à la fin des temps, voire davantage. En termes plus formels, c'est le problème de « l'ensemble de tous les ensembles ». Appelons E cet ensemble. Puisqu'il contient tous les ensembles, il se contient lui-même. Soit A l'ensemble des ensembles qui ne se contiennent pas eux-mêmes. Problème : A se contient-il lui-même ? Si l'on répond oui, il y a contradiction, car alors A appartient à l'ensemble des ensembles qui ne se contiennent pas eux-mêmes. Mais si l'on répond non, ça ne marche pas mieux : A ne se contient pas lui-même, donc A appartient à A, donc A se contient lui-même.

Tout ça pour dire qu'on ne peut pas dire grand-chose à propos du tout, sinon que tout est dans tout et réciproquement. Seules les parties s'articulent en termes rationnels et logiques. Aussi les scientifiques préfèrent-ils parler des parties plutôt que du tout, au risque de se faire traiter d'abominables réductionnistes. C'est à ce prix que la science n'est pas — pas encore ? — devenue folle.

L'univers a-t-il un sens ?

Cette vraie question prolonge naturellement celle du tout et des parties. Comment la poser sans postuler implicitement que l'univers est un tout ? Comme toutes les vraies questions, elle est mal posée : sa formulation constitue en elle-même une confusion de la carte et du terrain, quel que soit le sens qu'on donne au mot « sens ».

En effet, le sens de l'univers, que l'on entende par là son but, son orientation ou sa signification, relève d'une interprétation, de la lecture qu'un sujet pensant fait d'une carte de l'univers. En somme, c'est la carte, non le terrain, qui possède un sens. Le problème est formulé avec une grande clarté dans le passage qui suit, extrait du magnifique roman d'Eco *Le Nom de la rose*[1] :

« — (...) Comment puis-je découvrir le lien universel qui met de l'ordre dans les choses, si je ne puis bouger le petit doigt sans créer une infinité de nouveaux états, puisque avec un tel mouvement toutes les relations de position entre mon doigt et tous les autres objets changent ? Les relations sont les manières dont mon esprit perçoit le rapport entre états singuliers, mais quelle garantie peut-on avoir que cette manière est universelle et stable ?

« — Vous savez pourtant qu'à une certaine épaisseur de verre correspond une certaine puissance de vision, et c'est parce que vous le savez que vous pouvez fabriquer à présent des verres pareils à ceux que vous avez perdus, sinon comment le pourriez-vous ?

« — Réponse pénétrante, Adso. J'ai en effet élaboré cette proposition, qu'à épaisseur égale doit correspondre une égale puissance de vision. Je l'ai émise parce que d'autres fois j'ai eu des intuitions individuelles du même type. (...) Attention, je parle de propositions sur les choses, non pas de choses. La science a affaire avec les propositions et ses termes, et les termes désignent des choses singulières. Tu comprends, Adso, je dois croire que ma proposition fonctionne, parce que je l'ai apprise en me fondant sur l'expérience, mais pour le croire je devrais supposer qu'il existe des lois universelles, et pourtant je ne peux en parler, car le concept même qu'il existe des lois universelles, et un ordre donné des choses, impliquerait que Dieu en fût prisonnier, tandis que Dieu est chose si absolument libre que, s'il le voulait, et d'un seul acte de sa volonté, le monde serait autrement.

« — Or donc, si je comprends bien, *vous savez que vous faites, et vous savez pourquoi vous faites, mais vous ne*

1. Umberto Eco, *Le Nom de la rose*, Grasset, Paris, 1982, et dans Le Livre de Poche, n° 5959.

savez pas pourquoi vous savez que vous savez ce que vous faites ? »

Les protagonistes de ce dialogue, l'ex-inquisiteur Guillaume de Baskerville et son secrétaire Adso enquêtent sur une série de meurtres survenus dans une abbaye bénédictine du début du XIVᵉ siècle. Mais ils se livrent en même temps à une passionnante enquête épistémologique sur les rapports entre le langage et le réel, les signes et le sens, les mots et les choses. A l'évidence, le passage cité nous intéresse directement : pourquoi le monde obéit-il à des lois ? Quel rapport y a-t-il entre les lois de notre esprit et celles du monde ? En somme, l'univers a-t-il un sens ?

Imaginons un instant que Guillaume et Adso connaissent tout de la science cartésienne et newtonienne, que les paradoxes de la physique quantique n'aient plus de secrets pour eux. Admettons, dans la foulée, qu'ils aient lu les huit leçons précédentes, et reprenons leur discussion, sur le mode du pastiche, au moment où Adso vient de formuler la magistrale proposition que j'ai soulignée. Guillaume regarde son élève avec quelque admiration, convient qu'il doit en être ainsi, puis ajoute, après un moment de réflexion :

« Ce que tu dis là, mon cher Adso, me rappelle une pensée d'Albert Einstein, un des plus grands savants modernes, comme tu le sais. Einstein considérait comme un miracle et un mystère le fait que le monde soit compréhensible. Il s'émerveillait de ce que ce monde, au lieu de nous apparaître chaotique et désordonné, soit saisissable par notre intelligence ordonnatrice. Même si les axiomes de la théorie de la gravitation universelle sont posés par l'homme, disait Einstein, le succès d'une telle entreprise suppose un ordre d'un haut degré du monde objectif, qu'on n'était *a priori* nullement autorisé à attendre. J'ajouterai que même le succès de l'entreprise n'implique pas que l'ordre soit réel, ni n'explique pourquoi l'ordre nous semble réel.

— Pourtant, reprend Adso, en appliquant une loi générale, vous avez pu fabriquer de nouvelles lunettes aussi efficaces que celles que vous aviez perdues. Ne faut-il en conclure qu'il y a bien un ordre du monde ?

— Non, il y a seulement un peu d'ordre dans ma pauvre tête. Vois-tu, Adso, la science traite de propositions sur les choses, non des choses elles-mêmes. La théorie scientifique est une carte qui nous permet de nous orienter. Nous lisons la carte, et croyons lire ainsi l'ordre du monde. Mais la carte n'est pas le terrain, elle n'est qu'une construction de notre esprit. Rien ne nous garantit que la carte soit exacte, nous pouvons seulement vérifier par des expériences qu'elle nous fournit une description pertinente.

— Mais alors, comment expliquer l'universalité des lois physiques ? Comment se fait-il que les lois de la gravitation s'appliquent aussi bien sur notre Terre que sur Mars ou sur les astres les plus lointains ?

— Tout le mystère est là, mon cher Adso. Le savant "doit croire" que ses propositions fonctionnent comme des lois universelles, alors même qu'il n'existe aucune garantie de cette universalité.

— Mais, si nous devons croire que nos propositions sont universelles, ne devons-nous pas croire que Dieu les a voulues telles, afin que le monde s'accorde à notre pensée ?

— C'est ce que pensait Descartes. Mais cette solution ne me satisfait pas. Comme je te l'ai déjà dit, elle impose une contrainte à l'infinie liberté de Dieu. Contrairement à une célèbre boutade d'Einstein, je ne vois pas en vertu de quoi nous interdirions à Dieu de jouer aux dés. La solution cartésienne n'est qu'une manière de fuir le vertigineux abîme que l'ordre de la nature ouvre à notre entendement. De quelque manière qu'on envisage les choses, il reste infiniment mystérieux que la nature se plie à des lois et à des théories. Il n'y a pas de solution logique au paradoxe que tu as soulevé tout à l'heure, en disant que je ne sais pas pourquoi je sais que je sais ce que je fais. Ce paradoxe constitue un horizon indépassable pour toute pensée rationnelle. On ne peut franchir la barrière entre le langage et la réalité, sans abolir du même coup la raison.

— Voulez-vous dire, maître, que la raison n'a pas réponse à tout ?

— Élémentaire, mon cher Adso. Seule la foi répond à tout, mais en évitant les questions. En revanche, si tu veux suivre la voie de la raison, il te faudra accepter les points d'interrogation. Situation inconfortable, mais non invivable.

— C'est une voie bien difficile que la vôtre, maître. Si je vous suis bien, elle ne nous autorise même pas à croire que l'univers a un sens, car un tel énoncé est dépourvu de sens ?

— Tu me suis pas à pas.

— Mais alors, comment savoir si la vie vaut d'être vécue ?

— Mon cher Adso, je te répondrai par ces simples mots d'Omar Khayyâm, un poète persan qui vivait au XIe siècle de notre ère : "Personne ne peut comprendre ce qui est mystérieux. Personne n'est capable de voir ce qui se cache sous les apparences. Toutes nos demeures sont provisoires, sauf notre dernière : la Terre. Bois du vin ! Trêve de discours superflus !"

— Maître, le vin me donne mal à la tête...

— Alors, contente-toi de cette excellente réponse, mise par Shakespeare dans la bouche de Polonius : "Rechercher pourquoi le jour est jour, la nuit est nuit et le temps est temps serait gaspiller la nuit, le jour et le temps." »

Exercices

1. Composez une ritournelle auto-référente sur le modèle de celle des bandits calabrais : « L'histoire se passe en Calabre. Trois bandits attendaient une diligence qui ne voulait pas venir. L'un d'eux dit à Pedro : "Pedro, raconte-nous cette histoire que tu sais si bien et que tu racontes

si mal." Et Pedro raconta : "L'histoire se passe en Calabre[1]..." »

2. Résolvez le paradoxe du barbier : il rase tous les hommes du village qui ne se rasent pas eux-mêmes, et seulement ceux-là. Qui rase le barbier ?

Si l'on répond que le barbier se rase lui-même, il y a contradiction, car il ne rase que ceux qui ne se rasent pas eux-mêmes. Mais s'il ne se rase pas lui-même, il contrevient au principe selon lequel il doit raser tous ceux qui ne se rasent pas eux-mêmes. Alors ?

Ce paradoxe a été exposé pour la première fois par le grand mathématicien, logicien et philosophe britannique Bertrand Russell. Il ressemble fortement à celui de l'ensemble des ensembles qui ne s'appartiennent pas à eux-mêmes, également dû à Russell. On trouvera une intéressante analyse de ces paradoxes dans *Le Livre des paradoxes* de Nicholas Falletta[2]. La solution de Russell consiste à rejeter l'idée que toute propriété caractéristique définit nécessairement un ensemble dont les éléments possèdent cette propriété.

1. *Rimes en bulles*, recueil de formulettes, ritournelles, virelangues et poétines en bandes dessinées. D'Au Éditeur, Paris, 1981.
2. Nicholas Falletta, *Le Livre des paradoxes*, Belfond, Paris, 1985.

LEÇON 10

Réfutable, point ne seras

Au cours de son excursion *De l'autre côté du miroir*, Alice rencontre les deux frères Twideuldeume et Twideuldie. Soudain, elle est effrayée par un bruit qu'elle prend pour le grondement d'une bête sauvage. En fait, ce n'est que le Roi Rouge, qui ronfle. D'abord rassurée, Alice est bientôt désespérée par les commentaires des deux frères :

« Il est présentement en train de rêver, dit Twideuldie ; et de quoi croyez-vous qu'il rêve ?

« — Nul ne peut deviner cela, répondit Alice.

« — Allons donc ! il rêve de *vous* ! s'exclama Twideuldeume en battant des mains d'un air triomphant. Et s'il cessait de rêver de vous, où croyez-vous donc que vous seriez ?

« — Où je me trouve à présent, bien entendu, dit Alice.

« — Jamais de la vie ! répliqua, d'un air de profond mépris, Twideuldie. Vous ne seriez nulle part. Vous n'êtes qu'une espèce d'objet figurant dans son rêve !

« — Si le Roi ici présent venait à se réveiller, ajouta Twideuldeume, vous vous trouveriez soufflée — pfutt ! — tout comme une chandelle !

« — Ce n'est pas vrai ! s'exclama avec indignation Alice. Du reste, si, *moi*, je ne suis qu'une espèce d'objet figurant dans son rêve, j'aimerais savoir ce que *vous*, vous êtes.

« — Dito, fit Twideuldeume.

« — Dito, Dito ! répéta Twideuldie.

« Il cria cela si fort qu'Alice ne put s'empêcher de dire :

« — Chut ! Vous allez le réveiller, je le crains, si vous faites autant de bruit.

« — Allons donc, comment pouvez-vous parler de le réveiller, repartit Twideuldeume, alors que vous n'êtes qu'un des objets figurant dans son rêve. Vous savez fort bien que vous n'êtes pas réelle.

« — Bien sûr que si, je suis réelle ! protesta Alice en se mettant à pleurer.

« — Ce n'est pas en pleurant que vous vous rendrez plus réelle, fit remarquer Twideuldie ; et il n'y a pas là de quoi pleurer.

« — Si je n'étais pas réelle, dit Alice — en riant à demi à travers ses larmes, tant tout cela lui semblait ridicule — je ne serais pas capable de pleurer.

« — J'espère que vous ne prenez pas ce qui coule de vos yeux pour de vraies larmes ? demanda Twideuldie sur le ton du plus parfait mépris[1]. »

Comment sortir d'un rêve ?

Le passage de Lewis Carroll ci-dessus est cité par Watzlawick, Beavin et Jackson dans leur livre *Une logique de la communication*[2]. Les auteurs appartiennent à un groupe de psychologues américains que l'on a appelé le « groupe de Palo Alto », et dont l'originalité est d'avoir introduit les concepts de la logique mathématique dans l'étude de la communication humaine. Les psychologues de Palo Alto font apparaître qu'un grand nombre de nos

1. Lewis Carroll, *Tout Alice*, traduction Henri Parisot, Garnier-Flammarion, Paris, 1979.
2. Paul Watzlawick, Janet Helmick Beavin, Don D. Jackson, *Une logique de la communication*, Le Seuil, Paris, 1972.

difficultés quotidiennes sont liées à des erreurs de logique, des confusions entre niveaux, ou des paradoxes tels que celui du menteur. Leur démarche vise à découvrir les moyens de modifier des situations pathologiques qui semblent à première vue sans issue.

Bien qu'elle ait été développée dans le contexte de la maladie mentale, la méthode de Palo Alto utilise des concepts très généraux qui peuvent s'appliquer au système de l'imposture scientifique. Pour le voir, revenons à Alice et aux deux frères infernaux. Watzlawick et ses collègues analysent ainsi la situation d'Alice :

« Aucun énoncé, formulé à l'intérieur d'un cadre de référence donnée, ne peut en même temps "sortir", si l'on peut dire, de ce cadre, et se nier lui-même. C'est le dilemme du rêveur qui se débat dans un cauchemar : ce qu'il s'efforce de faire dans son rêve ne peut être suivi d'effet. Pour échapper à son cauchemar, il faut qu'il se réveille, c'est-à-dire qu'il sorte du cadre fixé par le rêve. Mais le réveil ne fait pas partie du rêve, c'est un cadre d'un tout autre ordre, un "non-rêve", si l'on peut dire[1]. »

Tous les efforts déployés par Alice pour convaincre Twideuldeume et Twideuldie qu'elle est réelle sont voués à l'échec : Alice se trouve enfermée dans un cadre sur lequel elle n'a aucune prise. Imaginons même que le Roi Rouge se réveille, et qu'Alice, contrairement aux prédictions de Twideuldie, ne soit pas soufflée comme une chandelle. Twideuldie pourrait toujours affirmer que le réveil du Roi fait lui aussi partie du rêve. En somme, la seule issue pour Alice serait de se réveiller elle-même, et de s'apercevoir que les deux affreux bonshommes ne sont que des personnages de cauchemar.

Cette situation évoque un certain nombre de discours pseudo-scientifiques que nous avons rencontrés dans les leçons précédentes. Considérons, par exemple, la théorie de Philip Gosse, selon laquelle les fossiles et les strates géologiques ne seraient qu'un décor mis en place par Dieu (*cf.* leçon 5). Un paléontologue qui engagerait une

---

1. *Ibid.*

discussion avec Gosse se heurterait au même mur d'incompréhension qu'Alice avec Twideuldie : la théorie est construite de telle manière que le monde aurait exactement la même apparence, que le passé préhistorique se soit déroulé dans la pensée de Dieu ou qu'il corresponde à des événements réels. Aucun argument ne peut entamer cette rhétorique imparable. Gosse prétendait même que les excréments pétrifiés des animaux préhistoriques avaient été déposés par Dieu pour parfaire sa mise en scène !

De même, l'hypothèse de l'ordre impliqué du physicien gourou de secours David Bohm n'est pas contestable puisque, par définition, cet ordre impliqué ne peut être observé. De telles théories « à la Twideuldie » sont dites « non réfutables ». La notion de réfutabilité est due à l'Autrichien Karl Popper, l'un des maîtres de la philosophie des sciences contemporaine. Popper est parti des questions suivantes : quand doit-on conférer à une théorie un statut scientifique ? Existe-t-il un critère permettant d'établir la nature ou le statut scientifique d'une théorie ?

Popper s'était attelé à ce problème dès l'automne 1919. Il allait y consacrer la majeure partie de son œuvre, notamment deux ouvrages monumentaux, *La Logique de la découverte scientifique*[1] et *Conjectures et réfutations*[2]. Dans ce dernier, d'où sont extraites les citations qui suivent, Popper précise l'objet de sa recherche :

« Ce qui me préoccupait à l'époque n'était pas le problème de savoir "quand une théorie est vraie", ni même "quand celle-ci est recevable". La question que je me posais était autre. Je voulais distinguer *science et pseudo-science*, tout en sachant pertinemment que souvent la science est dans l'erreur, tandis que la pseudo-science peut rencontrer inopinément la vérité. »

Popper remarque que le critère classique — la science repose sur l'observation et l'expérience — ne suffit pas : « Au contraire, j'avais affirmé à maintes reprises que le

---

1. Karl R. Popper, *La Logique de la découverte scientifique*, Payot, Paris, 1978.
2. Karl R. Popper, *Conjectures et réfutations, la croissance du savoir scientifique*, Payot, Paris, 1985.

problème consistait pour moi à distinguer entre méthode authentiquement empirique et méthode non empirique, voire pseudo-empirique — c'est-à-dire qui ne répond pas aux critères de la scientificité bien qu'elle en appelle à l'observation et à l'expérimentation. Cette seconde méthode est à l'œuvre, par exemple, dans l'astrologie, avec son étonnant corpus de preuves empiriques fondées sur l'observation — horoscopes et biographies. »

Quelle est la différence entre une « preuve » de l'astrologie et une preuve scientifique ? Dans le second cas, il serait plus exact de parler d'épreuve. Popper cite comme exemple l'observation en 1919 par l'astronome britannique Eddington de la courbure des rayons lumineux prédite par la théorie de la gravitation d'Einstein. Cette déviation peut être détectée en photographiant les étoiles lors d'une éclipse totale de Soleil. En l'occurrence, les photographies d'Eddington mirent en évidence la courbure prédite par Einstein. Mais ce résultat n'était nullement acquis d'avance. Si l'on avait observé le résultat contraire, la théorie d'Einstein aurait été réfutée, et il aurait fallu la modifier.

L'important, selon Popper, « c'est le *risque* assumé par une prédiction de ce type ». En revanche, les prédictions des astrologues et des devins sont à l'abri de tout risque : elles sont formulées en termes assez vagues pour s'adapter à toutes les interprétations et aux impondérables du destin. En tant que lecteur friand des horoscopes de *Elle*, je puis témoigner que les prédictions favorables concernant mon signe astrologique — Gémeaux ascendant Lion — se réalisent beaucoup plus souvent que celles de la météo (mon tempérament anxieux m'interdit de prendre en considération les prédictions défavorables).

Je ne voudrais surtout pas que le lecteur s'imagine que je crois aux horoscopes, ce qui risquerait de ruiner le peu de crédit que j'ai pu conserver après les neuf leçons précédentes. Je voulais seulement dire que l'horoscope marche même si l'on n'y croit pas. A l'inverse, une théorie scientifique peut ne pas marcher même si l'on y croit dur comme fer, parce que, comme le dit Popper, ses confirmations éventuelles « sont le résultat de *prédictions qui assument* un certain risque ». Autrement dit, et toujours selon Popper : « Le critère de la scientificité d'une théorie réside dans la possibilité de l'invalider, de la réfuter ou encore de la tester. »

Popper renverse complètement la perspective de la philosophie des sciences traditionnelle. Au XIXᵉ siècle, les scientifiques avaient l'impression de découvrir la vérité. Tout au plus cette conviction était-elle tempérée par l'idée qu'il ne s'agissait que d'une vérité approchée. Ce que fait apparaître Popper, c'est qu'il y a seulement des « champs de vérité ». Autrement dit, le problème n'est plus de départager le vrai du faux, mais de savoir dans quel cadre on peut parler de la vérité d'un énoncé.

Il est évident que le critère de réfutabilité de Popper constitue l'une des principales règles du jeu scientifique. Il fournit un indispensable garde-fou : si une théorie scientifique doit être réfutable, elle ne peut pas fonctionner comme les discours de Twideuldeume et Twideuldie, ou comme ceux des astrologues. La réfutabilité est une sortie de secours qui empêche la théorie scientifique de se transformer en un cauchemar sans issue, en une rhétorique close sur elle-même.

Seulement voilà : tout comme la science progresse, l'imposture se perfectionne. Certains joueurs de pipeau modernes poussent le raffinement jusqu'à introduire dans leurs discours des descriptions d'expériences de réfutation. C'est ainsi que Rupert Sheldrake prétend que sa théorie de la causalité formative — *cf.* leçon 5 — répond au critère de Popper. Voilà qui devient troublant... pour en avoir le cœur net, nous allons examiner maintenant deux expériences destinées à tester la théorie de Sheldrake.

Une expérience avec des comptines

John Briggs et David Peat racontent dans *L'Univers miroir*[1] — *cf.* leçon 9 — qu'une « organisation indépendante » — *sic* — a proposé un prix de 10 000 dollars pour réaliser des essais expérimentaux sur l'hypothèse de Sheldrake, tandis que le journal *New Scientist* a organisé un concours pour désigner le meilleur projet d'expérience.

L'idée retenue ne manque pas d'air... Elle porte sur l'apprentissage d'une chansonnette : « Des centaines de milliers de jeunes enfants ont appris les mêmes refrains génération après génération, expliquent Briggs et Peat. Selon l'hypothèse de Sheldrake, ces configurations particulières de mots devraient être devenues plus faciles à apprendre. Supposons donc qu'une comptine japonaise soit présentée à un anglophone (ou un francophone) sous forme de symboles phonétiques en même temps qu'une comptine similaire dépourvue de sens. Le champ morphogène associé à la configuration depuis longtemps établie de la comptine devrait rendre cette dernière plus facile à apprendre que la comptine témoin. Cet essai expérimental devrait être conduit dans des conditions rigoureusement contrôlées, mais n'entraînerait pas de dépenses excessives. »

On appréciera le souci d'économie, mais même gratuite, cette « expérience » serait encore trop chère, car la perte de temps représente toujours une dépense excessive. Bien que la description de Briggs et Peat soit extrêmement vague, essayons de voir à quoi pourrait ressembler l'expérience. On doit supposer que la comptine témoin est formée de pseudo-mots fabriqués à partir de phonèmes japonais, de « charabia japonais ». Pour que l'expérience ait un sens, il faut évidemment que ce charabia puisse se chanter sur le même air que la comptine test.

Cela admis, « apprendre la comptine » implique deux choses : être capable de chanter la mélodie et de reproduire les paroles. Ce qui introduit pas mal de complica-

---

1. John Briggs et David Peat, *op. cit.*

tions : la musique japonaise est très différente de la musique européenne. Or, les aptitudes musicales varient beaucoup d'un individu à un autre. Si l'on considère que certains Français — moi, par exemple — sont incapables de chanter *Au clair de la lune*, on peut redouter le pire si l'on demande à de tels sujets de chanter juste selon les critères d'une oreille japonaise.

Autres variables importantes : quel est l'âge des sujets d'expérience ? Ne connaissent-ils que leur langue maternelle, ou sont-ils polyglottes ? Manifestement, ces données influeront sur le résultat.

D'autre part, comment définir précisément le fait que la comptine test soit « plus facile à apprendre que la comptine témoin » ? En termes de rapidité d'apprentissage ? Soit, mais à partir de quel moment doit-on considérer qu'un sujet connaît, non seulement la musique, mais la chanson ? Il y a dans la langue japonaise des sons quasi imprononçables pour un francophone, ou un anglophone. Quel degré d'accent doit-on tolérer ? D'autre part, comment être sûr que la difficulté phonétique de la comptine témoin est équivalente à celle de la comptine test ?

Ces quelques remarques montrent que l'expérience met en jeu une constellation complexe de paramètres. Je défie quiconque de s'y retrouver, même « dans des conditions rigoureusement contrôlées ». Un premier moyen de simplifier le problème consisterait à éviter la superposition de l'aspect musical et de l'aspect phonétique. On pourrait, par exemple, choisir un mot japonais et le tester par rapport à un mot artificiel forgé avec une combinaison différente des mêmes phonèmes, comme si on soumettait à un Japonais les mots « bateau » et « teauba ». Je parie une caisse de champagne qu'on ne trouverait aucune différence. Comme le bon sens le suggère, la difficulté qu'un francophone éprouve à chanter en japonais tient avant tout à la différence qui existe entre les sons français et les sons japonais.

Admettons malgré tout que l'expérience de la comptine ait abouti à un résultat allant dans le sens de Sheldrake.

Que conclure ? Mille raisons pourraient expliquer un résultat qui dépend d'éléments impondérables, dans une expérience où l'on ne mesure rien et où toutes les interprétations sont permises. Le seul résultat que cette prétendue expérience puisse établir clairement, c'est que les airs de pipeau sont aussi faciles à jouer dans toutes les langues...

Une expérience avec des cristaux

Dans son célèbre traité *Une nouvelle science de la vie*[1], Sheldrake décrit une expérience de cristallographie qui semble à première vue plus sérieuse que celle de la comptine. But de la manip : mettre en évidence « l'influence morphique cumulative » sur la croissance d'un cristal. Selon Sheldrake, les cristaux d'une substance donnée doivent se former plus facilement si l'on a déjà obtenu de nombreux cristaux de cette substance, parce que les formes des cristaux antérieurs résonnent avec le cristal en formation.

L'idée est ingénieuse, car elle s'appuie sur un fait réel. Lorsqu'on traite un produit chimique nouveau, il est souvent très difficile de le faire cristalliser. En revanche, une fois réalisée la première cristallisation, l'opération s'avère aisée à renouveler. Tout simplement parce qu'il devient alors possible d'ensemencer la solution en cours de cristallisation avec des « germes », de petits fragments des cristaux déjà obtenus. Ces germes facilitent beaucoup la cristallisation. Le phénomène peut même se produire spontanément : des poussières de cristal en suspension dans l'atmosphère circulent un peu partout dans le laboratoire, et « contaminent » les nouvelles solutions.

Sheldrake imagine que cet effet parfaitement explicable se produit même en l'absence de germes. Pour faire apparaître l'influence surnaturelle de la résonance morphique, il propose l'expérience suivante :

1. Rupert Sheldrake, *op. cit.*

« Une solution d'un corps chimique récemment synthétisé est divisée en plusieurs échantillons, disons P, Q et R, et chacun d'eux est dirigé vers des laboratoires éloignés les uns des autres de plusieurs centaines de kilomètres ; cette mesure est prise à titre de précaution et vise à éviter la contamination. Chaque échantillon est ensuite délibérément ensemencé avec un type différent de cristal, ceci afin de favoriser différents modèles de cristallisation du nouveau corps chimique dont la forme du cristal est indéterminée *ex hypothesi*. Ces cristallisations se déroulent autant que faire se peut de manière simultanée. »

Remarquons que Sheldrake nous gave de détails superflus. Rien ne changerait s'il n'y avait que deux échantillons. Les labos pourraient n'être distants que de 300 mètres, voire installés dans le même bâtiment, pourvu que les échantillons ne se contaminent pas mutuellement. D'autre part, la simultanéité est extrêmement improbable, car la cristallisation d'un nouveau produit est très capricieuse. Mais venons-en au cœur de la manip de Sheldrake :

« Présumons que P, Q et R donnent chacun un type de cristal différent. Des échantillons de ces cristaux sont analysés et leurs structures déterminées par une cristallographie aux rayons X. L'un d'eux est ensuite sélectionné au hasard, disons R, et d'importants échantillons du corps chimique sont soumis à des cristallisations répétitives en utilisant des germes de cristaux du type R. Selon l'hypothèse de la causalité formative, ce grand nombre de cristaux de type R aurait une influence morphique plus puissante sur toutes les cristallisations subséquentes que les petits échantillons initiaux de cristaux de type P et Q, et il existerait donc une probabilité supérieure d'obtenir des cristaux de type R plutôt que des cristaux de type P ou Q.

« On tente ensuite de répéter les cristallisations de types P et Q avec les mêmes sortes de nucléus que celles utilisées initialement. On procède à cette opération en l'absence de tout autre germe. Le résultat supporterait l'hypothèse de la causalité formative si dans tous ces cas des cristaux de type R étaient obtenus. Ce type d'expérimentation fournirait des preuves convaincantes s'il pouvait être répété avec de nombreuses substances récemment synthétisées. »

Bien que ce texte soit un tissu d'inepties, il est indiscutable que même des gens intelligents peuvent croire que Sheldrake décrit un véritable test expérimental. Je vais essayer d'expliquer pourquoi il n'en est rien.

1° Malgré un luxe de précisions sans intérêt, Sheldrake néglige le plus important : les paramètres physiques de l'expérience, tels que température, pression, etc. Ceux-ci jouent un rôle crucial. Par exemple, à pression constante, le produit peut prendre plusieurs formes cristallines selon la température. Pour que l'expérience compare des choses comparables, il faudrait donc que les trois échantillons P, Q et R soient soumis aux mêmes conditions physiques.

2° Supposons qu'il en soit ainsi. Même alors, Sheldrake présume un événement très improbable. Le produit que l'on veut faire cristalliser vient d'être synthétisé. On ne dispose pas de germes pour faciliter sa cristallisation.

Sheldrake propose d'ensemencer les solutions avec des germes d'autres produits, en utilisant « un type différent de cristal » pour chaque échantillon, afin de favoriser plusieurs modèles différents de cristallisation. Or, il y a peu de chances qu'on puisse amorcer la cristallisation d'un produit avec les germes d'un autre produit. En outre, dans les mêmes conditions physiques et avec la même solution, il n'y a quasiment aucune chance d'obtenir trois cristaux différents.

3° Admettons quand même cette cascade d'événements improbables, pour ne pas dire impossibles. On a donc obtenu les trois cristaux P, Q et R. On fabrique une grande quantité de cristal R, puis on regarde ce qui se passe avec P et Q. On voit apparaître la forme R, alors qu'on n'a pas utilisé le germe R. Eh bien, même ce résultat très improbable s'interpréterait dans le cadre de la cristallographie normale. En effet, pour des conditions physiques données, un cristal peut posséder une forme stable et des formes « métastables », correspondant à des équilibres instables. Il est clair que l'on a plus de chance de rencontrer la forme stable. Par conséquent, la prédominance des cristaux R pourrait simplement signifier qu'il s'agit d'une forme stable, tandis que P et Q sont métastables.

Si bien que l'expérience de Sheldrake ne départage pas la causalité formative de la physique « traditionnelle ». Elle ne risque de contredire ni l'une ni l'autre.

4° Par hypothèse, l'expérience est impossible à reproduire : on doit utiliser un produit nouveau. On ne pourrait répéter l'expérience que sur d'autres molécules. En outre, d'un point de vue pratique, comment savoir si un produit est vraiment nouveau ? Pour des raisons de secret industriel faciles à comprendre, un produit réputé nouveau dans un laboratoire A pourrait être déjà connu dans un laboratoire B. D'autre part, rien n'exclut qu'un produit nouveau sur Terre existe depuis des milliers d'années sur une autre planète. Ne vient-on pas de découvrir des hydrocarbures insoupçonnés dans la comète de Halley ?

Cela n'est pas neutre pour la théorie de Sheldrake, car la résonance morphique cumulative est censée se propager dans l'espace sans être atténuée par la distance. Imaginons le cas de figure où tout se déroule comme le souhaite Sheldrake, sauf qu'à la fin, au lieu d'observer une domination du cristal R, c'est P qui l'emporte, et ce en dépit des cristallisations massives du mode R. Même ce résultat négatif pourrait être interprété comme supportant la causalité formative : il suffirait d'admettre que, quelque part sur Mars ou sur Alpha du Centaure, existent de longue date d'importants stocks de cristaux P dont la résonance morphique l'emporte sur celle de R, au bénéfice de l'ancienneté.

En résumé, quel que soit le résultat de l'expérience de Sheldrake, il peut être interprété comme supportant la causalité formative. Le système ne répond donc pas au critère de Popper : l'échec est impossible. Qui plus est, aucun des effets anticipés par Sheldrake ne remet en cause ni la physique normale, ni l'hypothèse de la causalité formative. L'expérience est globalement neutre, donc inutile.

Le système de Sheldrake n'est pas réfutable, parce que son cadre n'a pas de limites précises. On ne peut pas en sortir. Pour illustrer la différence avec une véritable théorie scientifique, prenons un exemple simple : la loi de composition des vitesses dans la mécanique classique. Cette loi se ramène à une addition. Si un train roule à la vitesse constante de 100 km/h, et qu'un passager se déplace dans le train — et dans le sens de la marche — à 4 km/h, la vitesse du passager par rapport au talus est de 104 km/h.

D'après la théorie de la relativité, la composition des vitesses obéit à une loi plus complexe, la transformation de Lorenz. La particularité de la transformation de Lorenz, c'est qu'elle laisse la vitesse de la lumière invariante. Ainsi, le faisceau lumineux émis par les phares de la locomotive ne va pas plus vite que celui d'un projecteur installé sur le talus : sa vitesse ne s'ajoute pas à celle du train, comme la vitesse du passager qui marche dans le train.

Que se passe-t-il si, pour calculer la vitesse du passager par rapport au talus, on applique la transformation de Lorenz au lieu de la simple addition ? Eh bien, on trouve, au lieu des 104 km/h, 104 diminué d'un tout petit quelque chose. La quantité en question étant inférieure au millionième de millimètre par heure, aucun appareil de mesure ne pourrait la déceler. Les vitesses du train et du passager sont tellement petites par rapport à celle de la lumière qu'il n'y a pas d'effets relativistes détectables. Dans le cadre des « petites vitesses », les lois de la physique classique fournissent une approximation suffisante.

En d'autres termes, on ne pourra pas réfuter la mécanique classique avec des expériences sur les trains. En revanche, si l'on considère des expériences où interviennent des vitesses beaucoup plus grandes, par exemple des expériences se déroulant dans un accélérateur de particules, on observera des effets relativistes. La loi classique d'addition des vitesses ne s'appliquera plus. Autrement dit, pour qu'une théorie puisse répondre au critère de Popper, il faut que son domaine de validité soit limité, qu'elle ait un « dehors » et un « dedans ». Ce n'est pas le cas de la théorie de Sheldrake, ni d'une manière générale des théories pseudo-scientifiques : comme le remarquait fort justement un grand penseur, quand les bornes sont dépassées, il n'y a plus de limites.

Pile je gagne, face tu perds

Cette formule résume l'alternative illusoire dans laquelle Sheldrake place ses interlocuteurs : si l'expérience marche, elle confirme mon hypothèse ; si elle échoue, elle ne la détruit pas. Ce schéma est caractéristique de la rhétorique pseudo-scientifique. Dans la leçon 2, j'ai raconté la polémique entre Gauquelin, l'inventeur de l'« effet Mars », et des experts américains. Nous avons vu que Gauquelin ne prenait en compte que les statistiques qui appuyaient son hypothèse. En revanche, chaque fois qu'une statistique infirmait l'effet Mars, Gauquelin découvrait — comme par hasard — que l'échantillon ne répondait pas aux bons critères.

D'une manière générale, l'attitude de l'imposteur vis-à-vis de ses contradicteurs obéit à une logique du type : « ou j'ai raison, ou vous avez tort ». Les chercheurs du groupe de Palo Alto ont montré que le modèle de l'alternative illusoire apparaissait souvent dans des communications pathologiques. Dans *Le Langage du changement,* Watzlawick cite l'exemple du paranoïaque : « Un trait caractéristique de l'image du monde du paranoïaque est de voir une preuve supplémentaire des intentions scélérates qu'il prête aux autres dans les efforts qu'ils font pour le convaincre qu'ils ne lui veulent pas de mal, et qu'ils n'ont à cœur que de tout faire pour son bien. Par conséquent, peu importe ce que font les autres pour répondre à ses soupçons, car, quoi qu'ils fassent, ils ne réussissent qu'à les alimenter[1]. »

Il est certain que bon nombre d'imposteurs, sans être paranoïaques au sens clinique, ont des tendances paranoïdes supérieures à la normale saisonnière.

Watzlawick souligne que l'alternative illusoire apparaît également dans la communication en régime totalitaire. Il raconte que, lors d'une campagne de propagande, les nazis avaient placardé sur de grandes affiches ce slogan arrogant : « Le national-socialisme ou le chaos bolchevique ? » sous-entendant qu'il n'existait aucun choix entre ces deux extrêmes. « *Erdäpfel oder Kartoffel ?* » — « Patates ou pommes de terre ? » — répondait une petite bande de papier qu'un groupe d'opposants clandestins colla sur des centaines d'affiches, suscitant la colère de la Gestapo — et une enquête massive.

Comme l'observe Watzlawick, « la réaction de la Gestapo ne visait pas seulement l'insolence avec laquelle cette perle de la raison d'État totalitaire avait été tournée en dérision. Elle était dirigée contre le "crime de la pensée" qui consiste à prendre conscience de l'*existence d'une méta-alternative* et à s'évader du cadre imposé. » L'expression « crime de la pensée » est une allusion au *1984* d'Orwell, dans lequel on peut lire ceci : « *La liberté, c'est la liberté de dire que deux et deux font quatre. Lorsque cela est accordé, le reste suit.* »

Il n'est guère surprenant que la folie lyssenkiste se soit développée dans un régime totalitaire. Cela dit, je ne prétends nullement qu'imposture scientifique soit synonyme de folie et de totalitarisme. Mais ces exemples montrent que la philosophie de Popper fournit beaucoup plus qu'un critère pour séparer le bon grain de l'ivraie. La réfutabilité est à la fois un garde-fou contre les délires pseudo-scientifiques et un frein aux abus d'une raison trop sûre d'elle-même. Admettre le critère de Popper, c'est accepter implicitement que tout système de pensée peut être dépassé, c'est-à-dire pensé dans un cadre plus

---

1. Paul Watzlawick, *Le Langage du changement*, Le Seuil, Paris, 1980.

large. Comme le dit Einstein, « il ne saurait y avoir plus beau destin pour une théorie (...) que d'ouvrir la voie à une théorie plus englobante au sein de laquelle elle continue d'exister comme cas particulier ».

Si les vérités scientifiques sont des vérités à responsabilité limitée, le critère de Popper met aussi en jeu la responsabilité de ceux qui profèrent ces vérités. La réfutabilité se définit comme une sorte de contrat social qui garantit la libre circulation de la pensée. En d'autres termes, la mise à l'épreuve d'une théorie scientifique est un processus de communication, un moyen de partager des visions du monde. C'est ce qu'exprime Bachelard par ce passage du *Nouvel esprit scientifique* déjà cité dans la leçon 1 :

« La vérité scientifique est une prédiction, mieux, une prédication. Nous appelons les esprits à la convergence en annonçant la nouvelle scientifique, en transmettant du même coup une pensée à une expérience, liant la pensée à l'expérience dans une vérification : *le monde scientifique est donc notre vérification.* »

Bachelard souligne ici *la dimension sociale de la preuve.* La convergence des esprits se réalise parce que chacun peut, du moins en principe, refaire l'expérience annoncée, éprouver pour lui-même les conséquences de la nouvelle, partager la même pensée. Vérifier signifie donc moins rendre vrai que rendre partageable, socialiser.

Ne pas être réfutable, c'est s'enfermer dans un monologue qui exclut le partage des idées. C'est contempler le reflet de son propre discours dans le miroir d'une solitude autistique. On peut toujours s'imaginer que dans le miroir, le gâteau du sens se partage tout seul, comme celui d'Alice. Mais ce genre de gâteau ne nourrit pas son homme. Pour citer encore une fois le groupe de Palo Alto, « seul un schizophrène est susceptible de manger la carte à la place du repas, et de se plaindre qu'elle a mauvais goût ».

Une autre science est-elle possible ?

Cette question traverse de part en part la problématique de l'imposture scientifique. Dans la rhétorique de la pseudoscience, l'alternative illusoire est constamment présentée comme une alternative effective : il y a vraiment une autre dimension, une réalité parallèle, un monde insoupçonné de phénomènes paranormaux, une « supernature », un ordre invisible au-delà du visible, etc.

Cet « ailleurs » de la science qui se voudrait quand même scientifique renvoie bien sûr à la solitude de l'imposteur de fond. C'est lui qui est ailleurs, et, pour paraphraser Groucho Marx — l'humour en moins — il ne voudrait pour rien au monde faire partie d'un club scientifique qui serait disposé à l'accepter comme membre. A travers la problématique d'une « autre science », le joueur de pipeau exprime sa relation d'exclusion vis-à-vis du club de la science normale. En s'obstinant à avoir raison contre tous, il ne réussit qu'à s'isoler.

Sur ce point, la situation de l'imposteur du type pseudoscience se rapproche de celle du scientifique fraudeur. Bien que ce dernier se situe au départ dans le cadre de la science normale, il s'exclut par sa tricherie. Il souhaite un lieu impossible, qui serait à la fois dans la loi et hors la loi, où il serait permis de peindre en blanc des souris noires et de proclamer ensuite qu'elles sont nées blanches.

La loi est la loi, mais on peut quand même se poser la question : existera-t-il un jour — en dehors de l'imposture — une science radicalement différente de celle que nous connaissons ? Cette idée semble accréditée par l'image d'Épinal qui présente l'histoire des sciences comme une série de révolutions épistémologiques, voire comme une révolution culturelle permanente. En somme, faut-il s'attendre à une révolution encore plus importante que les autres, qui bouleverserait non seulement la science, mais toute notre conception du monde ?

Ne disposant pas d'une boule de cristal, je me contenterai de quelques remarques sur le concept de révolution scientifique. A vrai dire, je me demande s'il faut y voir autre chose qu'une métaphore très exagérée. Une révolution banalisée mérite-t-elle encore le nom de révolution ? En principe, une révolution sépare l'histoire en deux ères incommensurables. Par exemple, après 1789, on passe de la royauté à la république. Mais après une révolution scientifique, on continue à parler de science.

Comment se produisent les changements effectifs dans le développement des idées scientifiques ? Gerald Holton, professeur de physique et d'histoire des sciences à l'université de Harvard, aux États-Unis, a montré un fait surprenant : pour les scientifiques eux-mêmes, la notion de révolution scientifique n'a rien d'évident.

« Alors que certains scientifiques peuvent accorder comme une acceptation indifférente aux remarques sur la nature "révolutionnaire" des réalisations passées qui se sont intégrées dans le corpus établi, ainsi qu'il en va de la théorie de la relativité, ils désavouent pourtant le modèle révolutionnaire en faveur d'un modèle évolutif quand leur attention passe des anciens textes de science à leur propre travail ou à celui de leurs contemporains », déclare Holton (cette citation, comme les suivantes, est extraite d'une conférence donnée en 1985 à l'université de Tsukuba, au Japon[1]).

Holton cite ensuite cette phrase étonnante du physicien américain Steven Weinberg : « L'élément essentiel du progrès a été de se rendre compte, encore et encore, qu'une révolution n'est pas nécessaire. » Jugement d'autant plus significatif que Weinberg a partagé le prix Nobel 1979 — avec son compatriote Sheldon Glashow et le Pakistanais Abdus Salam — pour des travaux qui constituent apparemment une percée révolutionnaire. Ces trois physiciens sont en effet les principaux artisans de la théorie électrofaible, qui représente un pas important vers le grand rêve d'Einstein : une description unifiée de l'ensemble des phénomènes physiques.

1. Gerald Holton, « Sur les processus de l'invention scientifique durant les percées "révolutionnaires" », in *Sciences et symboles, les voies de la connaissance, op. cit.*

Toujours selon Holton, Einstein lui-même « a constamment maintenu que la théorie de la relativité n'était qu'une "modification" de la théorie déjà existante de l'espace et du temps, et qu'elle ne "différait pas radicalement" de ce qui avait été construit en leur temps par Galilée, Newton et Maxwell ».

Alors, révolution ou changement dans la continuité ? On pourrait dire que la découverte scientifique consiste, plutôt qu'à introduire une idée « révolutionnaire », à se rendre compte qu'un problème peut être traité dans un cadre plus large que celui qu'on avait envisagé au départ.

Avant Einstein, les physiciens pensaient que tout l'espace était imprégné par un milieu subtil, l'éther. Celui-ci constituait un système de référence absolu et fixe, par rapport auquel on pouvait décrire n'importe quel mouvement. Un certain nombre de difficultés conceptuelles et expérimentales ont conduit Einstein à abandonner ce système de référence absolu, et à le remplacer par son principe de relativité. Ainsi, Einstein a créé un cadre plus large, dans lequel la vision classique continue d'exister comme cas particulier. Dans un autre domaine, la génétique moléculaire a considérablement élargi le cadre initial du darwinisme.

Mais, au-delà des changements, l'entreprise scientifique conserve sa cohérence profonde. Comme le dit Holton : « La pente principale a toujours consisté jusqu'ici et continuera sans aucun doute à consister à l'avenir dans la persistance et la lente évolution des idées essentielles. » Même si l'on juge cette formulation un peu excessive, elle l'est beaucoup moins que les prophéties apocalyptiques de ceux qui annoncent régulièrement la crise de la raison et la fin du savoir objectif. Si crise il y a, elle concerne moins la rationalité scientifique que les retombées de la science et de la technique. Nous sommes beaucoup plus menacés par la bombe, les usages abusifs des manipulations génétiques ou l'informatisation à outrance que par l'implosion du cartésianisme. Holton résume le problème en deux phrases : « Le processus de l'invention scientifique n'est pas en danger. L'humanité, elle, l'est. »

Cela ramène à de plus justes proportions les fantasmes et les spéculations farfelues qui nous ont occupés tout au long de ce livre. Bien sûr, on ne doit pas exclure *a priori* et définitivement la possibilité de phénomènes mystérieux, apparemment inexplicables. Mais l'attention démesurée que l'on porte à ces prodiges hypothétiques n'occulte-t-elle pas des problèmes plus urgents ? Et la véritable étrangeté de notre monde réside-t-elle dans le folklore des petites cuillers tordues ?

Je veux bien admettre qu'il reste des possibilités inexplorées, des mondes inconnus à découvrir. N'empêche qu'un grand nombre de miracles s'expliquent très bien par des causes banales. Tout bien pesé, je serais plutôt enclin à suivre le conseil que le physicien Anatole Abragam avait fait afficher dans son laboratoire : « Avant de mettre à la poubelle la mécanique quantique, vérifions une dernière fois les fusibles. »

Exercices

1. Résoudre le problème suivant : construire quatre triangles équilatéraux avec six allumettes, de telle sorte que chaque côté de n'importe lequel des quatre triangles coïncide avec une allumette. Il est évidemment interdit de fendre les allumettes en deux, ou toute autre manœuvre de ce genre.

Indication : c'est un problème typique de « sortie du cadre imposé ». En général, lorsqu'on s'attaque pour la première fois à ce problème, on commence par disposer les allumettes sur une table, et à les déplacer dans tous les sens. Ainsi, on s'impose un cadre restrictif dans lequel il est possible de former au maximum trois triangles. Le problème admet néanmoins une solution simple et élégante, si l'on s'évade du cadre imposé par la table.

Solution : un tétraèdre, pyramide à quatre faces triangulaires.

2. Un Bédouin vient de mourir, laissant le testament suivant : « Je lègue la moitié de mon troupeau de chameaux à mon premier fils, le tiers à mon second fils, le neuvième à mon troisième fils. » Sachant que le troupeau comprend 17 chameaux, comment réaliser ce partage sans découper les bêtes en morceaux ?

Solution : il s'agit, là aussi, d'une sortie du cadre imposé, grâce à un ingénieux artifice. Les trois fils doivent emprunter un chameau supplémentaire à leur oncle. Il y a alors 18 chameaux, nombre qui est divisible par 2, par 3 et par 9. Qui plus est, une fois le partage fait, les fils peuvent restituer le chameau emprunté (9 + 6 + 2 = 17).

Table

Composition réalisée par C.M.L., Montrouge.

IMPRIMÉ EN FRANCE PAR BRODARD ET TAUPIN
Usine de La Flèche (Sarthe).
LIBRAIRIE GÉNÉRALE FRANÇAISE · 6, rue Pierre-Sarrazin - 75006 Paris.

ISBN : 2 - 253 - 04905 - 0   ⊕ 42/4102/2